计算机科学与技术专业核心教材体系建设 —— 建议使用时间

课程系列	基础系列	电类系列	程序系列	系统系列	应用系列	选修系列
一年级上	大学计算机基础		计算机程序设计	计算机原理		
一年级下	离散数学(上) 信息安全导论	电子技术基础	面向对象程序设计 程序设计实践	操作系统		
二年级上	离散数学(下)	数字逻辑设计 数字逻辑设计实验	数据结构	计算机系统综合实践		
二年级下			算法设计与分析	计算机网络		
三年级上			软件工程 编译原理		人工智能导论 数据库原理与技术 嵌入式系统	
三年级下			软件工程综合实践	计算机体系结构	计算机图形学	机器学习 物联网导论 大数据分析技术 数字图像技术
四年级上						
四年级下						

面向新工科专业建设计算机系列教材

Linux操作系统基础

——面向人工智能和大数据 微课版

曹洁 张志锋 冯柳 著

清华大学出版社

北京

内 容 简 介

本书从大数据和人工智能两方面对 Linux 操作系统的需求出发组织内容，全书共 14 章，内容包括 Linux 系统概述，图形界面与命令行界面，Linux 文件操作，文本编辑器与软件包管理，用户与用户组管理，Linux Shell 程序设计，Linux 网络管理，Linux 下 C 语言基础编程，Linux 下 C 语言进程和线程编程，Linux 下 C 语言网络编程，Linux 下 Python 进程和线程编程，Linux 下 Python 网络编程，Linux 下操作 MySQL 数据库，Hadoop 大数据环境搭建。

本书可作为高等院校计算机、信息管理、软件工程、大数据、人工智能等相关专业的 Linux 操作系统课程教材，也可作为企业中从事大数据、人工智能开发的工程师和科技工作者的 Linux 操作系统参考用书。

图书在版编目(CIP)数据

Linux 操作系统基础：面向人工智能和大数据：微课版/曹洁，张志锋，冯柳著. —北京：清华大学出版社，2024.5

面向新工科专业建设计算机系列教材

ISBN 978-7-302-66377-5

Ⅰ.①L…　Ⅱ.①曹…②张…③冯…　Ⅲ.①Linux 操作系统－高等学校－教材　Ⅳ.①TP316.85

中国国家版本馆 CIP 数据核字(2024)第 107911 号

责任编辑：白立军　薛　阳
封面设计：刘　键
责任校对：韩天竹
责任印制：刘海龙

出版发行：清华大学出版社
　　　　网　　　址：https://www.tup.com.cn,https://www.wqxuetang.com
　　　　地　　　址：北京清华大学学研大厦 A 座　　　　　邮　　编：100084
　　　　社 总 机：010-83470000　　　　　　　　　　　邮　　购：010-62786544
　　　　投稿与读者服务：010-62776969，c-service@tup.tsinghua.edu.cn
　　　　质量反馈：010-62772015，zhiliang@tup.tsinghua.edu.cn
　　　　课件下载：https://www.tup.com.cn,010-83470236
印 装 者：三河市铭诚印务有限公司
经　　销：全国新华书店
开　　本：185mm×260mm　　　印　张：18　　插　页：1　　字　数：445 千字
版　　次：2024 年 5 月第 1 版　　　　　　　　　　　　印　次：2024 年 5 月第 1 次印刷
定　　价：59.00 元

产品编号：099409-01

出版说明

一、系列教材背景

人类已经进入智能时代,云计算、大数据、物联网、人工智能、机器人、量子计算等是这个时代最重要的技术热点。为了适应和满足时代发展对人才培养的需要,2017 年 2 月以来,教育部积极推进新工科建设,先后形成了"复旦共识""天大行动""北京指南",并发布了《教育部高等教育司关于开展新工科研究与实践的通知》《教育部办公厅关于推荐新工科研究与实践项目的通知》,全力探索形成领跑全球工程教育的中国模式、中国经验,助力高等教育强国建设。新工科有两个内涵:一是新的工科专业;二是传统工科专业的新需求。新工科建设将促进一批新专业的发展,这批新专业有的是依托于现有计算机类专业派生、扩展而成的,有的是多个专业有机整合而成的。由计算机类专业派生、扩展形成的新工科专业有计算机科学与技术、软件工程、网络工程、物联网工程、信息管理与信息系统、数据科学与大数据技术等。由计算机类学科交叉融合形成的新工科专业有网络空间安全、人工智能、机器人工程、数字媒体技术、智能科学与技术等。

在新工科建设的"九个一批"中,明确提出"建设一批体现产业和技术最新发展的新课程""建设一批产业急需的新兴工科专业"。新课程和新专业的持续建设,都需要以适应新工科教育的教材作为支撑。由于各个专业之间的课程相互交叉,但是又不能相互包含,所以在选题方向上,既考虑由计算机类专业派生、扩展形成的新工科专业的选题,又考虑由计算机类专业交叉融合形成的新工科专业的选题,特别是网络空间安全专业、智能科学与技术专业的选题。基于此,清华大学出版社计划出版"面向新工科专业建设计算机系列教材"。

二、教材定位

教材使用对象为"211 工程"高校或同等水平及以上高校计算机类专业及相关专业学生。

三、教材编写原则

(1) 借鉴 *Computer Science Curricula* 2013(以下简称 CS2013)。CS2013

的核心知识领域包括算法与复杂度、体系结构与组织、计算科学、离散结构、图形学与可视化、人机交互、信息保障与安全、信息管理、智能系统、网络与通信、操作系统、基于平台的开发、并行与分布式计算、程序设计语言、软件开发基础、软件工程、系统基础、社会问题与专业实践等内容。

（2）处理好理论与技能培养的关系，注重理论与实践相结合，加强对学生思维方式的训练和计算思维的培养。计算机专业学生能力的培养特别强调理论学习、计算思维培养和实践训练。本系列教材以"重视理论，加强计算思维培养，突出案例和实践应用"为主要目标。

（3）为便于教学，在纸质教材的基础上，融合多种形式的教学辅助材料。每本教材可以有主教材、教师用书、习题解答、实验指导等。特别是在数字资源建设方面，可以结合当前出版融合的趋势，做好立体化教材建设，可考虑加上微课、微视频、二维码、MOOC 等扩展资源。

四、教材特点

1. 满足新工科专业建设的需要

系列教材涵盖计算机科学与技术、软件工程、物联网工程、数据科学与大数据技术、网络空间安全、人工智能等专业的课程。

2. 案例体现传统工科专业的新需求

编写时，以案例驱动，任务引导，特别是有一些新应用场景的案例。

3. 循序渐进，内容全面

讲解基础知识和实用案例时，由简单到复杂，循序渐进，系统讲解。

4. 资源丰富，立体化建设

除了教学课件外，还可以提供教学大纲、教学计划、微视频等扩展资源，以方便教学。

五、优先出版

1. 精品课程配套教材

主要包括国家级或省级的精品课程和精品资源共享课的配套教材。

2. 传统优秀改版教材

对于已经出版、得到市场认可的优秀教材，由于新技术的发展，计划给图书配上新的教学形式、教学资源的改版教材。

3. 前沿技术与热点教材

反映计算机前沿和当前热点的相关教材，例如云计算、大数据、人工智能、物联网、网络空间安全等方面的教材。

六、联系方式

    联系人：白立军

    联系电话：010-83470179

    联系和投稿邮箱：bailj@tup.tsinghua.edu.cn

面向新工科专业建设计算机系列教材编委会

2019 年 6 月

面向新工科专业建设计算机系列教材编委会

FOREWORD

前言

数据作为新一轮工业革命中最为活跃的技术创新要素,正在全面重构全球生产、流通、分配、消费等领域,对社会生活、经济运行机制、产业转型、国家治理、国家安全产生重要影响。人工智能技术广泛应用于无人驾驶、语音识别、自动视觉检测、机器翻译、智能客服机器人等领域。某种意义上,人工智能为这个时代的经济发展提供了一种新的能量。在大数据时代,大数据和人工智能密不可分,人工智能的更全面、更智慧发展需要依托大数据技术,需要大数据的支撑。大数据和人工智能涉及的知识点非常多,本书从大数据和人工智能对 Linux 操作系统的需求出发组织 Linux 内容。

1. 本书编写特色

内容系统全面:Linux 下的 C、Python、MySQL。
理论实践结合:配有丰富实例,实践每章知识点。
原理浅显易懂:对操作给出示例代码和注解。
入门门槛较低:零基础轻松快速掌握 Linux。
教材配套资源:教学课件、源代码、视频。

2. 本书内容组织

第 1 章 Linux 系统概述。主要介绍 Linux 系统的起源、发展与特点,Linux 系统的应用领域,VirtualBox 下安装 Linux 系统,Linux 系统与 Windows 系统共享粘贴板和文件夹。

第 2 章图形界面与命令行界面。主要介绍 GNOME 图形界面、命令行界面、常用命令、常用快捷键和命令行自动补全。

第 3 章 Linux 文件操作。主要介绍 Linux 文件系统,文件创建、复制、删除和移动,文件内容查看,查找文件名满足指定要求的文件,文件和目录访问权限管理,文件、目录的压缩及解压缩,通过扩展包挂载移动设备和通过 mount 命令挂载 U 盘。

第 4 章文本编辑器与软件包管理。主要介绍 vi 编辑器、vim 编辑器、gedit 编辑器和软件包管理。

第 5 章用户与用户组管理。主要介绍用户管理、用户账号文件和用户组管理。

第 6 章 Linux Shell 程序设计。主要介绍 Shell 概述、管道操作、Shell 变量、Shell 输入和输出、Shell 数据类型、算术运算、流程控制结构和函数。

第 7 章 Linux 网络管理。主要介绍网络基础、网络配置和网络管理。

第 8 章 Linux 下 C 语言基础编程。主要介绍编译的概念、gcc 编译 C 语言程序和文件操作。

第 9 章 Linux 下 C 语言进程和线程编程。主要介绍进程概述、进程编程和线程编程。

第 10 章 Linux 下 C 语言网络编程。主要介绍套接字、IP 地址的转换、域名 IP 地址转换和套接字编程。

第 11 章 Linux 下 Python 进程和线程编程。主要介绍编写和运行 Python 代码、安装 Python 开发工具 VS Code、安装 Python 开发工具 Anaconda、线程编程、线程同步和进程编程。

第 12 章 Linux 下 Python 网络编程。主要介绍套接字模块、TCP 编程、UDP 编程和 HTTP 编程。

第 13 章 Linux 下操作 MySQL 数据库。主要介绍 Linux 下安装 MySQL、MySQL 基本操作、C 语言操作 MySQL 数据库和 Python 语言操作 MySQL 数据库。

第 14 章 Hadoop 大数据环境搭建。主要内容为 Hadoop 概述、Hadoop 安装前的准备工作、Hadoop 的安装与配置和 HDFS 的 Shell 操作。

3. 本书适用范围

本书可作为高等院校计算机、信息管理、软件工程、大数据、人工智能等相关专业的 Linux 操作系统课程教材,也可作为企业中从事大数据、人工智能开发的工程师和科技工作者的 Linux 操作系统参考用书。

本书由曹洁、张志锋、冯柳著,参与编写的还有邢培旭、周晓斌。在本书的编写和出版过程中,得到了铜陵学院、清华大学出版社的大力支持和帮助,在此表示感谢。本书在撰写过程中,参考了大量专业书籍和网络资料,在此向这些作者表示感谢。

由于编写时间仓促,编者水平有限,书中难免存在疏漏和不足,热切期望得到专家和读者的批评指正,在此表示感谢。您如果遇到任何问题,或有更多的宝贵意见,欢迎发送邮件至邮箱 bailj@tup.tsinghua.edu.cn,期待能够收到您的真挚反馈。

编 者

2024 年 1 月

CONTENTS

目录

第1章　Linux 系统概述 ······························ 1

1.1　Linux 系统的起源、发展与特点 ·············· 1

1.1.1　Linux 系统的起源与发展 ············ 1

1.1.2　Linux 系统的特点 ··················· 2

1.2　Linux 系统的应用领域 ······················· 2

1.2.1　服务器 ······························· 2

1.2.2　嵌入式 ······························· 2

1.2.3　云计算 ······························· 3

1.2.4　大数据 ······························· 3

1.2.5　人工智能 ····························· 3

1.3　VirtualBox 下安装 Linux 系统 ············· 4

1.3.1　在 VirtualBox 上安装 Linux 操作系统 ······ 4

1.3.2　虚拟机克隆安装 Slave1 虚拟计算机 ········· 12

1.4　Linux 系统与 Windows 系统共享粘贴板和文件夹 ········· 16

1.4.1　Linux 系统与 Windows 系统共享粘贴板 ········· 16

1.4.2　Linux 系统与 Windows 系统共享文件夹 ········· 16

习题 ··· 18

第2章　图形界面与命令行界面 ·················· 19

2.1　GNOME 图形界面 ·························· 19

2.2　命令行界面 ································· 19

2.2.1　启动终端窗口 ······················· 19

2.2.2　命令格式 ··························· 20

2.3　常用命令 ································· 23

2.4　常用快捷键 ······························ 26

2.5　命令行自动补全 ···························· 27

2.5.1　环境变量名自动补全 ················· 27

2.5.2　用户名称自动补全 ··················· 27

2.5.3　用命令、文件名或函数名自动补全 ········· 27

　　　　2.5.4　用主机名自动补全 ··· 27

　　习题 ·· 28

第 3 章　Linux 文件操作 ··· 29

　　3.1　Linux 文件系统 ·· 29

　　　　3.1.1　Linux 文件概述 ··· 29

　　　　3.1.2　Linux 文件类型 ··· 30

　　　　3.1.3　Linux 目录结构 ··· 31

　　3.2　文件创建、复制、删除和移动 ·· 33

　　　　3.2.1　touch 创建文件 ··· 33

　　　　3.2.2　vim 创建文件 ··· 34

　　　　3.2.3　重定向符＞和＞＞创建文件 ·· 34

　　　　3.2.4　echo 创建文件 ··· 34

　　　　3.2.5　文件的复制、删除和移动 ·· 34

　　3.3　文件内容查看 ··· 36

　　　　3.3.1　cat 查看文件 ··· 36

　　　　3.3.2　more 查看文件 ··· 40

　　　　3.3.3　less 查看文件 ··· 41

　　　　3.3.4　head 查看文件 ··· 42

　　　　3.3.5　tail 查看文件 ··· 42

　　　　3.3.6　grep 查找文件里符合条件的字符串 ··································· 42

　　　　3.3.7　文件内容统计命令 wc ·· 44

　　　　3.3.8　文件内容比较命令 comm 和 diff ······································ 44

　　　　3.3.9　sort 对文件中所有行排序 ··· 46

　　3.4　查找文件名满足指定要求的文件 ·· 46

　　　　3.4.1　find 查找文件名满足给定条件的文件 ································· 46

　　　　3.4.2　locate 查找文件名包含指定字符串的文件 ··························· 48

　　3.5　文件和目录访问权限管理 ··· 49

　　　　3.5.1　chmod 更改文件或目录的访问权限 ··································· 49

　　　　3.5.2　chown 更改文件和目录的所有权 ······································ 50

　　3.6　文件、目录的压缩及解压缩 ··· 51

　　　　3.6.1　gzip 压缩与解压缩 ·· 51

　　　　3.6.2　bzip2 压缩与解压缩 ·· 51

　　　　3.6.3　zip 压缩与 unzip 解压缩 ·· 52

　　　　3.6.4　tar 打包压缩和解包解压 ·· 53

　　3.7　通过扩展包挂载移动设备 ··· 55

　　3.8　通过 mount 命令挂载 U 盘 ·· 56

　　习题 ·· 57

第4章 文本编辑器与软件包管理 ································· 58

4.1 vi 编辑器 ································· 58

4.1.1 vi 启动 ································· 58

4.1.2 vi 命令模式 ································· 59

4.1.3 vi 的插入模式 ································· 61

4.1.4 vi 的底行模式 ································· 62

4.2 vim 编辑器 ································· 63

4.2.1 配置 vim ································· 63

4.2.2 vim 工作模式 ································· 63

4.3 gedit 编辑器 ································· 64

4.3.1 gedit 的启动与打开文件 ································· 64

4.3.2 gedit 文本编辑器特色功能 ································· 64

4.4 软件包管理 ································· 65

4.4.1 更新包列表 ································· 65

4.4.2 升级软件包 ································· 66

4.4.3 搜索软件包 ································· 66

4.4.4 安装软件包 ································· 66

4.4.5 卸载软件包 ································· 67

4.4.6 更新镜像源 ································· 67

习题 ································· 67

第5章 用户与用户组管理 ································· 68

5.1 用户管理 ································· 68

5.1.1 用户添加、删除与切换 ································· 68

5.1.2 设置用户密码 ································· 70

5.1.3 修改用户信息 ································· 70

5.2 用户账号文件 ································· 71

5.2.1 用户基本信息文件 ································· 71

5.2.2 用户影子文件 ································· 72

5.3 用户组管理 ································· 73

5.3.1 用户组创建、修改与管理 ································· 73

5.3.2 用户组文件 ································· 74

习题 ································· 75

第6章 Linux Shell 程序设计 ································· 76

6.1 Shell 概述 ································· 76

6.1.1 Shell 的特点和主要版本 ································· 76

6.1.2 Shell 脚本的建立和执行 ································· 78

6.2　管道操作 ··· 79
6.3　Shell 变量 ··· 79
　　6.3.1　局部变量 ··· 79
　　6.3.2　环境变量 ··· 82
　　6.3.3　位置变量 ··· 84
6.4　Shell 输入和输出 ······································· 84
　　6.4.1　使用 echo 命令输出结果 ················· 84
　　6.4.2　使用 read 命令读取信息 ················· 85
6.5　Shell 数据类型 ·· 87
　　6.5.1　数字 ·· 87
　　6.5.2　字符串 ··· 87
　　6.5.3　数组 ·· 90
6.6　算术运算 ··· 91
6.7　流程控制结构 ··· 95
　　6.7.1　条件判断 ·· 95
　　6.7.2　选择结构 ·· 98
　　6.7.3　for 循环结构 ·································· 101
　　6.7.4　while 循环结构 ······························ 103
　　6.7.5　until 循环结构 ······························· 104
　　6.7.6　循环控制符 break 和 continue ········· 104
6.8　函数 ·· 105
习题 ·· 107

第 7 章　Linux 网络管理 ······························ 108
7.1　网络基础 ·· 108
　　7.1.1　网络分类 ······································· 108
　　7.1.2　网络协议 ······································· 110
　　7.1.3　应用层协议 ··································· 111
　　7.1.4　传输层协议 ··································· 112
7.2　网络配置 ·· 112
　　7.2.1　主机名 ·· 112
　　7.2.2　MAC 地址和 IP 地址 ····················· 113
　　7.2.3　网络掩码 ······································· 115
7.3　网络管理 ·· 116
　　7.3.1　hostname 命令 ······························ 116
　　7.3.2　ping 命令 ······································ 117
　　7.3.3　ifconfig 命令 ································· 117
　　7.3.4　netstat 命令 ··································· 118
　　7.3.5　route 命令 ····································· 119

习题 ·· 121

第 8 章　Linux 下 C 语言基础编程 ················ 122

8.1　编译的概念 ······································ 122

8.2　gcc 编译 C 语言程序 ······················· 123

8.2.1　预处理阶段 ·························· 123

8.2.2　编译阶段 ····························· 128

8.2.3　汇编阶段 ····························· 130

8.2.4　连接阶段 ····························· 131

8.3　文件操作 ·· 131

8.3.1　文件的创建、打开与关闭 ······· 131

8.3.2　文件的读与写 ······················ 134

习题 ·· 137

第 9 章　Linux 下 C 语言进程和线程编程 ········ 138

9.1　进程概述 ·· 138

9.1.1　进程概念 ····························· 138

9.1.2　进程属性 ····························· 138

9.2　进程编程 ·· 139

9.2.1　fork() 方法创建进程 ·············· 139

9.2.2　vfork() 方法创建进程 ············· 141

9.2.3　clone() 方法创建进程 ············· 142

9.2.4　查看进程状态 ······················ 144

9.2.5　终止进程 ····························· 147

9.2.6　at 定时执行命令 ··················· 148

9.3　线程编程 ·· 150

9.3.1　线程概念 ····························· 150

9.3.2　线程创建 ····························· 150

9.3.3　线程终止 ····························· 151

习题 ·· 154

第 10 章　Linux 下 C 语言网络编程 ··············· 155

10.1　套接字 ·· 155

10.1.1　套接字概念 ························· 155

10.1.2　套接字存储 ························· 155

10.1.3　套接字类型 ························· 156

10.2　IP 地址的转换 ·································· 157

10.2.1　将网络地址转换成长整型 ······· 157

10.2.2　将长整型 IP 地址转换成网络地址 ····· 158

10.3　域名 IP 地址转换 ………………………………………………………………… 159

　　10.3.1　通过主机名或域名获取 IP 地址 …………………………………………… 159

　　10.3.2　通过 IP 地址获取域名或主机名 …………………………………………… 161

10.4　套接字编程 …………………………………………………………………………… 163

　　10.4.1　创建套接字 ………………………………………………………………… 163

　　10.4.2　绑定端口 …………………………………………………………………… 164

　　10.4.3　监听与接收连接 …………………………………………………………… 166

　　10.4.4　请求连接 …………………………………………………………………… 167

　　10.4.5　数据的发送与接收 ………………………………………………………… 167

　　10.4.6　关闭套接字 ………………………………………………………………… 168

习题 ……………………………………………………………………………………… 171

第 11 章　Linux 下 Python 进程和线程编程 …………………………………………… 172

11.1　编写和运行 Python 代码 …………………………………………………………… 172

11.2　安装 Python 开发工具 VS Code …………………………………………………… 173

11.3　安装 Python 开发工具 Anaconda ………………………………………………… 176

　　11.3.1　安装 Anaconda …………………………………………………………… 176

　　11.3.2　配置 Jupyter Notebook …………………………………………………… 177

　　11.3.3　运行 Jupyter Notebook …………………………………………………… 178

　　11.3.4　为 Anaconda 安装扩展库 ………………………………………………… 180

11.4　线程编程 …………………………………………………………………………… 180

　　11.4.1　使用 start_new_thread()函数创建线程 …………………………………… 180

　　11.4.2　使用 threading 模块的 Thread 类创建线程 ……………………………… 181

　　11.4.3　Thread.join()方法 ………………………………………………………… 182

　　11.4.4　Thread.setDaemon()方法 ………………………………………………… 184

11.5　线程同步 …………………………………………………………………………… 186

　　11.5.1　Lock/RLock 对象 …………………………………………………………… 186

　　11.5.2　Condition 对象 ……………………………………………………………… 188

　　11.5.3　Queue 对象 ………………………………………………………………… 190

11.6　进程编程 …………………………………………………………………………… 194

　　11.6.1　进程创建 …………………………………………………………………… 194

　　11.6.2　进程间通信 ………………………………………………………………… 196

　　11.6.3　进程池 ……………………………………………………………………… 198

习题 ……………………………………………………………………………………… 199

第 12 章　Linux 下 Python 网络编程 …………………………………………………… 200

12.1　套接字模块 ………………………………………………………………………… 200

12.2　TCP 编程 …………………………………………………………………………… 203

12.3　UDP 编程 …………………………………………………………………………… 205

12.4　HTTP 编程 ··· 207
　　12.4.1　HTTP 特性 ·· 207
　　12.4.2　HTTP 通信过程 ··· 207
　　12.4.3　HTTP 报文结构 ··· 207
　　12.4.4　使用 Requests 库实现 HTTP 请求 ················· 214
　　12.4.5　Cookie ··· 218
　　12.4.6　使用 Requests 库简单获取网页内容 ·············· 218
习题 ··· 219

第 13 章　Linux 下操作 MySQL 数据库 ··························· 220

13.1　Linux 下安装 MySQL ··· 220
　　13.1.1　MySQL 的基本概念 ·· 220
　　13.1.2　安装并配置 MySQL ·· 220
13.2　MySQL 基本操作 ·· 222
　　13.2.1　用户操作命令 ··· 222
　　13.2.2　数据库操作命令 ··· 224
　　13.2.3　数据表操作命令 ··· 226
13.3　C 语言操作 MySQL 数据库 ···································· 230
13.4　Python 语言操作 MySQL 数据库 ··························· 232
　　13.4.1　连接 MySQL 数据库 ······································ 233
　　13.4.2　创建游标对象 ··· 233
　　13.4.3　执行 SQL 语句 ··· 234
　　13.4.4　创建数据库 ·· 234
　　13.4.5　创建数据表 ·· 235
　　13.4.6　插入数据 ··· 235
　　13.4.7　查询数据 ··· 236
　　13.4.8　更新和删除数据 ·· 237
习题 ··· 238

第 14 章　Hadoop 大数据环境搭建 ································· 239

14.1　Hadoop 概述 ··· 239
　　14.1.1　Hadoop 简介 ·· 239
　　14.1.2　Hadoop 优缺点 ··· 239
14.2　Hadoop 安装前的准备工作 ····································· 240
　　14.2.1　创建 Hadoop 用户 ··· 240
　　14.2.2　安装 SSH、配置 SSH 无密码登录 ·················· 241
　　14.2.3　安装 Java 环境 ··· 242
　　14.2.4　Linux 系统下 Scala 版本的 Eclipse 的安装与配置 ········· 243
　　14.2.5　Eclipse 环境下 Java 程序开发实例 ················· 244

14.3　Hadoop 的安装与配置 ……………………………………………… 246

　　14.3.1　下载 Hadoop 安装文件 ………………………………… 246

　　14.3.2　Hadoop 单机模式配置 …………………………………… 247

　　14.3.3　Hadoop 伪分布式模式配置 ……………………………… 249

　　14.3.4　Hadoop 分布式模式配置 ………………………………… 253

14.4　HDFS 的 Shell 操作 ………………………………………………… 262

　　14.4.1　查看命令使用方法 ………………………………………… 263

　　14.4.2　HDFS 常用的 Shell 操作 ………………………………… 264

习题 ………………………………………………………………………… 268

参考文献 ……………………………………………………………………… 269

第 1 章

Linux 系统概述

本章主要介绍 Linux 系统的起源、发展与特点，Linux 系统的应用领域，VirtualBox 下安装 Linux 系统，Linux 系统与 Windows 系统共享粘贴板和文件夹。

◆ 1.1 Linux 系统的起源、发展与特点

Linux 是开放源代码、免费使用和自由传播的类 UNIX 系统的计算机操作系统。

1.1.1 Linux 系统的起源与发展

1991 年 10 月 5 日，林纳斯·托瓦兹正式向外宣布 Linux 内核的诞生。内核指的是一个提供设备驱动、文件系统、进程管理、网络通信等功能的系统软件，内核并不是一套完整的操作系统，它只是操作系统的核心。

一些组织或厂商将 Linux 内核与各种软件和文档包装起来，并提供系统安装界面和必要的软件及实用程序（如网络管理器、软件包管理器、桌面环境等），使其可以作为一个操作系统使用，就构成了 Linux 的发行版本。Linux 的发行版本可以大体分为两类：商业公司维护的发行版本，以著名的 Red Hat 为代表；社区组织维护的发行版本，以 Debian 为代表。下面介绍几款常用的 Linux 发行版本。

1. Debian

Debian GNU/Linux（简称 Debian）是目前世界上最大的非商业性 Linux 发行版本之一。广义的 Debian 是指一个致力于创建自由操作系统的合作组织及其作品，由于 Debian 项目众多内核分支中以 Linux 宏内核为主，而且 Debian 开发者所创建的操作系统中绝大部分基础工具来自 GNU 工程，因此"Debian"常指 Debian GNU/Linux。

2. Ubuntu

Ubuntu 基于 Debian 发展而来，界面友好，对硬件的支持非常全面，非常适合作为桌面系统的 Linux 发行版本，而且 Ubuntu 的所有发行版本都是免费的。

3. Red Hat

Red Hat（红帽公司）创建于 1993 年。Red Hat 公司的 Linux 系统产品主要包括 RHEL（Red Hat Enterprise Linux，收费版本）和 CentOS（RHEL 的社区克隆

版本,免费版本)、Fedora Core(由 Red Hat 桌面版发展而来,免费版本)。

1.1.2　Linux 系统的特点

Linux 系统的特点主要有以下几方面。

1. 免费开源

Linux 是一款免费的操作系统,用户可以通过网络或其他途径免费获得,可以从网络上下载到它的源代码,并可以根据自己的需求进行定制化的开发,而且没有版权限制。

2. 模块化程度高

Linux 的内核设计分成进程管理、内存管理、进程间通信、虚拟文件系统、网络 5 个部分,其采用的模块机制使得用户可以根据实际需要,在内核中插入或移走模块,这使得内核可以被高度的剪裁定制,以方便在不同的场景下使用。

3. 良好的界面

Linux 同时具有命令行界面和图形界面。在命令行界面中,用户可以通过键盘输入相应的指令来使用操作系统的功能。在图形界面,用户可以通过鼠标对其进行操作。

4. 安全稳定

Linux 采取了很多安全技术措施,包括读写权限控制、带保护的子系统、审计跟踪、核心授权等,这为网络环境中的用户提供了安全保障。实际上,有很多运行 Linux 的服务器可以持续运行长达数年而无须重启,依然可以性能良好地提供服务。

5. 多用户,多任务

多用户是指系统资源可以同时被不同的用户使用,每个用户对自己的资源有特定的权限,互不影响。多任务指的是计算机能同时运行多个程序,多个程序之间彼此独立。

6. 良好的可移植性

Linux 是一种可移植的操作系统,能够在从微型计算机到大型计算机的任何环境中和任何平台上运行。操作系统的可移植性指的是将操作系统从一个平台转移到另一个平台使它仍然能按其自身的方式运行的能力。

◇ 1.2　Linux 系统的应用领域

Linux 操作系统是非常受喜欢的操作系统之一,广泛应用在多个领域中。

1.2.1　服务器

通常可以将服务器看作一台功能强大的超级计算机,它有自己独立的操作系统,通常称以 Linux 系统为核心系统的服务器为 Linux 服务器。Linux 系统可以为企业架构 WWW 服务器、数据库服务器、负载均衡服务器、邮件服务器、DNS 服务器、代理服务器、路由器等。近些年来,Linux 服务器市场得到快速提升,尤其是在高端领域更为广泛,Linux 不仅可以降低企业运营成本,Linux 系统还带来高稳定性、高可靠性,无须考虑商业软件的授权问题。

1.2.2　嵌入式

嵌入式系统(Embedded System)是一种"完全嵌入受控器件内部,为特定应用而设计的专用计算机系统"。与个人计算机这样的通用计算机系统不同,嵌入式系统通常执行的是带有特定要求的预先定义的任务。

通常,嵌入式系统是一个控制程序存储在只读存储器(Read-Only Memory,ROM)中的嵌入式处理器控制板。嵌入式 Linux 系统主要的应用实例有自动柜员机(ATM)、移动电话、办公设备(如打印机、复印机、传真机、多功能打印机)、家用电器(如微波炉、洗衣机、电视机)。

目前几乎人手一部的智能手机上安装最多的操作系统是基于 Linux 系统的安卓(Android)系统。

1.2.3　云计算

云计算可以以较低成本和较高性能解决无限增长的海量信息的存储和计算的问题,使得 IT 基础设施能够实现资源化和服务化,使得用户可以按需定制,从而改变了传统 IT 基础设施的交用和支付方式。云计算其实就是以服务的形式提供计算资源(计算机和存储)。

云计算背后最重要的概念之一就是可伸缩性,而实现它的关键则是虚拟化。虚拟化在一台共享计算机上聚集多个操作系统和应用程序,以便更好地利用服务器。虚拟化还允许在线迁移,因此,当一个服务器超载时,可以将一个操作系统的一个实例(以及它的应用程序)迁移到一个新的、不那么繁忙的服务器上。

云计算一个最重要的组件就是虚拟化。目前,虚拟化比较出名的几款软件 VMware,Xen 和 KVM 都是以 Linux 为核心。OpenStack、CloudStack、Eucalyptus 等云平台所涉及的很多组件都是基于 Linux 的。

1.2.4　大数据

在大数据领域,大数据框架如 Hadoop、Storm、Spark 和 Flink 等,通常都会部署在 Linux 系统上,对于想要从事大数据开发的人员来说,学习 Linux 操作系统是学习大数据的关键一步。

Hadoop 是一个处理、存储和分析海量的分布式、非结构化数据的开源框架,采用 HDFS 分布式文件系统存储海量数据,采用 MapReduce 计算模式处理海量数据。

Storm 是一个免费并开源的分布式实时计算系统。利用 Storm 可以很容易做到可靠地处理无限的数据流,像 Hadoop 批量处理大数据一样,Storm 可以实时处理数据。

Spark 大数据框架是一种混合式的计算框架,Spark 自带实时流处理工具;Spark 也可以与 Hadoop 集成代替 MapReduce;甚至 Spark 还可以单独拿出来借助 HDFS 等分布式存储系统部署集群。

Flink 是由 Apache 软件基金会开发的开源流处理框架,用于对无界和有界数据流进行有状态计算。Flink 被设计在所有常见的集群环境中运行,以内存执行速度和任意规模来执行计算。

1.2.5　人工智能

机器学习、深度学习用到的数据量很大,很多实验都要借助分布式计算框架,如 Spark 大数据框架也提供了 ML 机器学习库。大部分深度学习框架都是优先支持 Linux 系统的,这些框架在 Linux 系统上运行,性能和效率会更高一些。

◆ 1.3　VirtualBox 下安装 Linux 系统

1.3.1　在 VirtualBox 上安装 Linux 操作系统

VirtualBox 是一款免费的、开源的虚拟机软件。本书下载的 VirtualBox 软件的版本为 VirtualBox 6.1.26,在 Windows 操作系统中安装 VirtualBox,持续单击"下一步"按钮即可完成安装,安装完成并运行。在 VirtualBox 里可以创建多个虚拟机(这些虚拟机的操作系统可以是 Windows 也可以是 Linux),这些虚拟机共用物理机的 CPU、内存等。本节介绍如何在 VirtualBox 上安装 Linux 操作系统。

1. 为 VirtualBox 设置存储文件夹

创建虚拟计算机时,VirtualBox 会创建一个文件夹,用于存储这个虚拟计算机的所有数据。VirtualBox 启动后的界面如图 1-1 所示。

图 1-1　VirtualBox 启动后的界面

单击左上角"管理"→"全局设定"→"常规",修改默认虚拟计算机位置为自己想要存储虚拟计算机的位置,这里设置为 E 盘下的 VirtualBox 文件夹,如图 1-2 所示,单击 OK 按钮确认。

图 1-2　修改默认虚拟计算机位置

2. 在 VirtualBox 中创建虚拟机

　　启动 VirtualBox 软件,在界面右上方单击"新建"按钮,打开新建虚拟计算机界面如图 1-3 所示,在"名称"文本框中输入虚拟机名称,名称填写"Master";在"类型"下拉列表中选择 Linux;在"版本"下拉列表中选择要安装的 Linux 系统类型及位数,本书选择安装的是 64 位 Ubuntu 系统。

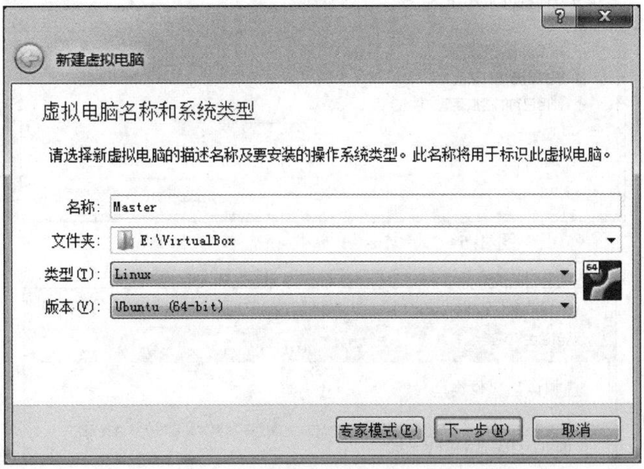

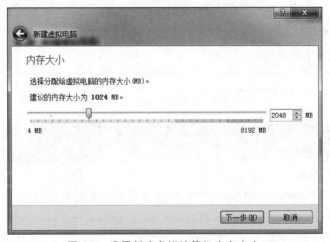

图 1-3　设置虚拟计算机名称和类型

　　单击"下一步"按钮,设置虚拟机内存大小。根据个人计算机配置给虚拟机设置内存大小,一般情况下如果没有特殊要求默认即可。这里将虚拟机内存设置为 2GB,如图 1-4 所示。

图 1-4　设置新建虚拟计算机内存大小

　　单击"下一步"按钮,设置磁盘,如图 1-5 所示,选择"现在创建虚拟硬盘"单选按钮。

　　单击"创建"按钮,选择虚拟硬盘文件类型,这里选择 VDI(VirtualBox 磁盘映像),如图 1-6 所示。

　　单击"下一步"按钮,设置虚拟硬盘文件的存放方式,如图 1-7 所示。如果磁盘空间较大,就选择"固定大小",这样可以获得较好的性能;如果硬盘空间比较紧张,就选择"动态分配"。本书选择"固定大小"。

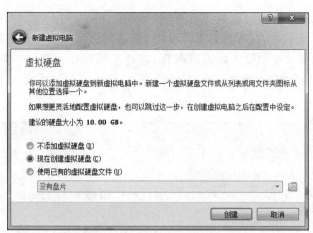

图 1-5　为 Master 虚拟机创建虚拟硬盘

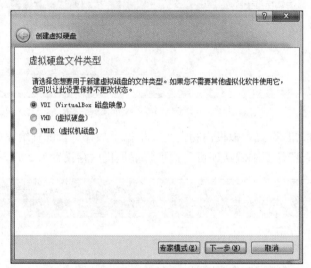

图 1-6　选择虚拟硬盘文件类型

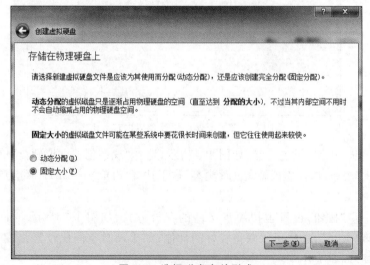

图 1-7　选择磁盘存放形式

单击"下一步"按钮,设置虚拟硬盘文件的存放位置和大小,默认会保存在之前配置过的 VirtualBox 目录下,虚拟硬盘的大小设置为 20GB,如图 1-8 所示,如果空间足够,可设置的更大些。单击"浏览"按钮选择一个容量充足的硬盘来存放它,单击"创建"按钮完成虚拟计算机的创建。然后,就可以在这个新建的虚拟机上安装 Linux 系统。

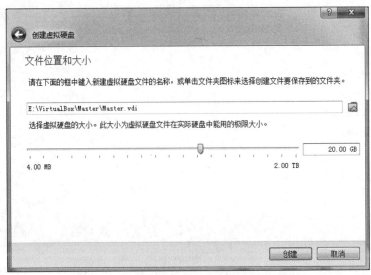

图 1-8　选择虚拟硬盘文件存放位置和大小

3. 在虚拟计算机上安装 Linux 系统

按照上面的步骤完成虚拟计算机的创建以后,会返回到如图 1-9 所示的界面。

图 1-9　虚拟计算机创建完成以后的界面

这时请勿直接单击"启动"按钮,否则有可能会导致安装失败。选择刚刚创建的虚拟机,然后单击右上方的"设置"按钮打开如图 1-10 所示的"Master-设置"页面。

单击左侧"存储"选项打开存储设置页面,然后单击"没有盘片",单击右侧的小光盘图标,单击"选择虚拟盘",选择之前下载的 Ubuntu 系统安装文件,本书选择的 Ubuntu 系统安装文件的版本是 ubuntu-20.04.3-desktop-amd64.iso,如图 1-11 所示。

图 1-10　"Master-设置"页面

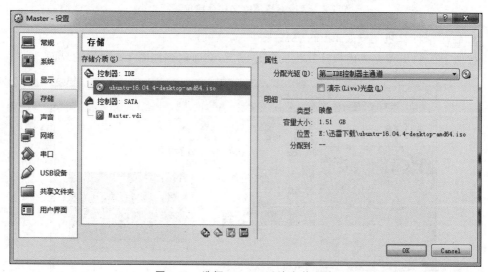

图 1-11　选择 Ubuntu 系统安装文件

　　单击 OK 按钮,在弹出的界面中选择刚创建的虚拟机 Master,单击"启动"按钮。启动后会看到 Ubuntu 安装欢迎界面如图 1-12 所示,安装语言选择"中文(简体)"。

　　单击"安装 Ubuntu"按钮,在出现的如图 1-13 所示的"键盘布局"界面中,键盘布局选择 English(US)。

　　单击"继续"按钮,在弹出的"更新和其他软件"界面中,设置如图 1-14 所示。

　　单击"继续"按钮,在弹出的"安装类型"界面中确认安装类型,这里选择"其他选项",如图 1-15 所示。

图 1-12　Ubuntu 安装欢迎界面

图 1-13　"键盘布局"界面

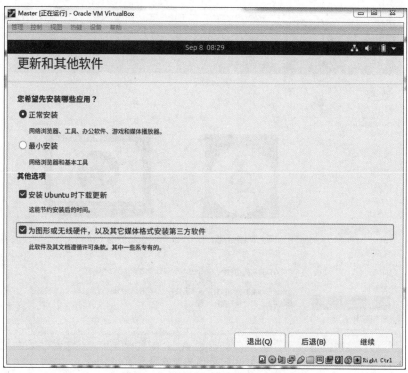

图 1-14 "更新和其他软件"界面

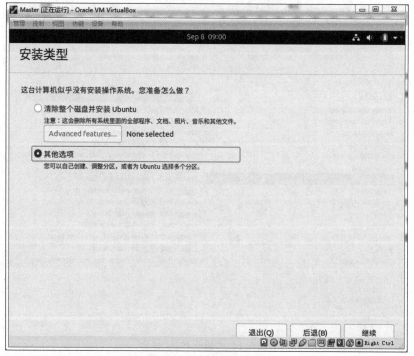

图 1-15 选择安装类型

　　单击"继续"按钮,在出现的界面中单击"新建分区表"按钮,在弹出的界面中单击"继续"按钮,弹出如图 1-16 所示的界面,选中"空闲"。

图 1-16　选中"空闲"

　　单击"＋"按钮,弹出"创建分区"界面,设置交换空间的大小为 512MB,如图 1-17 所示。

　　单击 OK 按钮,在弹出的界面中选中"空闲",然后单击"＋"按钮,在弹出的界面中创建根目录,如图 1-18 所示。

图 1-17　交换空间设置

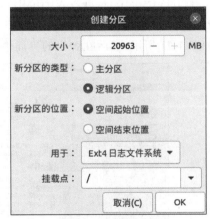

图 1-18　创建根目录

　　单击 OK 按钮,在出现的界面中单击"现在安装"按钮,在弹出的界面中单击"继续"按钮。在出现的"您在什么地方?"页面,采用默认值 shanghai 即可,单击"继续"按钮,直到出现"您是谁?"的设置界面,如图 1-19 所示。

图 1-19   "您是谁?"的设置界面

在图 1-19 中设置用户名和密码,然后单击"继续"按钮,安装过程正式开始,不要单击 Skip 按钮,等待自动安装完成。

1.3.2   虚拟机克隆安装 Slave1 虚拟计算机

在 VirtualBox 系统中,可将已经安装配置好的一个虚拟机实例像复制文件那样复制到相同的虚拟机系统,称为虚拟机克隆,具体实现步骤如下。

(1) 打开 VirtualBox,进入 VirtualBox 界面选中要导出的虚拟机实例,这里选择的是 Master,如图 1-20 所示。然后单击上方的"管理"菜单,在下拉菜单中单击"导出虚拟电脑"选项,如图 1-21 所示,然后在弹出的界面中单击"下一步"按钮。

图 1-20   选择 Master

图 1-21　单击"导出虚拟电脑"选项

（2）在上面单击"下一步"按钮后弹出的界面中，选择导出保存路径，如图 1-22 所示，然后单击"下一步"按钮，在之后弹出的界面中单击"导出"按钮开始导出。

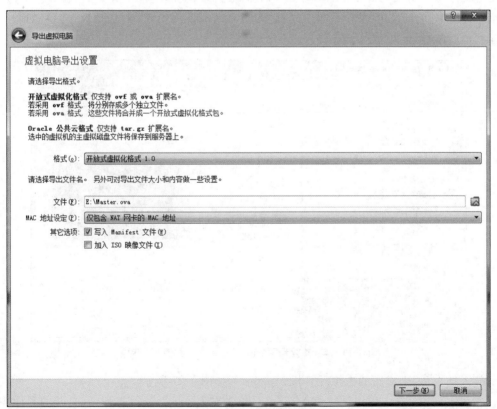

图 1-22　选择导出保存路径

(3)导出结束后得到 Master.ova 文件。

(4)单击左上角"管理"→"全局设定"→"常规"选项,修改默认虚拟计算机位置以存储导入的虚拟计算机,如图 1-23 所示。单击 OK 按钮确认。

图 1-23 修改默认虚拟计算机位置

(5)在 VirtualBox 中单击"管理"菜单下的"导入虚拟电脑"选项,如图 1-24 所示。在弹出的界面中选择前面的 Master.ova 文件,如图 1-25 所示,然后单击"下一步"按钮,在弹出的界面中,"MAC 地址设定"下拉菜单中选择"为所有网卡重新生成 MAC 地址"选项,如图 1-26 所示。最后单击"导入"按钮开始导入。

图 1-24 单击"管理"菜单下的"导入虚拟电脑"选项

导入结束后,生成新的虚拟计算机 Master 1,如图 1-27 所示。

在图 1-27 中,选中虚拟计算机 Master 1,单击右上方的"设置"按钮,在打开的界面中修改虚拟计算机的名称为 Slave1,至此虚拟机克隆安装 Slave1 虚拟计算机结束。

图 1-25　选择前面得到的 Master.ova 文件

图 1-26　选择"为所有网卡重新生成 MAC 地址"选项

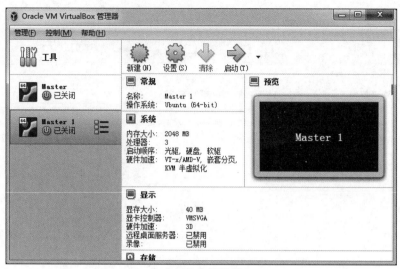

图 1-27　生成新的虚拟计算机 Master 1

Linux 系统
与 Windows
系统共享
粘贴板和
文件夹

◆ 1.4　Linux 系统与 Windows 系统共享粘贴板和文件夹

1.4.1　Linux 系统与 Windows 系统共享粘贴板

打开虚拟机后,通过简单的设置可实现在 Ubuntu 与 Windows 之间互相复制与粘贴文本,具体实现过程如下。

(1) 打开虚拟机进入 Ubuntu 系统,选择"设备"菜单栏下的"共享粘贴板"菜单中的"双向"菜单项。

(2) 打开新的终端,就可在 Linux 和 Windows 系统之间复制粘贴文本了。

1.4.2　Linux 系统与 Windows 系统共享文件夹

通过设置可让 Linux 系统与 Windows 系统共享文件夹,通过共享文件夹在两个系统之间传递文件。

(1) 打开虚拟机进入 Ubuntu 系统,首先要安装 VirtualBox 增强功能:单击"设备"菜单栏下的"安装增强功能"菜单项,如图 1-28 所示,在弹出的界面中单击"运行"按钮,在弹出的界面中输入用户的登录密码,按 Enter 键等待安装完成。安装完成后要求重启系统。

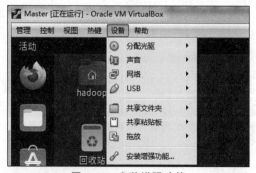

图 1-28　安装增强功能

（2）在本机系统中设置一个共享文件夹 F：\UbuntuShare，作为与 Ubuntu 交互的区域空间。

（3）单击"设备"菜单栏下的"共享文件夹"菜单项下的"共享文件夹"菜单项，如图 1-29 所示。

图 1-29 打开共享文件夹

打开的共享文件夹设置界面，如图 1-30 所示。

图 1-30 共享文件夹设置界面

单击共享文件夹设置界面右上角的"＋"按钮，选择之前本机设置的共享文件夹，挂载点指的是虚拟机和 Windows 系统中的共享文件夹共享的地方。这里设置为/home/hadoop/目录下的 share 文件夹，进入虚拟机后，进入这个挂载点，就能看到本地计算机共享的文件了。

单击 OK 按钮。然后，进入 Ubuntu 系统，打开终端，执行"sudo mount -t vboxsf UbuntuShare/home/hadoop/share"，完成共享文件夹的设置。

接着使用 $ sudo gedit/etc/fstab 命令修改/etc/fstab 文件，添加如下一行内容，来保证重启后，共享文件夹也能生效。

UbuntuShare/home/hadoop/share vboxsf rw,gid＝110,uid＝1100,auto 0 0

◇ 习 题

1. 简述 Linux 操作系统的特点。
2. 简述 Linux 操作系统的应用领域。
3. 概述如何让 Linux 系统与 Windows 系统共享粘贴板和文件夹。

第 2 章

图形界面与命令行界面

图形环境为用户使用和管理计算机系统带来很多便利,Linux 的 GNOME 图形界面也非常优秀。本章主要介绍 GNOME 图形界面,命令行界面,常用命令,常用快捷键和命令行自动补全。

◆ 2.1 GNOME 图形界面

Linux 系统设计的初衷并不是针对普通用户设计的,而是针对有经验的开发者,这就提高了新手使用的门槛。随着 Linux 系统被越来越多地用在各个行业,尤其是服务器和个人计算机中,社区用户越来越多,随之开发者也越来越多,GNOME 和 KDE 等大量桌面环境诞生,也成为今天主流的图形界面。

Ubuntu 20 系统默认的图形界面是 GNOME,当开启 Ubuntu 系统时进入的是"普通用户"的"图形化界面模式"。Ubuntu 图形界面的使用方式与 Windows 图形界面的使用方式类似。

◆ 2.2 命令行界面

Ubuntu 有图形化界面,但是某些操作需要在命令行界面中执行,命令行界面也称为命令行终端、命令行窗口、终端窗口、Shell 界面。

2.2.1 启动终端窗口

启动终端窗口方式 1:进入 Ubuntu 图形化界面后,在桌面单击鼠标右键,选择"在终端中打开"命令,如图 2-1 所示,即可启动终端窗口。

打开的终端窗口如图 2-2 所示。

从图 2-2 中看到的"hadoop@Master:~/桌面 $"是 Shell 主题提示符,它是在 Shell 准备接收命令时显示的字符串。在这个提示符中,hadoop 表示当前登录 Linux 系统的用户名,Master 是主机名;"~/桌面"代表命令行终端当前所在的目录,此时命令行终端当前所在的目录是当前登录用户的主目录的桌面目录下,即"/home/hadoop/桌面"目录;$ 表示命令提示符,Linux 用这个符号标识登录的用户权限等级,如果是超级用户,提示符就是 #;如果是普通用户,提示符就是 $。

在提示符之后,用户输入命令,最后按 Enter 键。Shell 命令解释程序将接收、

图 2-1　启动终端窗口

图 2-2　打开的终端窗口

分析、解释并执行相应的命令,执行结果在屏幕上显示出来。

启动终端窗口方式 2: 进入 Ubuntu 图形化界面后,按 Ctrl+Alt+T 组合键,即可打开命令行界面。

2.2.2　命令格式

命令格式

Linux 提供了几百条命令,虽然这些命令的功能不同,但它们的使用方式和规则都是统一的,Linux 命令的一般格式是:

命令名[选项]　　[参数]

注意:个别命令不遵循此格式;方括号中的内容为可选,意思是可以有也可以没有。

有的命令不带任何选项和参数。Linux 命令行严格区分大小写,命令、选项和参数都是如此。

1. 命令名

即命令程序名。命令名必须是小写的英文字母,往往是表示相应功能的英文单词或单词的缩写,例如,创建文件的 touch 命令,查看文件内容的 cat 命令,创建目录(文件夹)的 mkdir 命令,显示日期的 date 命令,显示指定目录下的内容的 ls 命令,等等。

2. 命令选项

用于指定命令执行的方式。命令选项是包括一个或多个字母的代码,前面有一个"-"连字符。例如,ls 命令用来列出目录中的内容,ls 就是 list 的缩写,通过 ls 命令不仅可以查看目录包含的文件和目录,而且可以查看文件权限。不加命令选项将显示除隐藏文件外的所有文件及目录的名字。而使用带-l 选项的 ls 命令将列出当前目录中文件和目录的详细信息。

ls 命令的语法格式如下。

```
ls [命令选项] [目录名]
```

命令选项说明如下。

-a:显示指定目录中的所有文件,包含隐藏文件(ls 内定将开头为"."的文件或目录视为隐藏,不加-a 选项,则这些隐藏文件不会列出)。

-l:除文件名称外,将文件形态、权限、拥有者、文件大小等信息也详细列出。

-t:将文件按建立时间先后次序列出。

-F:在列出的文件名称后加一符号,例如,可执行档则加"＊",目录则加"/"。

-R:若目录下有文件,则目录下的文件亦皆依序列出。

-t:以修改时间排序。

例如:

```
$ ls -l testdir#列出 testdir 目录下的所有文件
总用量 16
drwxr-xr-x 2 hadoop hadoop 4096 10 月 20 14:37 bin
drwxr-xr-x 3 hadoop hadoop 4096 10 月 20 14:37 book
drwxr-xr-x 2 hadoop hadoop 4096 10 月 20 14:37 lib
drwxr-xr-x 4 hadoop hadoop 4096 10 月 20 14:37 wenxue
```

从上面列出的文件信息可以看出,每个文件的说明包括 9 列。

第 1 列:"文件类型＋权限"(共 10 个字符),每位值的含义如表 2-1 所示。第 1 列的第 1 个字符表示文件类型,"-"表示该文件是一个普通文件,"d"表示该文件是一个目录。接下来的 9 个字符说明文件权限的信息:针对文件属主、属组以及除此以外的其他人。

表 2-1　每位值的含义

位	1	2	3	4	5	6	7	8	9	10
值	-	r 或-	w 或-	x 或-	r 或-	w 或-	x 或-	r 或-	w 或-	x 或-
说明	文件类型	属主权限			组权限			其他用户权限		

其中,2、5、8 位表示读权限,若不允许读,则设为"-";3、6、9 位表示写权限,若不允许写,则设为"-";4、7、10 位表示可执行权限,若不允许执行,则设为"-"。

第 2 列:硬链接个数,默认从 1 开始,如果是目录,则默认是 2(目录不做硬链接)。

第 3 列:文件属主。

第 4 列:文件属组。

第 5 列:文件大小。

第 6~8 列:创建时间/最后一次修改时间。

第 9 列:文件名。

(1) -d:仅列出指定的目录本身,而不是列出目录内的文件数据。

```
$ ls -d /home/hadoop/sparkapp
/home/hadoop/sparkapp
```

(2) -h:以人们易读的方式显示文件或目录大小,如 1KB、234MB、2GB 等。

(3) -i:显示每个文件的 ID。

```
$ ls -i /home/hadoop/sparkapp
687676 project   687673 src   693871 target   652904 wordcount.sbt
```

一个命令有多个选项时,可以简写。例如,可将命令"ls -l -a"简写为"ls -la"。

对于由多个字符组成的选项(长选项格式),前面必须使用"-"符号,如 ls -directory。

有些选项既可以使用短选项格式,又可以使用长选项格式,例如,ls -a 与 ls -all 意义相同。

3. 命令参数

命令参数描述命令的操作对象,通常命令参数是一些文件名,告诉命令从哪里可以得到输入,以及把执行结果送到什么地方。例如,不带参数的 ls 命令只能列出当前目录下的文件和目录,而使用参数可列出指定目录或文件中的文件和目录。例如:

```
$ ls /home/hadoop/sparkapp
project   src   target   wordcount.sbt
```

同时带有命令选项和命令参数的命令,通常命令选项位于命令参数之前。

命令名、命令选项和命令参数彼此间必须用空格隔开,连续的空格会被 Shell 解释为单个空格。

如果一个命令太长,一行放不下时,要在本行行尾输入"\"字符,并按 Enter 键,这时 Shell 会返回一个大于号">"作为提示符,表示该命令尚未结束,允许继续输入有关信息。

4. 命令执行后的返回值

命令正常执行后返回一个 0 值,表示执行成功;如果命令执行过程中出错,没有完成全部工作,则返回一个非零值。

5. 获取命令使用说明

可以使用命令 man 来获取命令的联机说明,如通过 man ls 可以得到 ls 命令的使用说明。

◆ 2.3　常　用　命　令

下面给出 Linux 系统中常用的命令。

1. whoami 显示当前登录用户的名字

whoami 命令用来查看当前登录系统所使用的用户名。可通过 cat /etc/passwd 查看系统中的用户信息。

由于系统管理员通常需要使用多种身份登录系统,例如,通常使用普通用户登录系统,然后再以 su 命令切换到 root 身份对系统进行管理。这时候就可以使用 whoami 来查看当前用户的身份。

```
$ whoami
hadoop
```

2. who 显示系统登录者

who 命令查看当前所有登录系统的用户信息。who 命令只会显示真正登录到系统中的用户,不会显示通过 su 切换的用户,在维护中是很有作用的。who 的语法格式:

```
who [选项]
```

选项说明:

-H：显示各栏的标题信息。

-u：显示空闲时间和进程号。

-q：显示登录系统的账号名称和总人数。

-w 或-T 或--mesg 或--message 或--writable：显示用户的信息状态栏。

例如:

```
$ who              #显示当前登录系统的用户
hadoop  :0         2022-07-01 22:14 (:0)
```

显示结果说明:

第 1 列显示用户名称。

第 2 列显示用户连接方式,tty 意味着用户直接连接到计算机上,而 pts 意味着远程登录。

第 3、4 列分别显示日期和时间。

第 5 列显示用户登录 IP 地址。

例如:

```
$ who -q           #显示登录系统的账号名称和总人数
hadoop
#用户数=1
```

echo 输出
命令

3. echo 输出命令

echo 命令用于输出变量的值,或者直接输出指定的字符串到标准输出。echo 命令的语法格式:

```
echo [选项] [输出内容]
```

选项说明如下。

-e:支持反斜线控制的字符转换,支持的控制字符如表 2-2 所示。

表 2-2 控制字符

控 制 字 符	作 用
\\	输出\本身
\a	输出警告音
\b	退格键,也就是向左删除键
\c	取消输出行末的换行符。和"-n"选项一致
\e	Esc 键
\f	换页符
\n	换行符
\r	回车键
\t	制表符,也就是 Tab 键
\v	垂直制表符

-n:表示不换行输出,即内容输出后不换行。

注意:如果它的输出内容用引号引起来,那么输出内容按原样输出;如果不用引号引起来,则字符串中各个单词将作为字符串输出,各单词间以一个空格隔开。

例如:

```
$ echo "Hello      world!"
Hello      world!
$ echo Hello      world!
Hello world!
```

人们一般在变量前加上 $ 符号的方式来引用变量,例如,$PATH,然后再用 echo 命令将变量值输出。

```
$ echo $PATH                              #输出 PATH 变量的值
/opt/jvm/jdk1.8.0_181/bin:/usr/local/sbin
$ echo -e "\\abcd\nefg"
bcd
efg
$ echo -n "HelloWorld"#内容输出后不换行
HelloWorldhadoop@Master:~/桌面$
```

4. mkdir 创建目录

Linux 下的目录相当于 Windows 下的文件夹，mkdir 命令的语法格式如下。

```
mkdir [命令选项] 目录名
```

常用的命令选项如下。

-m 数字：在创建目录的时候，设定目录的权限，权限用数字表示。

-p 或-parents：若所要建立目录的上层目录目前尚未建立，则一并建立上层目录。

-v：显示创建目录的状态信息，创建成功显示已创建目录，否则显示无法创建目录"目录名"，文件已存在。

例如：

```
#一次创建多个目录
$ mkdir -vp testdir/{lib/,bin/,wenxue/{shici,xiaoshuo},book/stu/{LiShi,WuLi}}
mkdir: 已创建目录 'testdir'
mkdir: 已创建目录 'testdir/lib/'
mkdir: 已创建目录 'testdir/bin/'
mkdir: 已创建目录 'testdir/wenxue'
mkdir: 已创建目录 'testdir/wenxue/shici'
mkdir: 已创建目录 'testdir/wenxue/xiaoshuo'
mkdir: 已创建目录 'testdir/book'
mkdir: 已创建目录 'testdir/book/stu'
mkdir: 已创建目录 'testdir/book/stu/LiShi'
mkdir: 已创建目录 'testdir/book/stu/WuLi'
```

5. rmdir 删除空目录

rmdir 命令的功能是删除空目录，一个目录被删除之前必须是空的。

```
rmdir [命令选项]目录名
```

常用的命令选项如下。

-p：当子目录被删除后如果父目录也变成空目录的话，就连带父目录一起删除。

-v：verbose，显示指令执行过程。

例如：

```
$ mkdir testdir                        #创建目录
$ rmdir -v testdir                     #删除目录
rmdir: 正在删除目录, 'testdir'
```

6. cd 切换目录

cd 是 change directory 的简写，用于切换当前工作目录至指定的目录。

```
cd [指定的目录名]
```

说明："指定的目录名"为指定目录的路径，可以是绝对路径也可以是相对路径。

(1) 切换到指定目录。

例如:

```
hadoop@Master:~$ cd /usr/local/hadoop
hadoop@Master:/usr/local/hadoop$
```

(2) 切换到家(主)目录。

cd、cd ～和 cd ＄HOME 三种命令用来跳转到当前用户的家(主)目录。

root 用户,cd ～ 相当于 cd /root。

普通用户,cd ～ 相当于 cd /home/当前登录 Linux 系统的用户名。

例如:

```
hadoop@Master:~/桌面$ cd          #等价于 cd ~,执行命令后注意 Shell 主题提示符的变化
hadoop@Master:~$ pwd             #显示命令行窗口所在的目录
/home/hadoop
```

注意:".”表示目前所在的目录;"..”表示目前目录位置的上一层目录,即父目录;"../..”表示向上两层目录。

(3) 在最近两次工作目录之间来回切换。

"cd -”用于在最近两次工作目录之间来回切换。

7. pwd 显示当前工作目录

pwd 是词组 print working directory 的首字母缩写,显示当前工作目录的路径;工作目录就是当前命令行终端所处于的那个目录。在不同目录下打开终端,终端处于不同的目录下。

pwd 始终以绝对路径的方式打印工作目录,即从根目录(/)开始到当前目录的完整路径。在实际工作中,

```
hadoop@Master:~$ pwd#输出当前所处目录
/home/hadoop
```

8. clear 清屏命令

clear 清屏命令用于清空屏幕,本质上只是让终端显示页向后翻了一页,如果向上滚动屏幕还可以看到之前的操作信息。

◈ 2.4　常用快捷键

在命令行窗口中常用的快捷键如下。

Ctrl ＋ C:强制终止当前命令的运行。

Ctrl ＋ L:清屏,等价于 clear 命令。

Ctrl ＋ A:光标移动到行首。

Ctrl ＋ E:光标移动到行末。

Ctrl ＋ U:快速删除当前行。

Ctrl ＋ R:在历史命令中搜索。

◈ 2.5　命令行自动补全

Ubuntu 的 Shell 命令行中,当输入字符后,按两次 Tab 键,Shell 会列出以输入字符开头的所有可用命令,如果匹配的命令只有一个,按一次 Tab 键就自动将该命令补齐。除了命令补全之外,还有路径名、文件名、目录名补全,例如,使用 cd 切换到指定的目录和 ls 查看指定的文件的时候,都是比较方便的。

2.5.1　环境变量名自动补全

如果输入的文本以“＄”开始,Shell 就以当前 Shell 的一个环境变量名补全文本。例如,输入“echo ＄P”后,按两次 Tab 键,系统列出环境变量中所有第 1 个字母为“P”的可能匹配关键字,在显示之后,返回原来的命令行,等待用户选择,具体演示如下。

```
$ echo $P
$PATH          $PPID          $PS2          $PWD
$PIPESTATUS   $PS1          $PS4
$ echo $P
```

2.5.2　用户名称自动补全

如果输入的文本以波浪线“～”开始,则 Shell 会以用户名补全文本,输入“cd ～h”,然后按两次 Tab 键,则列出所有以 h 开头的用户名,具体示例如下。

```
$ cd ~h
~hadoop/ ~hplip
$ cd ~h
```

2.5.3　用命令、文件名或函数名自动补全

如果输入的文本以常规字符开始,则 Shell 会尝试利用命令、文件名或函数名来补全文本,如输入“cd s”后,按 Tab 键的示例如下。

```
$ cd s
share/ spark/
$ cd s
```

2.5.4　用主机名自动补全

如果输入的文本以“@”字符开始,则系统会利用/etc/hosts 文件中的主机名来补全文本,如在超级用户下,即命令提示符♯下,输入“mail root@”后,按 Tab 键的示例如下。

```
#mail root@
@::1            @ip6-allnodes    @ip6-mcastprefix
```

```
@fe00::0          @ip6-allrouters    @localhost
@ff00::0          @ip6-localhost     @Master
@ff02::1          @ip6-localnet
@ff02::2          @ip6-loopback
```

◇ 习　题

1. 若执行 rmdir 命令来删除某个已存在的目录,但无法成功,请说明可能的原因。

2. 执行命令 ls -l 时,某行显示如下。

```
-rw-r--r--  1  hadoophadoop  207  jul 20  11:58  mydata
```

(1) 用户 hadoop 对该文件具有什么权限?

(2) 执行命令 useradd Tom 后,用户 Tom 对该文件具有什么权限?

(3) 如何使任何用户都可以读写执行该文件?

(4) 如何把该文件属主改为用户 root?

第 3 章

Linux 文件操作

本章主要介绍 Linux 文件系统，文件创建、复制、删除和移动，文件内容查看，查找文件名满足指定要求的文件，文件和目录访问权限管理，文件、目录的压缩及解压缩，通过扩展包挂载移动设备，通过 mount 命令挂载 U 盘。

◇ 3.1 Linux 文件系统

3.1.1 Linux 文件概述

1. 文件

文件(File)是被命名的相关信息的集合体。用户编写的源程序、经编译后生成的目标代码程序、初始数据和运行结果等，均可以文件的形式进行保存。Linux 中所有内容都是以文件的形式保存和管理的，即一切皆文件。普通文件是文件，目录(Windows 下称为文件夹)是文件，硬件设备(键盘、监视器、硬盘、打印机)是文件。通常文件具有一定的文件结构，不同类型的文件具有不同的文件结构，如文本文件是字符序列的集合；源文件是子程序和函数序列，它们都有自己的语法格式；目标文件是组成模块的字节序列，系统连接程序知道这些模块的作用；可执行文件是由一系列代码段组成，装入程序可以把它们装入内存，然后运行。

Linux 中的文件不仅包括文件中的内容，还包含文件名和一些属性，例如，文件的读、写、执行权限以及文件所有者、所属组、创建时间等。通常情况下，文件系统会将文件的实际内容和属性分开存放。

(1) 文件的属性保存在文件的 inode 中(i 结点)中，每个 inode 都有自己的编号。每个文件各占用一个 inode。此外，inode 中还记录着文件数据所在 block 的编号。

(2) 文件的实际内容保存在 block 中(数据块)，每个 block 都有属于自己的编号。当文件太大时，可能会占用多个 block。

(3) super block(超级块)用于记录整个文件系统的整体信息，包括 inode 和 block 的总量、已经使用量和剩余量，以及文件系统的格式和相关信息等。

2. 文件和目录的命名规则

Linux 系统中，文件和目录的命名规则如下。

(1) 除了字符"/"之外，所有的字符都可以使用，但是要注意，在目录名或文件名中,使用某些特殊字符并不是明智之举。例如,在命名时应避免使用<、>、?、* 和非打印字符等。

(2) 目录名或文件名的长度不能超过 255 个字符。Linux 的最大文件名长度可以通过如下命令查看。

```
$ cat /usr/include/linux/limits.h
#define NGROUPS_MAX    65536    /* supplemental group IDs are available */
#define ARG_MAX       131072    /* #bytes of args + environ for exec() */
#define LINK_MAX        127     /* #links a file may have */
#define MAX_CANON       255     /* size of the canonical input queue */
#define MAX_INPUT       255     /* size of the type-ahead buffer */
#define NAME_MAX        255     /* #chars in a file name */
```

NAME_MAX 即为最大文件名长度。

目录名或文件名是区分大小写的。例如,DOG、dog、Dog 和 DOg 是互不相同的目录名或文件名,但使用字符大小写来区分不同的文件或目录,也是不明智的。

(3) 很多操作系统支持的文件名都由两部分组成:文件名和扩展名。二者间用圆点"."分隔开,扩展名也称为文件后缀,系统可通过扩展名识别文件的类型。与 Windows 操作系统不同,文件的扩展名对 Linux 操作系统没有特殊的含义,换句话说,Linux 系统并不以文件的扩展名来区分文件类型。例如,abc.exe 可以是文本文件,而 abc.txt 也可以是可执行文件。

3.1.2 Linux 文件类型

Linux 文件类型常见的有普通文件、目录文件、设备文件、套接字文件、链接文件、管道文件等。

1. 普通文件

用 ls -lh 来查看某个文件的属性,可以看到有类似-rwxrwxrwx 的一串符号,第一个符号是-,这样的文件在 Linux 中就是普通文件。依照文件的内容,普通文件又大致可以分为以下几种。

(1) 纯文本档。这是 Linux 系统中最多的一种文件类型,称为纯文本档是因为内容为我们人类可以直接读到的数据,例如,数字、字母等。可以用 cat 命令来查看一个文件的内容。

例如:

```
$ cat /home/hadoop/student.txt        #查看文件 student.txt 的内容
106,Ding,92,95,91
242,Yan,96,93,90
107,Feng,84,92,91
230,Wang,87,86,91
153,Yang,85,90,92
```

(2) 二进制文件。Linux 系统其实仅认识且可以执行二进制文件。Linux 当中的可执行文件就是这种格式的文件。刚刚使用的命令 cat 就是一个二进制文件。

（3）数据文件。有些程序在运作的过程当中会读取某些特定格式的文件,那些特定格式的文件可以被称为数据文件。举例来说,用户登录 Linux 系统时,都会将登录的数据记录在 /var/log/wtmp 那个文件内,该文件是一个数据文件,能够透过 last 这个指令将其读出来,但是使用 cat 时,会输出乱码,因为 wtmp 文件是一种特殊格式的文件。

```
$ last /var/log/wtmp
wtmp begins Wed Sep  8 17:57:38 2021
```

2. 目录文件

目录就相当于 Windows 中的文件夹,目录中存放的既可以是文件,也可以是其他的子目录,而文件中存储的是真正的信息。文件系统的最顶层是由根目录开始的,系统使用“/”来表示根目录,在根目录之下的既可以是目录,也可以是文件,而每一个目录中又可以包含（子）目录或文件。如此反复就可以构成一个庞大的文件系统。

3. 设备文件

设备文件是用于为操作系统与设备提供连接的一种文件。在 Linux 系统中将设备作为文件来处理,操作设备就像是操作普通文件一样。每个设备对应一个设备文件,存放在/dev目录中。

在 dev 目录下,通过“ls -al”命令列举文件,会看到类似如下的信息。

```
adoop@Master:/dev$ ls -al
crw-rw-rw-  1 root    tty      5,   2 7月   3 15:48 ptmx
brw-rw----  1 root    disk     8,   0 7月   3 14:48 sda
```

我们看到 tty 的属性是 crw-rw-rw-,注意前面第一个字符是 c,这表示字符设备文件,如键盘、鼠标等设备。看到 disk 的属性是 brw-rw----,注意前面的第一个字符是 b,这表示块设备,如硬盘、光驱等设备。

4. 套接字文件

套接字文件主要用于不同计算机间网络通信的一种特殊文件。可以启动一个程序来监听客户端的要求,客户端就可以通过套接字来进行数据通信。

5. 链接文件

当我们查看文件属性时,会看到有类似 lrwxrwxrwx 这样一串符号,注意第一个字符是 l,这类文件是链接文件,链接文件和 Windows 操作系统中的快捷方式有点相似。

6. 管道文件

FIFO 也是一种特殊的文件类型,它主要的目的在于解决多个程序同时存取一个文件所造成的错误问题。

3.1.3　Linux 目录结构

在计算机系统中存有大量的文件,如何有效地组织与管理它们,并为用户提供一个使用方便的接口是文件系统的主要任务。Linux 的文件系统将文件组织成层次式的树状目录结构,以文件目录（相当于 Windows 中的文件夹）的方式来组织和管理系统中的所有文件。

Linux 中没有盘符这个概念,只有一个根目录/,所有文件都在它下面,根目录/下的主要目录如图 3-1 所示。

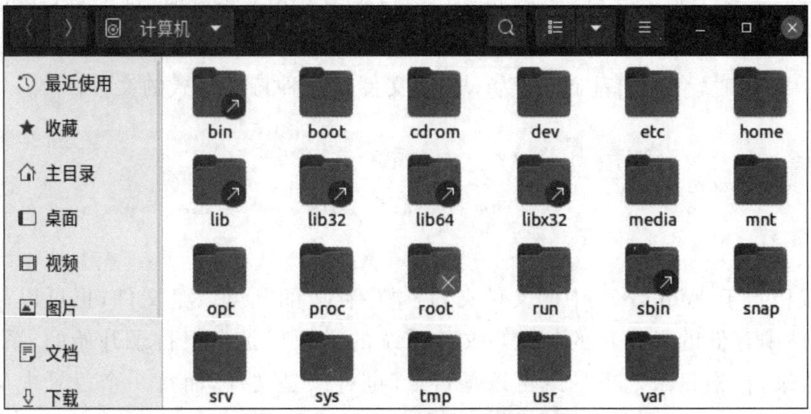

图 3-1   根目录/下的主要目录

Linux 系统的主要目录的功能如下。

/：根目录，在 Linux 下有且只有一个根目录，根目录下通常只存放目录，所有文件都在根目录下。当在终端里输入"/home"，就是告诉系统先从/(根目录)开始，再进入 home 目录。

/bin、/usr/bin：存放二进制可执行文件，如常用的命令 ls、cat、mkdir 等。

/boot：放置 Linux 系统启动时用到的一些文件，如 Linux 的内核文件/boot/vmlinuz，系统引导管理器/boot/grub。

/dev：存放 Linux 系统下的设备文件，访问该目录下某个文件，相当于访问某个设备。

/etc：系统配置文件存放的目录，不建议在此目录下存放可执行文件，重要的配置文件有/etc/inittab、etc/fstab 等。

/home：系统默认的用户家目录，新增用户账号时，用户的家目录都存放在此目录下，～表示当前用户的家目录，/home/hadoop 表示用户 hadoop 的家目录。

/lib、/usr/lib、/usr/local/lib：系统使用的函数库的目录，程序在执行过程中，需要调用一些额外的函数时需要函数库的协助，比较重要的目录为/lib/modules。

/mnt：/media：光盘默认挂载点，通常光盘挂载在/mnt/cdrom 下，也可以选择任意位置进行挂载。

/root：系统管理员 root 的家目录。

/sbin、/usr/sbin、/usr/local/sbin：放置系统管理员使用的可执行命令，如 fdisk、shutdown、mount 等。与/bin 不同的是，这几个目录是给系统管理员 root 使用的命令，一般用户只能"查看"而不能设置和使用。

/tmp：一般用户或正在执行的程序临时存放文件的目录，任何人都可以访问。

/usr：应用程序存放目录，/usr/bin 存放应用程序，/usr/share 存放共享数据，/usr/lib 存放不能直接运行的却是许多程序运行所必需的一些函数库文件，/usr/local 存放软件升级包，/usr/share/doc 是系统说明文件存放目录，/usr/share/man 是程序说明文件存放目录。

/var：放置系统执行过程中经常变化的文件，如随时更改的日志文件/var/log，/var/log/message 为登录文件存放目录。

◈ 3.2　文件创建、复制、删除和移动

用户经常要查看文件内容、复制文件、删除文件、移动文件、比较文件、查找文件等,下面介绍 Linux 系统提供的常用文件操作命令。

3.2.1　touch 创建文件

touch 命令可以修改指定文件的时间标签或者新建一个空文件。touch 的语法格式:

touch [选项] 文件名

选项说明:

-a:改变文件的存取时间。

-m:改变文件的修改时间。

-c:假如"文件名"文件不存在,不会建立新的文件。

-d:使用指定的日期时间指定文件的时间标签,而非现在的时间。

-r:把指定文档或目录的日期时间,设成和参考文档或目录的日期时间相同。

-t:创建文件并指定文件的时间戳,而非现在的时间。

例如:

```
$ touch a.txt                      #创建文件 a.txt
```

如果文件 a.txt 不存在,则上面的命令将创建该文件,否则,它将更改其时间戳。

例如:

```
$ touch b.txt c.txt                #同时创建 b.txt 和 c.txt 文件
$ ls -l                            #列出当前目录下的文件以查看刚创建的文件信息
-rw-rw-r-- 1 hadoop hadoop    0 10月   7 20:09 a.txt
-rw-rw-r-- 1 hadoop hadoop    0 10月   7 20:21 b.txt
-rw-rw-r-- 1 hadoop hadoop    0 10月   7 20:21 c.txt
$ touch -r a.txt b.txt             #将 b.txt 的创建时间改成和 a.txt 一样
$ ls -l
-rw-rw-r-- 1 hadoop hadoop    0 10月   7 20:09 a.txt
-rw-rw-r-- 1 hadoop hadoop    0 10月   7 20:09 b.txt
$ touch -t 202203121230 testfile   #创建文件并指定文件的时间戳
$ ls -l
$ ls -l
总用量 4
-rw-rw-r-- 1 hadoop hadoop    0 10月   7 20:09 a.txt
-rw-rw-r-- 1 hadoop hadoop    0 10月   7 20:09 b.txt
-rw-rw-r-- 1 hadoop hadoop    0 10月   7 20:21 c.txt
-rw-rw-r-- 1 hadoop hadoop    0  3月   12  2022 testfile
```

可采用如下方式一次创建多个文件。

```
$ touch file{1..10}                #在当前目录下创建 file1 至 file10 共 10 个文件
```

3.2.2 vim 创建文件

vi 是老式的文本编辑器,vim 是从 vi 发展出来的向上兼容 vi 的文本编辑器。使用 vi/vim 建立一个新文件的命令格式为"vi 文件名"或"vim 文件名",该命令会创建文件并打开文件进入文件编辑状态,然后就可以输入文件内容,输完文件内容后保存退出。第 4 章会详细介绍 vim 文本编辑器。

```
$ vim hello.c
```

3.2.3 重定向符＞和＞＞创建文件

重定向符＞可创建一个 0KB 的空文件,它通常用于重定向一个命令的输出到一个新文件中。在没有命令的情况下使用重定向符号时,它会创建一个文件,创建文件的方法是"＞文件名"。但是它不允许在创建文件时向其中输入任何文本。

例如:

```
$ > testfile1.txt                    #创建空文件 testfile1.txt
```

追加＞＞重定向符用来将内容追加在指定文件的末尾,不会覆盖指定文件的内容。在没有命令的情况下使用追加＞＞重定向符也可创建一个文件。

例如:

```
$ >> testfile2.txt                   #创建空文件 testfile2.txt
```

3.2.4 echo 创建文件

echo 可在创建一个文件时就向其中输入一些文本,具体如下。

```
$ echo "hello Linux" > hello.txt      #创建 hello.txt 文件并输入 hello Linux
$ ls -lh hello.txt                    #使用 ls 命令查看刚刚创建的文件
-rw-rw-r-- 1 hadoop hadoop 12 7月    5 09:19 hello.txt
```

如果要创建一个空文件,只需使用:

```
$ echo > hello1.txt
```

3.2.5 文件的复制、删除和移动

1. cp 复制文件

cp 命令将源文件或目录复制到目标文件或目录中。cp 命令的语法格式:

```
cp [选项] 源文件或目录目标文件或目录
```

选项说明如下。

　　-a：该选项通常在复制目录时使用，它递归地将源目录下的所有子目录及其文件都复制到目标目录中，并保留文件链接和文件属性不变。

　　-d：复制时保留文件链接。

　　-f：如果目标文件无法打开则将其移除并重试。

　　-i：在覆盖目标文件之前将给出提示要求用户确认，回答 y 时目标文件将被覆盖，这是交互式复制。

　　-p：除复制源文件的内容外，还将把其修改时间和访问权限也复制到新文件中。

　　-r,-R：若给出的源文件是一个目录文件，此时 cp 将递归复制该目录下所有的子目录和文件，此时目标文件必须为一个目录名。

　　-l：不复制，而是创建指向源文件的链接文件，链接文件名由目标文件给出。

　　注意：①如果用户指定的目标文件名已存在，默认用 cp 命令复制文件后，这个文件就会被源文件覆盖，为防止用户在不经意的情况下用 cp 命令破坏另一个文件，因此，建议用户在使用 cp 命令复制文件时，最好使用 i 选项。②目标目录必须是已经存在的，cp 命令不能创建目录。

```
$ cp file1 file2              #将文件 file1 复制成文件 file2
$ cp -i file1 file2           #采用交互方式将文件 file1 复制成文件 file2
$ cp -r dir1 dir2             #将目录 dir1 复制成目录 dir2
$ cp -r file1 file2 file3 dir1 dir2
                              #将文件 file1、file2、file3 与目录 dir1 复制到目录 dir2
```

将目录/home/python/dir3 下的所有文件及其子目录复制到/home/python/dir4 中：

```
$ cp -r/home/python/dir3 /home/python/dir4
```

2. rm 删除文件

rm 命令可用来删除文件和目录。rm 命令的语法格式：

```
rm [选项]文件或目录
```

功能说明：该命令删除指定的文件，默认情况下它不能删除目录。

选项说明：

　　-f：强制删除。

　　-i：交互删除，在删除之前会询问用户，必须输入 y 并按 Enter 键，才能删除文件。

　　-r：递归删除指定目录及其各级子目录和相应的文件。

例如：

```
$ touch file                          #创建 file 文件
$ rm -i file                          #交互删除 file 文件
rm:是否删除普通空文件 'file'? y        #删除文件
rm:是否删除普通空文件 'file'? n        #不删除文件
```

3. mv 移动文件

mv 命令用来对文件或目录重新命名或将文件或目录移动到其他位置。mv 的语法格式：

> mv [选项] 源文件或目录目标文件或目录

功能说明：如果将一个文件移到一个已经存在目标文件的目录中，则目标文件的内容将被覆盖。

选项说明：

-b：若需覆盖文件，则在覆盖文件前先进行备份。

-f：强制覆盖，若源文件与目标文件同名，且目标文件已经存在，使用该参数时则直接覆盖而不询问。

-i：交互式操作，如果源文件与目标文件同名，且目标文件已经存在，则询问用户是否覆盖目标文件，用户输入 y，表示覆盖目标文件；输入 n，表示取消对源文件的移动。

-u：若目标文件已存在需移动的同名文件，且源文件比较新，才会更新文件

-t：指定 mv 的目标目录，该选项适用于移动多个源文件到一个目录的情况，此时目标文件在前，源文件在后。

-v：详细显示进行的步骤。

```
$ mv aaa bbb                    #将文件 aaa 更名为 bbb
$ mv /usr/student/*    .        #将/usr/student 下的所有文件和目录移到当前目录下
$ mv a.txt dir1/                #将文件 a.txt 移动至 dir1 目录
$ mv -v a.txt b.txt  dir2/      #将 a.txt 和 b.txt 移动至 dir2 目录
'a.txt' -> 'dir2/a.txt'
'b.txt' -> 'dir2/b.txt'
$ mv -vt dir2/ a.txt  b.txt     #将 a.txt 和 b.txt 移动至 dir2 目录
'a.txt' -> 'dir2/a.txt'
'b.txt' -> 'dir2/b.txt'
```

◈ 3.3　文件内容查看

文件内容查看的常用命令如下。

3.3.1　cat 查看文件

cat 查看
文件

cat 是 concatenate（使连接起来）的缩写，该命令的主要功能是用来显示文件，依次读取其后所指文件的内容并将其输出到标准输出设备上。另外，还能够用来连接两个或多个文件，形成新的文件。此外，还可以用来创建文件，向已存在的文件追加内容。cat 语法格式：

> cat [选项] 文件

选项说明：

-n 或--number：从 1 开始对所有输出的行编号。

-b 或--number-nonblank：和 -n 相似，只不过对于空白行不编号。

-s 或 --squeeze-blank：当遇到有连续两行以上的空白行时，将多个相邻的空行合并成

一个空行。

1. cat 查看文件内容

```
$ cat /etc/profile        #查看/etc/目录下的 profile 文件内容,将内容输出到标准输出上
$ cat -b /etc/fstab       #查看 profile 文件内容,并对非空白行进行编号,行号从 1 开始
$ cat -n /etc/profile     #查看 profile 文件内容,并对所有的行(包括空白行)进行编号
```

cat 可以同时显示多个文件的内容,例如,可以在一个 cat 命令上同时显示两个文件的内容。

```
$ cat /etc/subuid /etc/profile
```

当文件较大时,文本在屏幕上迅速闪过(滚屏),用户往往看不清所显示的内容。因此,一般用 more 等命令分屏显示。

2. cat 创建文件

该命令可配合重定向符“＞”创建文本文件。例如,将键盘输入的内容输出到文件/home/hadoop/cat.txt,按 Ctrl+D 或 Ctrl+C 组合键存盘退出,命令如下。

```
$ cat > /home/hadoop/cat.txt
白日不到处,青春恰自来。
苔花如米小,也学牡丹开。
```

此外,也可以借助 EOF 或 STOP 结束文本输入,命令如下。

```
$ cat > linux.org.txt << EOF    #创建 linux.org.txt 文件
>我喜欢 Linux                    #这是为 linux.org.txt 文件输入内容
> EOF                           #退出编辑状态
$ cat linux.org.txt            #查看 linux.org.txt 文件的内容
我喜欢 linux
```

执行 Shell 命令时,通常会自动打开三个标准文件:标准输入文件(stdin)、标准输出文件(stdout)和标准出错输出文件(stderr)。它们分别对应键盘、屏幕、屏幕,因而可以利用键盘输入数据,从屏幕上显示计算结果及各种信息。

输入重定向符“＜”的作用是把命令的标准输入重新定向到指定文件。

3. cat 连接多个文件的内容并且输出到一个新文件中

假设有 a.txt、b.tx 和 c.txt 文件,通过 cat 把 a.txt、b.tx 和 c.txt 三个文件连接在一起(也就是说,把这三个文件的内容都接在一起)并输出到一个新的文件 d.txt 中的命令格式如下。

```
$ cat a.txt b.txt c.txt >d.txt        #">"为输出重定向符
```

注意:其原理是把三个文件的内容连接起来,然后创建 d.txt 文件,并且把几个文件的内容同时写入 d.txt 中。如果 d.txt 文件已经存在,则会把 d.txt 内容清空再放入。

输出重定向符“＞”的作用是把命令的输出重新定向到指定文件,这样,命令的输出就不在屏幕上显示,而是写入指定文件中。如果指定的文件不存在,则“＞”会建立新文件;如果

指定的文件存在,则会覆盖指定文件的内容。

4. cat 向已存在的文件追加内容

```
$ cat >>linux.org.txt<< EOF          #向 linux.org.txt 文件追加内容
>测试 cat 向文档追加内容的功能        #这是为 linux.org.txt 文件追加内容
> EOF                                #以 EOF 退出
$ cat linux.org.txt                  #查看 linux.org.txt 文件的内容
我喜欢 Linux
测试 cat 向文档追加内容的功能
$ cat a.txt b.txt c.txt>>e.txt       #把三个文件的内容追加到一个已存在的文件 e.txt 中
```

"＞＞"是追加定向符,即把命令的输出追加到指定文件的后面,而指定文件原有内容不被破坏。

5. 通配符

在命令行,可以使用通配符来匹配多个选择。首先在用户主目录下创建 ac、abc、a1c、a1bc、a12c 这 5 个文件,命令如下。

```
$ touchac abc a1c a1bc a12c
```

1) 通配符 *

＊用来匹配任意长度(0 到多个)的任意字符。

```
$ ls a * c                    #列出当前目录下以 a 开头 c 结尾的文件
a12c  a1bc  a1c  abc  ac
```

2) 通配符?

? 用来匹配任意单个字符。

```
$ ls a?c                      #列出当前目录下以 a 开头、c 结尾中间带有一个字符的文件
a1c  abc
```

3) 通配符[…]

[…]用来匹配任意一个在[]中的字符,[]中可以是一个用"-"表示的字母或数字范围,[123]与[1-3]都表示数字 1~3。

[^…]用来匹配[]中…之外的单个字符。

```
$ ls a[0-9]c                  #列出 a 开头 c 结尾中间带有一个数字的文件
a1c
ls a[^0-9]c                   #列出 a 开头 c 结尾中间不带有一个数字的文件
abc
$ ls a[0-9][a-z]c             #列出 a 开头 c 结尾中间带有一个数字和一个字母的文件
a1bc
$ ls a[b1]c                   #a[b1]c用来匹配 abc 或 a1c
a1c  abc
```

注意:多个集合之间可以用逗号分隔,例如,[0-9,a-z,A-Z]表示数字 0~9、字母 a~z、

字母 A～Z。

```
$ ls a[1-10,a-z,A-Z]c
a1c   abc
```

4) 通配符{string1,string2,…}

{string1,string2,…}用来匹配 string1 或 string2(或更多)其一字符串。

```
$ ls a{1b,12}c                        #a{1b,12}c用来匹配"a12c"或"a1bc"
a12c   a1bc
```

5) 重定向通配符

Linux 标准输入设备指的是键盘,标准输出设备指的是显示器。

(1) 输入重定向。

有些命令执行命令时,可能需要输入数据作为命令操作的对象,一种方法是可通过键盘输入数据给命令使用,这就是标准的输入方向,也就是从键盘到程序;另外也可以改变数据从键盘流向命令,如用一个文件作为输入数据源,数据就从非键盘的地方流入,这就是输入重定向。

默认情况下,cat 命令会接收默认标准输入设备键盘的输入,并显示到终端,但可以通过输入重定向"<"符号修改标准输入设备,指定文件作为标准输入设备,那么 cat 命令将指定的文件作为输入设备,并将文件中的内容读取并显示到控制台。

```
$ cat           #以键盘作为标准输入设备,并将输入内容显示到终端,按 Ctrl+C 组合键结束输入
远看山有色
远看山有色
#输入重定向"<"将"八阵图.txt"文件指定为输入,并将内容显示到终端
$ cat < ~/八阵图.txt
八阵图
[唐] 杜甫
功盖三分国,名成八阵图。
江流石不转,遗恨失吞吴。
$ cat << eof   #输入 eof,然后按 Enter 键将自动结束输入,并将输入的内容显示出来
> good
> better
> eof
good
better
```

(2) 输出重定向。

有些命令执行时,会产生数据,这些数据一般都是直接呈现到终端显示器上,这就是标准的输出方向,也就是从命令到终端显示器;另外,也可以改变它的输出方向,可以使用">"输出重定向符修改标准输出,如使用指定的文件作为标准输出设备,这就是输出重定向,">"是以覆盖的方式输出到文件中的。另一个输出重定向符">>"表示以追加的方式,把命令的输出结果追加到文件中。

```
$ cat ~/八阵图.txt                            #默认使用终端显示器显示内容
八阵图
[唐] 杜甫
功盖三分国,名成八阵图。
江流石不转,遗恨失吞吴。
#输入重定向"<"将"八阵图.txt"作为输入,输出重定向">"将内容输出到 b.txt 中
$ cat < ~/八阵图.txt > b.txt
```

6）通配符[:lower:]

[:lower:]匹配单个小写字母字符,在使用通配符[:lower:]时还需再加一个[ ]。

```
$ ls a[[:lower:]]c                             #列出"a 一个小写字符 c"的文件
abc
```

7）通配符[:upper:]

[:upper:]匹配单个大写字母字符。

8）通配符[:digit:]

[:digit:]匹配单个数字字符。

9）通配符[:alnum:]

[:alnum:]匹配单个数字和字母字符。

```
$ ls a[[:alnum:]]c                             #列出"a 一个字母或数字 c"的文件
a1c   abc
```

3.3.2 more 查看文件

cat 命令是整个文件的内容从上到下显示在屏幕上,而 more 会以一页一页的方式显示,方便用户逐页阅读。

1. more 的语法格式

```
more [选项] 文件
```

选项说明:

+num:从第 num 行开始显示。

-num:定义屏幕大小,表示一屏显示 num 行。

-c 或-p:不滚屏,在显示下一屏之前先清屏。

-d:在每屏的底部显示友好的提示信息,提示 Press space to continue, 'q' to quit.(按空格键继续,按 q 键退出)。

-s:把连续的多个空行压缩成一个空行显示。

```
$ more +4 /etc/profile                         #显示文件 profile 中从第 4 行起的内容
$ more -4 /etc/profile                         #每屏显示 4 行
```

2. more 的动作指令

more 命令一次显示一屏文本,满屏后停下来,并在屏幕底部提示至今已显示该文件的

百分比：--more--(xx%)。可用下列 more 的动作指令执行显示的进一步操作。

（1）按 Enter 键，显示文本的下一行内容。

（2）按空格键（或 Ctrl＋F），显示文本的下一屏内容。

（3）按 B 键，显示上一屏内容。

（4）按＝键，输出当前行的行号。

（5）按 Q 键，退出 more 命令。

（6）按 V 键，调用 vi 编辑器。

（7）! 命令，调用 Shell，并执行命令。

（8）按 H 键，显示帮助屏，该屏上有相关的帮助信息。

3.3.3　less 查看文件

less 命令也用来分屏显示文件的内容，less 的用法比 more 的用法更灵活。使用 more 时，没有办法向前面翻，只能往后面翻，但若使用 less，就可以使用 PageUp 按键向上翻看文件，用 PageDown 按键向下翻看文件。

1. less 的语法格式

```
less [选项] 文件
```

选项说明：

-c：从顶部（从上到下）刷新屏幕，并显示文件内容。而不是通过底部滚动完成刷新。

-i：搜索时忽略大小写；除非搜索串中包含大写字母。

-I：搜索时忽略大小写，除非搜索串中包含小写字母。

-m：显示读取文件的百分比。

-M：显示读取文件的百分比、行号及总行数。

-N：在每行前输出行号。

-p pattern：搜索 pattern。例如，在/etc/profile 中搜索单词 MAIL，就用 less -p MAIL /etc/profile。

-s：把连续多个空白行作为一个空白行显示。

例如：

```
$ less -N   /etc/profile              #在显示/etc/profile的内容时,让其显示行号
```

2. less 的动作指令

（1）按 Enter 键，显示文本的下一行内容。

（2）按 Y 键，向上移动一行。

（3）按空格键，向下滚动一屏。

（4）按 B 键，向上滚动一屏。

（5）小写状态下，按 g 键跳到第一行。

（6）大写状态下，按 G 键跳到最后一行。

（7）/pattern，搜索 pattern，如/MAIL 表示在文件中搜索 MAIL 单词。

(8) 按 V 键,调用 vi 编辑器。

(9) 按 Q 键,退出 less 命令。

3.3.4　head 查看文件

head 命令在屏幕上显示指定文件开头的若干行,默认显示开头 10 行。如果用户希望查看一个文件中究竟保存的是什么内容,只要查看文件的前几行,而不必浏览整个文件,便可以使用这个命令。head 的语法格式:

```
head [选项] 文件
```

选项说明:

-n ＜行数＞:指定显示文件开头多少行的文件内容,默认为 10。

-c ＜字符数＞:显示开头指定个数的字符数。

-q:不显示文件名字信息,适用于多个文件,多文件时默认会显示文件名。

-v:显示文件名信息,适用于单个文件,单文件时默认不显示文件名。

```
$ head - n 5 /etc/profile          #显示文件 profile 的前 5 行
$ head - c 10 /etc/profile         #显示文件 profile 的前 10 个字符
```

3.3.5　tail 查看文件

tail 命令在屏幕上显示指定文件的末尾的若干行,默认为 10 行。tail 语法格式:

```
tail [选项] 文件
```

选项说明:

-f:当文件增长时输出增加的数据。

-q:输出内容中不包含文件名标题。

-v:输出内容中包含文件名标题。

-c＜n＞:输出最后 n 个字符。

-n＜N＞:输出最后 N 行。

例如:

```
$ tail - n 5 /etc/profile          #输出文件 profile 的最后 5 行
```

3.3.6　grep 查找文件里符合条件的字符串

grep 是 global regular expression print 的缩写,是一种强大的文本搜索过滤工具,它使用正则表达式查找文件里符合条件的字符串,并在标准输出设备上把匹配的字符串所在的行显示出来。grep 的语法格式:

```
grep [选项] 模式字符串 [文件名 1, 文件名 2, …]
```

选项说明：

-E：将查找模式解释成扩展的正则表达式。

-e：指定字符串作为查找文件内容的样式。

-F：将查找模式解释成单纯的字符串。

-i：匹配比较时不区分字母的大小写。

-v：只显示不包含匹配字符串的行。

-w：被匹配的文本只能是单词，而不能是单词中的某一部分，如文本中有 liked，而搜寻的只是 like，就可以使用-w 选项来避免匹配 liked。

-c：只显示文件中包含匹配字符串的行的总数。

-n：显示行号。

-r：以递归方式查询目录下的所有子目录中的文件。

--include：指定匹配的文件类型。

--exclude：过滤不需要匹配的文件类型。

例如：

```
$ cat shici.txt                          #查看 shici.txt 文件的内容
《卜算子·送鲍浩然之浙东》
【宋】王观
水是眼波横，山是眉峰聚。
欲问行人去那边，眉眼盈盈处。
才始送春归，又送君归去。
若到江东赶上春，千万和春住。
```

【赏析】

"水是""山是"两句，借景抒情，化无情为有情。

启人遐想，而且运用反语，推陈出新、发想奇绝。

将山水塑造成也会为离情别绪而动容的有情之物。

词人把水比作闪亮的眼睛，把山喻为青翠的蛾眉。

在当前目录中，查找后缀有 txt 字样的文件中包含"春"字符串的文件，并打印出包含该字符串的行。

```
$ grep "春" *txt
shici.txt:才始送春归，又送君归去。
shici.txt:若到江东赶上春，千万和春住。
$ grep "水" -n shici.txt              #将 shici.txt 中出现"水"的行显示出来，并显示行号
3:水是眼波横，山是眉峰聚。
8:"水是""山是"两句，借景抒情，化无情为有情，
10:将山水塑造成也会为离情别绪而动容的有情之物。
11:词人把水比作闪亮的眼睛，把山喻为青翠的蛾眉。
$ grep "[山水人]" -n shici.txt       #查找包含"山"或"水"或"人"的行
3:水是眼波横，山是眉峰聚。
4:欲问行人去那边，眉眼盈盈处。
8:"水是""山是"两句，借景抒情，化无情为有情，
9:启人遐想，而且运用反语，推陈出新、发想奇绝，
```

10:将山水塑造成也会为离情别绪而动容的有情之物。
11:词人把水比作闪亮的眼睛,把山喻为青翠的蛾眉。

3.3.7 文件内容统计命令 wc

使用 wc 命令可统计给定文件中的字节数、字数、行数。如果没有给出文件名,则从标准输入读取。

wc 的语法格式:

```
wc [-l][-w][-c][文件]
```

常用的命令选项:
-c:显示文件中包含的字符数。
-l:显示文件中包含的行数。
-w:显示文件中包含的单词数。

```
$ cat meiwen                          #显示 meiwen 文件的内容
Dreaming is the easy part. Acting on the dream is harder.
Recognize that a dream is a journey.
On the simplest level, it takes commitment, time, desire, and courage.
But rarely is something great easily realized.
$ wc -c meiwen                        #统计文件的字符数
215 meiwen
$ wc -w meiwen                        #统计文件的单词数
36 meiwen
$ wc -l meiwen                        #统计文件的行数
4 meiwen
$ wc  meiwen                          #不带命令选项,默认统计文件的行数、单词数、字符数
  4  36 215 meiwen
```

3.3.8 文件内容比较命令 comm 和 diff

1. comm 对两个已经排序的文件逐行进行比较

comm 命令用于比较两个已经排序的文件,对两个文件进行比较时,如果没有指定任何命令选项,则比较结果分三列显示:第 1 列列出仅是在第 1 个文件中出现过的行,第 2 列列出仅在第 2 个文件中出现过的行,第 3 列列出在第 1 个与第 2 个文件里都出现过的行。

comm 的语法格式:

```
comm [-123][第 1 个文件][第 2 个文件]
```

命令选项说明如下。
-1:不显示只在第 1 个文件里出现过的行。
-2:不显示只在第 2 个文件里出现过的行。
-3:不显示同在第 1 和第 2 个文件里都出现过的行。

例如：

```
$ cat aaa.txt
111
aaa
bbb
eee
$ cat bbb.txt
aaa
bbb
hhh
ttt
$ comm aaa.txt bbb.txt              #对两个排序的文件进行比较
111
        aaa
        bbb
eee
    hhh
    ttt
$ comm -12 aaa.txt bbb.txt          #打印两个文件的交集,需要删除第 1 列和第 2 列
aaa
bbb
```

2. diff 比较两个文件的不同

diff 命令是以逐行的方式,比较文本文件的异同。如果该命令指定进行目录的比较,则将会比较该目录中具有相同文件名的文件,而不会对其子目录文件进行任何比较操作。diff 描述两个文件不同的方式是告诉人们怎么样改变第 1 个文件之后与第 2 个文件匹配。

diff 的语法格式：

```
diff [命令选项] 第 1 个文件 第 2 个文件
$ diff aaa.txt bbb.txt
1d0
< 111
4c3,4
< eee
---
> hhh
> ttt
```

上述输出结果的说明如下。

比较结果中的第 1 行 1d0 前面的数字 1 表示第一个文件中的第 1 行,中间有一个字母表示需要在第 1 个文件上做的操作(a＝add,c＝change,d＝delete),后面的数字 0 表示第 2 个文件中的行。1d0 的含义是:第 1 个文件中的第 1 行需要做出删除才能与第 2 个文件中的第 0 行相匹配。输出结果第 2 行前面带＜的部分表示第 1 个文件的第 1 行的内容。

比较结果中的第 3 行 4c3,4 前面的数字 4 表示第 1 个文件中的第 4 行,中间有一个字母 c 表示需要在第 1 个文件上做出修改才能与第 2 个文件中的 3、4 行相匹配。带＞的部分表示右边文件的第[3,4]行(注意这是一个闭合区间,包括第 3 行和第 4 行)的内容,中间

的---表示两个文件内容的分隔符号。

3.3.9　sort 对文件中所有行排序

sort 命令默认会读取文件每行的第一个字符并对每行按字母升序排序后输出。两行中的第一个字符相同的情况下,对下一个字符进行对比。sort 命令的语法格式如下。

```
sort [命令选项] [文件列表]
```

常用的命令选项如下。

-b:忽略每行开头的空格字符。

-c:检查文件是否已经按照顺序排序。

-r:按降序排序,默认为升序。

-f:忽略大小写。

-u:删除重复行。

-n:以整数类型比较字段,默认使用字符排序。

-d:按字典顺序排序,仅比较英文字母、数字及空格字符。

```
$ cat student
LiHua
YangMing
LiMing
YangYing
$ sort student#默认以字符类型比较字段
LiHua
LiMing
YangMing
YangYing
```

◆ 3.4　查找文件名满足指定要求的文件

查找文件名满足指定要求的文件的命令有 find 和 locate。

3.4.1　find 查找文件名满足给定条件的文件

find 命令的功能是从指定的目录开始,递归地搜索其各个子目录,查找文件名满足给定条件的文件并对之采取相关的操作。find 命令的语法格式如下。

```
find [查找目录] [命令选项] [查找后的操作]
```

其中,命令选项用来指定查找规则,查找后的操作用来对搜索出的文件进行操作。

1. find 命令常用的命令选项

(1)-name 命令选项。

按照文件名查找文件。

```
#在当前目录下的 findfile 目录下查找扩展名为.txt 的文件
$ find ./findfile -name "*.txt" -print      #print 操作表示将匹配的文件输出到标准输出
./findfile/a.txt
./findfile/findfile1/findfile2/c.txt
./findfile/findfile1/b.txt
$ find ~ -name "[A-Z]*" -print              #查找以大写字母开头的文件
#查找当前目录下文件名由两个小写字母、一个数字和一个小写字母组成,且扩展名为.txt 的文件
#并显示,命令为
$ find . -name "[a-z][a-z][0-9][a-z].txt" -print
./ab2c.txt
./ab1c.txt
```

（2）-perm 命令选项。

按照文件权限来查找文件。

在当前目录下查找文件权限为 755 的文件,即文件属主可以读、写、执行,其他用户可以读、执行的文件的命令如下。

```
$ find . -perm 755 -print
```

（3）-user 命令选项。

按照文件属主来查找文件。

```
$ find ~ -user hadoop -print              #在用户主目录下查找文件属主为 hadoop 的文件
```

（4）-mtime -n ＋n 命令选项。

按照文件的更改时间来查找文件,-n 表示文件更改时间距现在 n 天以内,＋n 表示文件更改时间距现在 n 天以前。

```
$ find ~ -mtime -3 -print                 #在用户主目录下查找更改时间在 3 天以内的文件
```

（5）-type * 命令选项。

查找某一类型的文件,* 可为:

b：块设备文件。

d：目录。

c：字符设备文件。

p：管道文件。

l：符号链接文件。

f：普通文件。

例如:

```
$ find ./findfile -type d -print     #在当前目录下的 findfile 目录下查找所有的目录
./findfile
./findfile/findfile1
./findfile/findfile1/findfile2
```

```
$ find ./findfile !-type d -print    #在当前目录下的 findfile 目录下查找非目录型文件
./findfile/a.txt
./findfile/findfile1/findfile2/c.txt
./findfile/findfile1/b.txt
```

（6）-size 命令选项。

-size n 表示查找文件长度为 n 块(一块等于 512B)的文件，n 后面带有 c 时表示文件长度以字节计。

例如：

```
$ find . -size +1000c -print        #在当前目录下查找文件长度大于 1000c 的文件
```

2. find 命令查找完后的主要操作

1）-print 操作

将匹配的文件输出到标准输出。

2）-delete 操作

删除搜索到的文件和目录。例如，删除/home/hadoop 目录下所有的空目录：

```
$ find /home/hadoop -type d -empty -delete
```

3）-exec 操作

对匹配的文件执行该参数所给出的特定命令（称为自定义命令）。相应命令的形式为"'command' {} \;"。注意：{}和"\;"之间有空格。

```
$ find ~ -name 'shici * ' -exec ls {} \;        #检索以 shici 开头的文件并列举出来
```

注意：其中的花括号{}作为检索到的文件的占位符，而分号";"作为命令结束的标志。每当 find 命令检索到一个符合条件的文件，会使用其完整路径取代命令中的{}，然后执行 -exec 后面的命令一次。

```
$ find ~ -name 'shici * ' -exec cp {} ~/b \;      #检索以 shici 开头的文件并复制到 b 目录下
```

4）-ok 操作

和-exec 的作用相同，只不过以一种更为安全的模式来执行该参数所给出的 Shell 命令，在执行每个命令之前，都会给出提示，让用户来确定是否执行。

```
$ find ./ -size 502c -ok rm {} \;               #删除文件大小为 502c 的文件
```

3.4.2　locate 查找文件名包含指定字符串的文件

Linux 会把系统内所有的文件都记录在一个名为 mlocate.db 的数据库文件中，使用 locate 查找文件会从这个数据库中去查找目标文件，相比 find 命令去遍历磁盘查找的方式，效率会高很多。因为 mlocate.db 数据库默认是一天更新一次的，所以使用 locate 查找文件时,有可能找不到最近新建的文件。这时就需要手动更新数据库,命令很简单,直接在终端中输入"sudo updatedb"就可以进行更新。

locate 用来查找文件名中包含指定字符串的文件,其语法格式如下。

```
locate [命令选项] 参数
```

常用的命令选项如下。

-i:忽略大小写。

-c:仅输出找到的文件数量。

-l:将输出(或计数)限制为指定个条目。

-r:使用正则表达式作为查找的条件。

-n:至多显示 n 个输出。

例如:

```
$ locate /etc/sh              #搜索 etc 目录下所有以 sh 开头的文件
/etc/shadow
/etc/shadow-
/etc/shells
$ locate -i ~/r               #忽略大小写搜索当前用户目录下所有以 r 开头的文件
/home/hadoop/receivedBlockMetadata
/home/hadoop/receivedBlockMetadata/log-1639236865468-1639236925468
```

◈ 3.5　文件和目录访问权限管理

3.5.1　chmod 更改文件或目录的访问权限

可以使用 chmod 命令修改文件或目录的访问权限,只有文件所有者和超级用户可以修改文件或目录的访问权限。chmod 命令的语法格式如下。

```
chmod [命令选项][模式] 文件/目录
```

常用的命令选项如下。

-c:若该文件权限确实已经更改,才显示其更改动作。

-f:若该文件权限无法被更改也不要显示错误提示。

-v :显示权限变更的详细信息。

-R:对目前目录下的所有文件与子目录进行相同的权限变更,即以递归的方式逐个变更。

模式用来设定权限,格式如下。

```
[ugoa…][+-=][rwx]
```

其中,u 表示 User,是文件的所有者;g 表示与 User 同组 Group 的用户;o 表示 Other,即其他用户;a 表示 ALL,所有用户。

权限操作：＋表示增加权限，－表示取消权限，＝表示取消之前的权限，并给予唯一的权限。

权限：r 表示读权限，w 表示写权限，x 表示执行权限。

例如：

```
$ chmod u+rw ~/file.txt          #给文件所有者增加"w"和"x"的权限
$ chmod ugo+r file1.txt          #将文件设为所有人皆可读取
$ chmoda+r file1.txt             #将文件设为所有人皆可读取
```

将文件 file1.txt 与 file2.txt 设为该文件所有者，与其所属同一个群体者可写入，但其他以外的人则不可写入。

```
$ chmod ug+w,o-w file1.txt file2.txt
$ chmodu+x ex1.py                #将 ex1.py 设定为只有该文件拥有者可以执行
$ chmod -R a+r testdir           #将 testdir 下的所有文件与子目录都设为任何人可读取
```

3.5.2 chown 更改文件和目录的所有权

可以用 chown 命令改变某个文件或目录的所有者和所属的组，只有超级用户才可以使用该命令。chown 命令的语法格式如下。

```
chown [命令选项] [文件的新拥有者] 文件或目录
```

常用的命令选项如下。

-R：对目录及该目录下的所有文件和子目录都进行相同的操作，即递归更改目录的所有者。

-h：只对符号连接的文件做修改，而不更改其他相关文件。

-v：显示指令执行过程。

例如：

```
$ ls -l
-rw-rw-r-- 1 hadoop hadoop  130 10月 20 22:10 file1.txt#所有者为 hadoop
$ sudo chown db file1.txt            #将 file1.txt 的所有者改为 db
[sudo] hadoop 的密码：
$ ls -l              #从显示结果可以看出 file1.txt 的所有者已变为 db,所属组仍为 hadoop
-rw-rw-r-- 1 db  hadoop  130 10月 20 22:10 file1.txt
```

要想一并更改 file1.txt 文件的属主和用户组文 db，命令如下。

```
$ sudo chown db:db file1.txt
$ ls -l#从显示结果可以看出 file1.txt 的所有者、所属组已变为 db
-rw-rw-r-- 1 db  db 130 10月 20 22:10 file1.txt
```

◆ 3.6　文件、目录的压缩及解压缩

3.6.1　gzip 压缩与解压缩

gzip 是在 Linux 系统中经常使用的一个对文件进行压缩和解压缩的命令,gzip 压缩完文件后会产生扩展名为".gz"的压缩文件,并删除原始的文件,即被自己的压缩版本替换,名称为"源文件名.gz"。

注意,gzip 用于文件压缩,但是不能压缩目录。

gzip 命令的语法格式如下。

```
gzip [命令选项] 压缩(解压缩)的文件名
```

常用的命令选项如下。

-d:对压缩文件进行解压缩。

-r:递归压缩指定目录下以及子目录下的所有文件。

-l:列出压缩包的内容,具体包括压缩文件的大小、未压缩文件的大小、压缩比、未压缩文件的名称。

-v:显示指令执行过程。

-数字:用于指定压缩等级,-1 压缩等级最低,压缩比最差;-9 压缩比最高,默认压缩比是-6。

例如:

```
$ ls
file3.txt   file4.txt
$ gzip file3.txt                #压缩 file3.txt 文件
$ ls#显示结果表明生成 file3.txt.gz 压缩文件,但是源文件 file3.txt 也消失了
file3.txt.gz   file4.txt
$ gzip -rv testdir1             #-r 递归压缩,-v 显示指令执行过程
testdir1/book/file5.txt:        0.0% -- replaced with testdir1/book/file5.txt.gz
testdir1/book/file4.txt:        0.0% -- replaced with testdir1/book/file4.txt.gz
testdir1/lib/file2.txt:         0.0% -- replaced with testdir1/lib/file2.txt.gz
testdir1/lib/file1.txt:         0.0% -- replaced with testdir1/lib/file1.txt.gz
$ gzip -dv file7.txt.gz         #-d 对压缩文件进行解压缩,-v 显示指令执行过程
file7.txt.gz:                   0.0% -- replaced with file7.txt
```

3.6.2　bzip2 压缩与解压缩

bzip2 命令同 gzip 命令类似,只能对文件进行压缩(或解压缩),对于目录只能压缩(或解压缩)该目录及子目录下的所有文件。当执行压缩任务完成后,会生成一个以".bz2"为后缀的压缩包,并删除原始的文件,即都被自己的压缩版本替换,名称为"源文件名.bz2"。

bzip2 命令的语法格式如下。

```
bzip2 [命令选项] 源文件
```

常用的命令选项如下。

-d：解压缩".bz2"后缀的压缩包文件。

-k：bzip2 在压缩或解压缩任务完成后,会删除原始文件,若要保留原始文件,则可使用此选项。

-f：bzip2 在压缩或解压缩时,若生成的文件与现有文件同名,则默认不会覆盖现有文件,若使用此选项,则会强制覆盖现有文件。

-v：压缩或解压缩文件时,显示指令执行过程。

-数字：这个参数和 gzip 命令的作用一样,用于指定压缩等级,-1 压缩等级最低,压缩比最差;-9 压缩比最高。

例如：

```
$ ls
file5.txt  file6.txt
$ bzip2 file5.txt                    #直接压缩文件
$ ls              #显示结果表明生成 file5.txt.bz2 压缩文件,但是源文件 file5.txt 也消失了
file5.txt.bz2  file6.txt
bzip2 -k file6.txt                   #压缩的同时保留源文件
$ ls
file5.txt.bz2  file6.txt  file6.txt.bz2
$ bzip2 -kd file5.txt.bz2            #解压缩 file5.txt.bz2 后,保留 file5.txt.bz2
$ ls
file5.txt  file5.txt.bz2  file61.txt  file6.txt  file6.txt.bz2
```

3.6.3 zip 压缩与 unzip 解压缩

1. zip 压缩命令

zip 是最流行的归档文件格式之一。使用 zip,可以将多个文件压缩到一个文件中。zip 命令的语法格式如下。

zip [命令选项] [压缩后的文件名]　被压缩的文件 1　被压缩的文件 2

常用的命令选项如下。

-m：将文件压缩之后,删除原始文件。

-n：不压缩具有特定字尾字符串的文件。

-q：安静模式,在压缩的时候不显示指令的执行过程。

-r：表示递归压缩子目录下所有文件。

-e：加密。

-i：只压缩符合条件的文件。

将 mydata 目录下的所有文件和文件夹全部压缩成 myfile.zip 文件,-r 表示递归压缩子目录下所有文件。

```
$ zip -r mydata.zip mydata          #在 zip 操作期间可看到要添加到压缩文件夹中的文件
adding: mydata/ (stored 0%)
```

```
adding: mydata/stu/ (stored 0%)
adding: mydata/stu/LiShi/ (stored 0%)
adding: mydata/stu/WuLi/ (stored 0%)
adding: mydata/file.txt (stored 0%)
adding: mydata/file2.txt (stored 0%)
```

把当前目录下面的 abc 文件夹和 123.txt 文件压缩成为 abc123.zip：

```
$ zip -r abc123.zip abc 123.txt
```

2. unzip 解压缩命令

可以使用 unzip 命令对 zip 压缩的文件进行解压。unzip 命令的语法格式如下。

```
unzip [命令选项] 待解压缩文件
```

常用的命令选项如下。

-n：解压缩时不要覆盖原有的文件。

-o：不必先询问用户，unzip 执行后覆盖原有的文件。

-P<密码>：使用 zip 的密码选项。

-q：执行时不显示任何信息。

-d<目录>：指定文件解压缩后所要存储的目录。

```
$ zip mydata.zip file1 file2          #创建压缩文件 mydata.zip
  adding: file1 (stored 0%)
  adding: file2 (stored 0%)
```

下面的命令把 mydata.zip 解压到 testzip 目录里面。

```
$ unzip mydata.zip -d testzip          #-d 指定文件解压缩后所要存储的目录
Archive:  mydata.zip
  extracting: testzip/file1
  extracting: testzip/file2
$ ls -l testzip                         #详细地列出 testzip 目录中的文件
总用量 8
-rw-rw-r-- 1 hadoop hadoop 2 7月   16 18:15 file1
-rw-rw-r-- 1 hadoop hadoop 2 7月   16 18:15 file2
```

3.6.4　tar 打包压缩和解包解压

打包是指将多个文件或目录变成一个总的文件；压缩则是将一个大的文件通过一些压缩算法变成一个小文件。

利用 tar 命令，能把一大堆的文件和目录全部打包成一个文件，这对于备份文件或将几个文件组合成为一个文件以便于网络传输是非常有用的。tar 命令的语法格式如下。

```
tar [命令选项] 备份后的文件名拟要备份的文件或目录
```

常用的命令选项如下。

-c：创建打包文件。

-v：显示操作过程。

-t：查看打包文件内容。

-z，--gzip：通过 gzip 压缩归档，压缩归档后的文件通常表示为 xx.tar.gz。

-j，--bzip2：通过 bzip2 压缩归档，压缩归档后的文件通常表示为 xx.tar.bz2。

-x：解压.tar 文件。

-f：指定打包后的文件名，这个参数是最后一个，后面只接文件名。

1. tar 打包压缩

下面的命令将 file3.txt、file4.txt、file5.txt 文件打包为 test345.tar。

```
$ tar -cvf test345.tar file3.txt file4.txt file5.txt
file3.txt
file4.txt
file5.txt
```

把/etc 目录中所有的文件打包为 etc.tar 文件：

```
$ tar -cvf /tmp/etc.tar /etc
```

把 file3.txt、file4.txt、file5.txt 三个文件打包压缩为一个.bz2 格式的文件：

```
$ tar -jcvf bz345.tar.bz2 file3.txt file4.txt file5.txt
file3.txt
file4.txt
file5.txt
```

把 file3.txt、file4.txt 两个文件打包并使用 gzip 压缩为 bz34.tar.gz 文件：

```
$ tar -zcvf bz34.tar.gz file3.txt file4.txt
file3.txt
file4.txt
$ tar -tf test345.tar                    #列出 test345.tar 包中所有文件
file3.txt
file4.txt
file5.txt
```

2. tar 解包解压

```
$ tar xvf test345.tar                    #将 test345.tar 解包
file3.txt
file4.txt
file5.txt
$ tar -xzvf bz34.tar.gz -C gz            #解包解压.gz 格式的压缩包到 gz 文件夹
file3.txt
file4.txt
```

```
$ tar -xjvf bz345.tar.bz2 -C bz          #解包解压.bz2格式的压缩包到 bz 文件夹
file3.txt
file4.txt
file5.txt
$ tar -xf test345.tar                    #解出 test345.tar 包中所有文件
```

◆ 3.7　通过扩展包挂载移动设备

1. 安装扩展包

为了让虚拟机能挂载 USB 2.0 或 USB 3.0 的移动硬盘,需要安装一个与 Oracle VM VirtualBox 版本相对应的扩展包,本书下载的是 Oracle_VM_VirtualBox_Extension_Pack-6.1.34.vbox-extpack,双击下载的扩展安装包进行安装。

2. 挂载硬盘

在创建好的虚拟机条目上单击鼠标右键,选择"设置",然后选择 USB 设备,根据所要挂载的硬件设备的实际需要,选择"USB2.0 控制器"或者"USB3.0 控制器"。

3. 挂载移动设备

启动虚拟机后,将 U 盘插入计算机,右击右下方底部的 U 盘图标,选择插入的 U 盘名称,这样就会将 U 盘挂载到系统中,在左侧显示 U 盘图标,如图 3-2 所示。这时就可以单击 U 盘图标打开 U 盘,然后就可以访问其中的文件了。

图 3-2　U 盘挂载

◆ 3.8　通过 mount 命令挂载 U 盘

通过 mount 命令挂载 U 盘，mount 命令需要 root 权限。

1. 查看 U 盘所在位置及名称

通过"fdisk -l"命令可查看 U 盘所在位置及名称"/dev/sdb1"，后面会自动标注 U 盘格式，如 FAT32。

```
# fdisk -l              #查看U盘所在位置及名称,通常在命令所列出的信息最后显示U盘格式
    设备    启动   起点     末尾        扇区        大小      Id      类型
/dev/sdb1    32    240353279  240353248   114.6G   c W95  FAT32 (LBA)
```

2. 新建一个目录来挂载 U 盘

新建一个目录来挂载 U 盘，挂载到"/mnt/usb"。

```
#cd /mnt
#mkdir /mnt/usb                        #创建挂载目录
```

3. 挂载 U 盘

挂载 FAT32 格式的 U 盘的命令如下。

```
#mount /dev/sdb1 /mnt/usb
```

上述命令将"/dev/sdb1"所表示的 U 盘挂载到"/mnt/usb"目录下。

完成挂载后可以通过"/mnt/usb"访问 U 盘里的内容。以下的命令为显示该 U 盘的内容目录。

```
#cd /mnt/usb
#ls                                    #列出U盘中的内容
```

然后用 cp 命令可把需要的文件复制到指定的目录中。

4. 卸载 U 盘

在使用完 U 盘后，在拔出前需要先卸载 U 盘，卸载 U 盘的命令为 umount，具体卸载命令如下。

```
#umount /mnt/usb                    #卸载挂载的U盘
```

在使用 umount 卸载磁盘时报错，提示 target is busy 的解决办法是使用"fuser -mv -k /mnt/usb"命令先杀死使用该目录的所有进程，然后再执行卸载操作。

参数说明如下。

-m：后跟一个目录、文件或者设备名，列出使用该文件的进程 PID。

-v：显示详细信息

-k：杀死使用指定文件的所有进程。

例如：

```
#fuser  -mv -k  /mnt/usb         #杀死使用/mnt/usb 目录的所有进程
                用户             进程号 权限   命令
/mnt/usb:       root             kernel mount /mnt/usb
                root              3862 ..c.. bash
```

习　　题

1. 在当前目录/home/zheng 下新建一个目录 back,将当前目录改为 back,在 back 下新建两个文件 test1、test2,然后把 test2 移到其父目录中并改名为 file12。

2. 若要将当前目录中的 myfile.txt 文件压缩成 myfile.txt.tar.gz,实现的命令是什么?

第4章

文本编辑器与软件包管理

无论是一般文本文件、数据库文件,还是程序源文件,对它们的建立和修改都要利用编辑器,Linux 系统提供了丰富的编辑器。本章主要介绍 vi 编辑器、vim 编辑器、gedit 编辑器、软件包管理。

◆ 4.1 vi 编 辑 器

可以使用 vi 命令来启动 vi 编辑器以创建、修改或浏览一个或多个文件。

4.1.1 vi 启动

使用 vi 命令打开一个文件时,如果该文件已经存在,vi 将打开这个文件并显示该文件的内容;如果这个文件不存在,将打开这个文件,然后就可以往文件中添加内容,vi 将在文件第一次存盘时创建该文件。vi 命令的语法格式如下。

```
vi [命令选项] [文件名]
```

常用的命令选项如下。

(1) +n:打开文件,并将光标置于文件第 n 行行首,默认置于文件第 1 行行首。

```
$ cat vifile                              #查看 vifile 文件
hello world
hello linux
hello C
hello Python
```

$ vi +2 vifile #打开 vifile 文件且光标置于第 2 行行首,打开后如图 4-1 所示。

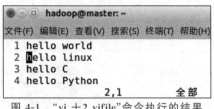

图 4-1 "vi +2 vifile"命令执行的结果

（2）＋：打开文件，并将光标置于最后一行行首。

（3）＋/pattern：打开文件，并将光标置于第一个与 pattern 匹配的串所在的行的行首。

4.1.2　vi 命令模式

vi 的工作模式指的是 vi 不同的使用方式。vi 的工作模式分为三种，分别是命令模式、插入模式和底行模式。

执行"vi filename"命令打开 filename 文件后，默认进入命令模式，在这一模式中，所有的输入都被解释成 vi 命令。vi 编辑器的命令模式、插入模式和底行命令模式之间的转换关系如图 4-2 所示。

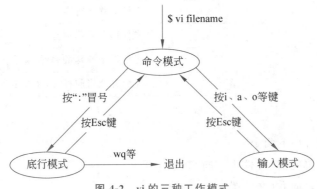

图 4-2　vi 的三种工作模式

在 vi 的命令行模式下，此时输入的每一个字符，皆被视为一条命令，有效的命令会被接受，若是无效的命令，则会产生响声，以示警告。在命令模式下，可以执行修改、复制、移动、粘贴和删除等命令，也可以进行移动光标、搜索字符串和退出 vi 的操作等。

1. 移动光标命令

使用 vi 命令打开文件后，vi 就处于命令模式，在命令模式中用来移动光标位置的命令如表 4-1 所示。

表 4-1　移动光标位置的命令

移动光标命令	光标移动的效果
h、左箭头←或 BackSpace 键	光标向左移动一个字符
l 或空格键	光标向右移动一个字符
j、下箭头或 Enter 键	光标向下移动一行
k 或上箭头	光标向上移动一行
w	光标向右移动到下一个单词的首字母
b	光标向左移动到下一个单词的首字母
e	光标向右移动到下一个单词的尾字母
)	将光标移至上一个句子的开头
(	该命令将光标移至下一个句子的开头

续表

移动光标命令	光标移动的效果
}	光标移至下一段落的结尾
{	光标移至上一段落的开头
nG	光标移至第 n 行首
n$	光标移动到第 n 行的行尾
$	光标移至当前行尾
n+	光标下移 n 行
n—	光标上移 n 行
H	光标移至屏幕顶行
L	光标移至屏幕最后行
0	光标移至当前行首,注意是数字零

2. 滚屏分页命令

关于滚屏命令有如下两个。

Ctrl+u:将屏幕向前(文件头方向)翻滚半屏。

Ctrl+d:将屏幕向后(文件尾方向)翻滚半屏。

可以在这两个命令之前加上一个数字 n,则屏幕向前或向后翻滚 n 行。并且这个值被系统记住,以后再用 Ctrl+u 和 Ctrl+d 命令滚屏时,还滚动相应的行数。

关于分页命令也有如下两个。

Ctrl+f:将屏幕向文件尾方向翻滚一整屏(即一页)。

Ctrl+b:将屏幕向文件首方向翻滚一整屏(即一页)。

同样,也可以在这两个命令之前加上一个数字 n,则屏幕向前或向后移动 n 页。

3. 删除命令

常用的删除命令如表 4-2 所示。

表 4-2　删除命令

删 除 命 令	说　　明
d0	删至行首,或 d^(不含光标所在处字符)
ndw	删除光标处及其后面的 n—1 个单词
d$	删至行尾
dd	删除一整行
ndd	删除当前行及其后 n—1 行
dG	删除至文件尾
d1G	删除至文件首
dw	删除一个字(单词)

删 除 命 令	说　　明
D	删除至行尾,或 d＄(含光标所在处字符)
x	删除光标所在处的字符,也可用 Delete 键
X	删除光标前的字符。不可使用 BackSpace 键
u	撤销上一步的操作
Ctrl＋r	恢复上一步被撤销的操作(Redo)

4. 查找命令

常用的查找命令如表 4-3 所示。

表 4-3　查找命令

操　　作	说　　明
/pattern＜Enter＞	在命令模式,按"/"键就会在左下角出现一个"/",然后输入要查找的字串 pattern,按 Enter 键就会开始向下查找,pattern 是需要匹配的字符串
? pattern＜Enter＞	向上查找与 pattern 相匹配的字符串
n	使用了查找命令之后,按照同一方向继续查找
N	使用了查找命令之后,按照反方向查找

例如:

```
$ cat vifile              #查看文件 vifile
hello world hello world
hello linux hello linux
hello C      hello C
hello Python hello Python
```

【例 4-1】　vi 命令模式的查找命令使用举例。

```
/hello<Enter>             #查找 hello
#底行模式的 s 命令用来替换字符串
:s/hello/Hello/           #替换当前行第一个 hello 为 Hello
:s/hello/Hello/g          #替换当前行所有 hello 为 Hello
:n,$s/hello/Hello/        #替换第 n 行开始到最后一行中每一行的第一个 hello 为 Hello
:n,$s/hello/Hello/g       #替换第 n 行开始到最后一行中每一行所有 hello 为 Hello
:.,$s/hello/Hello/g       #替换当前行开始到最后一行中每一行所有 hello 为 Hello
:%s/hello/Hello/          #替换每一行的第一个 hello 为 Hello
```

4.1.3　vi 的插入模式

用户会经常使用 vi 编辑器向文件中插入(输入)信息,但在输入信息之前,vi 编辑器必须处在插入模式。在命令模式下,输入 i 之后,则会进入文件插入模式,在这个模式下的左下角有一个"插入"字样,如图 4-3 所示,这就表示现在是在插入模式,然后在里面可以插入信息。在插入模式下，可以对文件执行写操作，类似于在 Windows 系统的文件中输入内容。

图 4-3　输入模式

在命令模式下，除了输入 i 进入文件插入模式外，还有其他命令可以进入插入模式，具体命令如表 4-4 所示。

表 4-4　进入插入模式的命令

命　　令	说　　明
a	从光标位置后开始新增资料
A	从光标所在行尾开始新增资料
i	从光标位置前插入资料，后面的资料随着向后移动
I	从光标所在行的第一个非空白字符前插入资料
o	在光标所在行下方新增一行并进入输入模式
O	在光标所在行上方新增一行并进入输入模式
r	输入 r，之后输入的字符替换光标位置处的字符
R	输入 R，之后输入的字符替换当前字符及其后的字符，直至按 Esc 键

当编辑好文本之后，则要退出插入模式，并对该文本文件进行保存。注意：只有先退出插入模式，进入底行模式，然后才能保存或者退出。

4.1.4　vi 的底行模式

在输入模式下按 Esc 键退出输入模式，然后进入命令模式，这时输入"："，就进入底行模式，底行模式下的常用命令如表 4-5 所示。

表 4-5　底行模式命令

命　　令	说　　明
q	结束 vi 程序，如果文件有过修改，则必须先存储文件
q!	强制结束 vi 程序，修改后的文件不会存储
wq	存储文件并结束 vi 程序
r	读入其他文件，可赋值文件名称
X	加密文件

◆ 4.2　vim 编辑器

vim 是从 vi 发展而来的一个文本编辑器,vi 里的所有命令 vim 里都可以用,几乎没什么差别。vim 功能更强大,在 vim 编辑器中可以使用鼠标。可通过"sudo apt-get install vim"安装 vim 编辑器。

4.2.1　配置 vim

初始安装的 vim,其界面并不是十分友好,可更改 vim 的配置文件使界面更加友好。执行"sudo vim /etc/vim/vimrc"命令编辑 vimrc 文件来实现更改 vim 的配置文件,打开文件后,按 I 键进入插入模式,在文件的最后一行增加以下代码,然后按 Esc 键退出编辑模式,按英文状态的:号,在:后输入"wq"保存退出文件的编辑。

例如:

```
"设置编码格式
set fileencodings=utf-8,ucs-bom,gb18030,gbk,gb2312,cp936
set termencoding=utf-8
set encoding=utf-8
"突出显示当前行
set cursorline
"显示括号匹配
set showmatch
"设置粘贴模式
set paste
"显示行号
set number
"Tab 键的宽度
set tabstop=4
"覆盖文件时不备份
set nobackup
"自动缩进
set autoindent
```

4.2.2　vim 工作模式

vim 编辑器有如下三种工作模式。

1. 命令模式

打开 vim 编辑器时,默认处于命令模式。在该模式下可以移动光标位置,可以通过快捷键对文件内容进行复制、粘贴、删除等操作,可通过鼠标选择内容、鼠标右键复制粘贴等。

2. 编辑模式或输入模式

在命令模式下输入小写字母 a 或小写字母 i 即可进入编辑模式,在该模式下可以对文件的内容进行编辑,可通过鼠标选择内容、鼠标右键复制粘贴等。

vim 是 vi 的升级版本,其中比较典型的区别就是 vim 更加适合编写程序代码,因为 vim 比 vi 多一个代码着色的功能,通过文件扩展名来识别不同的编程语言,为用户提供编程语言上的语法显示效果。

3. 底行模式

在命令模式下输入冒号：即可进入底行模式，可以在底行输入命令来对文件进行查找、替换、保存、退出等操作。

gedit
编辑器

◇ 4.3 gedit 编辑器

gedit 是 GNOME 桌面的默认文本编辑器，它是 GNOME 核心应用程序的一部分，用作通用的轻量级文本编辑器，也可以把它用来当成一个集成开发环境(IDE)，它会根据不同的语言高亮显现关键字和标识符。gedit 在绝大多数 Ubuntu 的发行版中都已经预安装了。

4.3.1 gedit 的启动与打开文件

在带有 GNOME 桌面的 Ubuntu 系统中，直接双击文本文件默认使用 gedit 编辑器打开文件。

在终端里，可以直接运行 gedit 命令打开编辑器，也可以运行"gedit 文件名"打开指定文件来打开编辑器。

gedit 与 Windows 下记事本的功能类似。如图 4-4 所示，在 gedit 编辑器中可以单击"打开"按钮选择一个文件打开，单击下拉三角可显示最近打开的文件列表；单击"保存"按钮可以保存当前正在编辑的文件；单击"保存"按钮在右侧的菜单栏进行更多的操作等。

图 4-4　用 gedit 编辑器打开的文件

常用快捷键如下。

Ctrl +Z：撤销。

Ctrl +C：复制选中的文本。

Ctrl +V：粘贴复制的文本。

Ctrl +Q：退出编辑器。

Ctrl +S：保存编辑的文件。

Ctrl +Shift+S：另存为。

Ctrl+W：关闭选项卡。

4.3.2 gedit 文本编辑器特色功能

gedit 文本编辑器具有如下特色功能。

1. 插入当前日期和时间

将光标放在文本中要插入日期和时间的位置，然后从菜单中单击"工具"→"插入日期和时间",选择合适的时间格式,最后单击"插入"按钮完成当前日期和时间的插入。

2. 启用自动保存并创建自动备份

自动保存和自动备份这两个功能在 gedit 编辑器中是默认关闭的,可通过选择"菜单栏"→"首选项"→"编辑器"→"文件保存",然后启用在保存前创建备份文件和设置自动保存间隔,这样 gedit 将自动保存文件。

3. 编码的语法高亮

gedit 文本编辑器带有流行编程语言的语法高亮,可通过"菜单栏"→"查看"→"高亮模式",并从列表中选择编程语言以根据其语法高亮显示它们。此外,还可以单击下方纯文本右侧的下拉三角选择编程语言以根据其语法高亮显示它们,如选择 C、Python、Python 3、Java、JSON 等。

4. Python 控制台

使用插件,可以在 gedit 窗口的底部获得一个 Python 终端,启用方式是选择"菜单栏"→"首选项"→"插件"→勾选 Python 控制台,这样就在底部获得一个个性化的 Python 终端,可以在其中交互式执行 Python 语句,如图 4-5 所示。

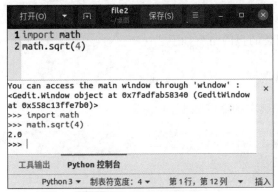

图 4-5　Python 控制台

4.4　软件包管理

软件包管理是指系统中一种安装和维护软件的方法。在 Linux 操作系统中,RPM 和 DPKG 为最常见的两类软件包管理工具,分别应用于基于 RPM 软件包的 Linux 发行版本(如 CentOS、Fedora)和 DEB 软件包的 Linux 发行版本(如 Debian、Ubuntu)。软件包管理工具的作用是提供在操作系统中安装、升级、卸载需要的软件的方法,并提供对系统中所有软件状态信息的查询。

4.4.1　更新包列表

大多数系统在本地都会有一个和远程存储库对应的包数据库(软件包),在安装或升级包之前最好更新一下这个包数据库。执行如下命令,更新 Ubuntu 包数据库。

```
$sudo apt-get update
```

4.4.2 升级软件包

在没有包系统的情况下,想确保机器上所有已安装的软件包都保持在最新的状态是一个很艰巨的任务。有了包管理系统之后,只需几条命令便可保持软件包最新。

列出可更新的软件的命令如下。

```
$ apt list --upgradable
正在列表... 完成
alsa-ucm-conf/focal-updates,focal-updates 1.2.2-1ubuntu0.13 all [可从该版本升
级:1.2.2-1ubuntu0.9]
apt-utils/focal-updates 2.0.9 amd64 [可从该版本升级:2.0.6]
apt/focal-updates 2.0.9 amd64 [可从该版本升级:2.0.6]
...
xdg-desktop-portal/focal-updates 1.6.0-1ubuntu1 amd64 [可从该版本升级:1.6.0-1]
xserver-xorg-video-amdgpu/focal-updates 19.1.0-1ubuntu0.1 amd64 [可从该版本升
级:19.1.0-1]
zlib1g/focal-updates 1:1.2.11.dfsg-2ubuntu1.4 amd64 [可从该版本升级:1:1.2.11.
dfsg-2ubuntu1.3]
```

Ubuntu 升级已安装的包的命令如下。

```
$ sudo apt-get update
```

升级 Ubuntu 系统版本的命令如下。

```
$ sudoapt-get dist-upgrade
```

4.4.3 搜索软件包

大多数发行版都提供针对包集合的图形化或菜单驱动的工具,可以分类浏览软件,这也是一个发现新软件的好方法。

Ubuntu 搜索某个包的命令如下。

```
$ apt-cache search 软件包名
```

或

```
$ apt search 软件包名
```

会显示出一堆列表,然后找到要下载或安装的软件。

4.4.4 安装软件包

在 Ubuntu 16 之前要使用"apt-get install 软件包名"来安装软件包,在 Ubuntu 16 之后可以直接使用"apt install 软件包名"来安装软件包。

也可以一次性安装多个包,只需将它们全部列出来即可。

安装软件包的命令如下。

```
$ apt-get install 软件包名
```

或

```
$ apt install 软件包名
```

apt 会从本机设置的软件源中搜索软件包,找到软件后下载、安装。

4.4.5　卸载软件包

Ubuntu 卸载软件包的命令如下。

```
$ sudo apt-get remove 软件包名
```

或

```
$ sudo apt remove 软件包名
```

4.4.6　更新镜像源

Ubuntu 系统自带的镜像源服务器在国外,下载速度一般很慢,所以可更换为国内源提高软件包的下载、安装速度。

更新镜像源的步骤如下。

(1) 备份原来的源,将以前的源备份一下,以备以后再次用到。

```
$ sudo cp /etc/apt/sources.list /etc/apt/sources.list.old
```

(2) 编辑/etc/apt/sources.list 文件,在前面添加如下条目,并保存。

```
$ sudo gedit /etc/apt/sources.list
```

打开文件后,将国内的镜像源,如清华大学源或东北大学源复制进去覆盖原来的文件内容。然后保存退出。

(3) 执行如下命令,让更新源生效。

```
$ sudo apt-get update
```

◆ 习　　题

1. vi 编辑器有哪几种工作模式? 如何在这几种工作模式之间转换?
2. 概述 gedit 文本编辑器的特色功能。
3. 如果希望进入 vi 后光标位于文件中的第 10 行上,应输入什么命令?

第5章

用户与用户组管理

Linux 操作系统是多用户、多任务系统,即允许多个用户同时登录 Linux 系统并启动多个任务(有的用户是远程登录)。用户账号和用户组是进行身份鉴定和权限控制的基础,身份鉴别的目的是规定哪些人可以进入系统,而权限控制的目的则是规定进入系统的用户能做哪些操作。本章主要介绍用户管理、用户账户文件、用户组管理。

◆ 5.1 用户管理

Linux 系统是一个多用户、多任务的分时操作系统,任何一个要使用系统资源的用户,都必须首先向系统管理员申请一个账号,然后以这个账号的身份进入系统。用户的账号一方面可以帮助系统管理员对使用系统的用户进行跟踪,并控制他们对系统资源的访问;另一方面也可以帮助用户组织文件,并为用户提供安全性保护。

每个用户账号都拥有一个唯一的用户名和各自的口令。用户在登录时输入正确的用户名和口令后,就能够进入系统和自己的主目录。

用户管理的基本任务包括用户的添加、删除与修改,用户口令的管理,用户组的管理。

5.1.1 用户添加、删除与切换

用户添加、删除与切换

1. useradd 添加新用户

在 Ubuntu 中创建新用户,通常会用到两个命令 useradd 和 adduser。虽然作用一样,但用法却不尽相同。

useradd 命令的语法格式如下。

```
useradd [选项]新建用户名
```

常用的选项如下。

-c:给新用户添加备注。

-d:指定用户登录系统时的主目录,如果不使用该参数,系统自动在/home 目录下建立与用户名同名目录为主目录。

-e:用 yyyy-mm-dd 日期格式指定一个用户失效的日期,在此日期后,该用户

将失效。

　　-f：指定这个用户密码过期后多少天这个账户被禁用；0 表示密码一过期就立即禁用，
−1 表示禁用这个功能，系统默认值为−1。

　　-g：指定用户所属的用户组。

　　-G：指定用户除登录组之外所属的一个或多个附加组。

　　-m：自动建立与用户名同名的主目录，主目录就是第一个登录系统，用户的默认当前目
录，即"/home/用户名"目录。

　　-n：创建一个同用户登录名同名的新组，即如果创建用户的时候，不指定组名，那么系
统会自动创建一个和用户名一样的组名。

　　-r：创建系统账户。

　　-p：为用户指定默认密码。

　　-s：指定默认登录的 Shell 方式，默认是/bin/bash。

　　-u：为账户指定一个唯一的 UID，也就是用户 ID。

　　查看当前系统中有几个用户：

```
$ cd /home
$ ls
bigdata  hadoop                          #输出结果表明系统中有两个用户
#创建 python 用户，并使用/bin/bash 作为 Shell
$ sudo useradd -m python -s /bin/bash
[sudo] hadoop 的密码：
$ ls
bigdata  hadoop  python                  #输出结果表明系统中有三个用户
```

2. userdel 删除用户

　　如果一个用户的账号不再使用，可以从系统中删除。删除用户账号就是要将/etc/
passwd 等系统文件中的该用户记录删除，必要时还删除用户的主目录。删除一个已有的用
户账号使用 userdel 命令，其语法格式如下。

```
userdel [选项] 用户名
```

　　常用的选项如下。

　　-f：强制删除用户，即使用户当前已登录。

　　-r：在删除用户的同时删除主目录和信件池。

　　例如，删除前面创建的 python 用户，只需执行如下命令。

```
$ sudo userdel -r python              #删除 username 用户，同时删除用户的主目录
```

　　userdel username：删除 username 用户，但不会自动删除用户的主目录。

3. su 切换用户

　　Ubuntu 默认安装时，并没有给 root 用户设置口令，也没有启用 root 账户。如果想作为
root 用户来运行命令，可以使用 sudo 命令给 root 用户设置一个密码，然后就可以使用 root
账户了。

```
$ sudo passwd root                          #为 root 设置一个密码
```

设置好 root 密码后,就可以直接作为 root 登录了。

su 命令可以更改用户的身份,例如,从普通用户 hadoop 切换到 root 用户,从 root 用户切换到普通用户 hadoop。

```
hadoop@Master:~$ su                         #切换到 root 用户
密码:
root@Master:/home/hadoop#                    #提示符变为#
root@Master:/home/hadoop# su hadoop          #切换到普通用户 hadoop
hadoop@Master:~$                             #提示符变为$
```

注意:su 和 sudo 的区别如下。

(1) su 的密码是 root 的密码,而 sudo 的密码是用户的密码。

(2) su 直接将身份变成 root,而 sudo 是用户登录后以 root 的身份运行命令,不需要知道 root 密码。

5.1.2　设置用户密码

在 Linux 中,root 用户可以使用 passwd 命令为普通用户设置或修改用户口令。用户也可以直接使用该命令来修改自己的口令。

```
hadoop@Master:~$ sudo passwd hadoop  #为 hadoop 用户设置密码
[sudo] hadoop 的密码:
新的密码:
重新输入新的密码:
passwd:已成功更新密码
hadoop@Master:~$ exit                        #退回到登录 hadoop 用户之前的角色
exit
root@Master:/home/hadoop#
```

5.1.3　修改用户信息

1. usermod 修改用户信息

usermod 命令用于修改用户的基本信息。usermod 命令不允许改变正在使用的用户名称。usermod 命令的语法格式如下。

```
usermod [选项] 用户名
```

常用的选项如下。

-u<UID>:修改用户的 UID,即修改 /etc/passwd 文件目标用户信息的第 3 个字段(UID)。

-g<组名>:修改用户默认的组,即修改 /etc/passwd 文件目标用户信息的第 4 个字段(GID),前提必须是指定的组已存在,否则无法指定。

-G<组名>:修改用户所属的附加组,其实就是把用户加入其他用户组,即修改 /etc/

group 文件。多组时,组与组之间用逗号分隔,前提必须是指定的组已存在,否则无法指定。

　　-e<有效期限>:修改账号的有效期限,即修改 /etc/shadow 文件目标用户密码信息的第 8 个字段。

　　-c<备注>:修改用户账号的备注文字,即修改 /etc/passwd 文件目标用户信息的第 5 个字段。

　　-d<登录目录>:修改用户登录时的目录。

　　-md <新家目录>:修改用户新家目录。

　　-l<新用户名>:修改用户名称,默认用户家目录属性不变。

　　-L:锁定用户密码,使密码无效,实际上就是在文件(/etc/shadow)密码位首位添加一个叹号"!"。

　　-U:解除密码锁定,实际上就是删除文件(/etc/shadow)中密码位首位叹号"!"。

　　-s shell:修改用户的登录 Shell,默认是/bin/bash。

```
#usermod -d /home/testdir root        #更改登录目录
#usermod -L hadoop                    #锁定账号 hadoop
#usermod -U hadoop                    #解锁账号 hadoop
#usermod -c jiaoxue hadoop            #修改 hadoop 用户备注
#tail -1 /etc/passwd
hadoop:x:1002:1002:jiaoxue:/home/hadoop:/bin/bash
```

2. 为普通用户添加 sudo 权限

sudo 是 Ubuntu 平台下允许系统管理员让普通用户执行一些或者全部的 root 命令的一个工具,减少了 root 用户的登录和管理时间,提高了安全性。

通过 sudo,人们既可以作为 root 用户又可以作为其他类型的用户来访问系统。这样做的好处是,管理员能够在不告诉用户 root 密码的前提下,授予他们某些特定类型的 root 用户权限。

新创建的用户,默认不能使用 sudo 工具,需要进行以下操作为新创建的用户添加 sudo 权限。

```
$ sudo usermod -G sudo hadoop
```

◆ 5.2　用户账号文件

为了管理用户账号,系统设置了多个文件来存放用户账户相关的信息,最重要的三个文件是:用户基本信息文件/etc/passwd,用户密码信息文件/etc/shadow 和用户群组信息文件/etc/group。

5.2.1　用户基本信息文件

/etc/passwd 文件是 Linux 安全的关键文件之一。该文件用于用户登录时校验用户的登录名、加密的口令数据项等。/etc/passwd 文件中每行定义一个用户账号,有多少行就表示多少个用户账号,一个用户账号的相关信息之间通过":"号划分为 7 个字段,每个字段所表示的含义如下。

用户名：密码：用户 ID(UID)：用户初始组 ID(GID)：用户信息（如用户的真实姓名、联系方式等，该项内容可以为空）：用户的主目录：用户登录后的默认 Shell。

Linux 2.0 以上版本为了增强系统的安全性，采用了用户基本信息与密码分开存储的方法，密码已不再存放在/etc/passwd 文件中，而是转存到了同目录下的/etc/shadow 文件中，其原来存放密码的位置用"x"标识。

```
$ cat /etc/passwd              #查看 passwd 文件的内容,这里只列出部分内容
root:x:0:0:root:/root:/bin/bash
daemon:x:1:1:daemon:/usr/sbin:/usr/sbin/nologin
bin:x:2:2:bin:/bin:/usr/sbin/nologin
sys:x:3:3:sys:/dev:/usr/sbin/nologin
sync:x:4:65534:sync:/bin:/bin/sync
games:x:5:60:games:/usr/games:/usr/sbin/nologin
man:x:6:12:man:/var/cache/man:/usr/sbin/nologin
lp:x:7:7:lp:/var/spool/lpd:/usr/sbin/nologin
mail:x:8:8:mail:/var/mail:/usr/sbin/nologin
hadoop:x:1001:1001::/home/hadoop:/bin/bash
sshd:x:127:65534::/run/sshd:/usr/sbin/nologin
mysql:x:128:134:MySQL Server,,,:/nonexistent:/bin/false
python:x:1002:1002::/home/python:/bin/bash
```

用户初始组，指用户登录时就拥有这个用户组的相关权限。每个用户的初始组只能有一个，通常就是将和此用户的用户名相同的组名作为该用户的初始组。例如，人们手工添加用户 hadoop，在建立用户 hadoop 的同时，就会建立 hadoop 组作为 hadoop 用户的初始组。

```
$ id hadoop                    #查看 hadoop 用户的 uid/gid
uid=1001(hadoop) gid=1001(hadoop) 组=1001(hadoop),27(sudo)
```

从上述输出结果能看到 uid（用户 ID）、gid（初始组 ID），"组"是用户所在组。每个用户只能有一个初始组，除初始组外，用户再加入其他的用户组，这些用户组就是这个用户的附加组。

```
$ id bigdata                   #查看 bigdata 用户的 uid/gid
用户 id=1000(bigdata) 组 id=1000(bigdata) 组=1000(bigdata),4(adm),24(cdrom),27
(sudo),30(dip),46(plugdev),120(lpadmin),132(lxd),133(sambashare)
```

每个用户都有唯一的一个 UID，Linux 系统通过 UID 来识别不同的用户。实际上，UID 就是一个 $0\sim2^{32}$ 的数，不同范围的数字表示不同的用户身份：0，root 用户；1～499，系统用户；500 以上，普通用户。

5.2.2　用户影子文件

由于所有用户都可以读取/etc/passwd 文件，易导致用户密码泄露，因此 Linux 系统将用户的密码信息从/etc/passwd 文件中分离出来，并单独放到/etc/shadow 文件中，/etc/shadow 文件又称为"影子文件"。/etc/shadow 文件只有 root 用户拥有读权限，其他用户没

有任何权限,这样就保证了用户密码的安全性。

同/etc/passwd 文件一样,/etc/shadow 文件中每行代表一个用户,同样使用":"作为分隔符,不同之处在于,每行用户信息被划分为 9 个字段。每个字段的含义如下。

用户名:加密密码:从 1970 年 1 月 1 日到上次修改密码之间的天数:两次修改密码之间所需要间隔的最小天数:密码有效期(指定距离第 3 字段多长时间内需要再次变更密码,默认值为 99999,也就是 273 年,可认为是永久生效):密码需要变更前的警告天数(表示从系统开始警告用户到用户密码正式失效之间的天数):密码过期后的宽限天数:账号失效时间(使用自 1970 年 1 月 1 日以来的总天数作为账户的失效时间):预留字段

```
$ sudo cat /etc/shadow              #查看 shadow 内容
root:$6$xaupOmXC$7RWjKrTrahniCyRaF8ueLwHgM6Nt..4b.x2jfGCYjq/
WWvrD5sK2cjN2gYTg1WXz/26lEM05eaiSufATEt3Ho1:18177:0:99999:7:::
daemon: * :17590:0:99999:7:::
bin: * :17590:0:99999:7:::
hadoop:$6$tJHQzNRy$N6lTXK7Zpl5rB6dqMlE7YGyHJeZrbeHI936PsMysgUk7SeHCHzCplMDD-
TBn2AUtgghA37cdikaiWBNyRvpaun.:17650:0:99999:7:::
python:$6$2p5cg8sz$ZsDetNp2V3pDwHvrwDSscNdD2.4AKQXi8M3amx7u9sz9diVwb49OJU5ql-
1l1mxeW4SRm7sBLvKzbGCtKFd8cv0:17653:0:99999:7:::
```

◆ 5.3　用户组管理

Linux 系统中任何一个文件都归属于某个组中的一个用户,允许用户在组内共享文件。用户是 Linux 系统的重要组成部分,用户管理包括用户与组账户的管理。在 Linux 系统中,不论是由本机或是远程登录系统,每个系统都必须拥有一个账号,并且对于不同的系统资源拥有不同的使用权限。Linux 系统中的 root 账号通常用于系统的维护和管理,它对 Linux 操作系统的所有部分具有不受限制的访问权限。在 Linux 安装的过程中,系统会自动创建许多用户账号,而这些默认的用户就称为"标准用户"。

5.3.1　用户组创建、修改与管理

1. 创建和删除用户组

使用 groupadd 命令增加一个新的用户组,其语法格式如下。

groupadd 选项用户组

常用的选项如下。

-g GID:指定新用户组的组标识号(GID),除非使用-o 选项,否则该值在系统中必须唯一。

-o:一般与-g 选项同时使用,表示新用户组的 GID 可以与系统已有用户组的 GID 相同。

-r:创建组标识号小于 500 的系统组。

groupadd 用于新建用户组,groupdel 用于删除用户组。

```
$ sudo groupadd ABC                        #创建用户组 ABC
```

此命令向系统中增加了一个新组 ABC,新组的组标识号是在当前已有的最大组标识号
的基础上加 1。

```
$ sudo groupadd - g 186 group1
```

此命令向系统中增加了一个新组 group1,同时指定新组的组标识号是 186。
如果要删除一个已有的用户组,使用 groupdel 命令,其语法格式如下。

```
groupdel 用户组
$ sudo groupdel ABC                        #删除用户组 ABC
```

2. 用户组用户添加与删除

gpasswd 命令用于将一个用户添加到一个用户组中或从用户组中删除一个用户,语法
格式如下。

```
gpasswd [选项]组名
```

常用选项如下。
-a 用户名:将某个用户添加到用户组中。
-d 用户名:将某个用户从用户组中移除。

```
$ sudo gpasswd - a hadoop DEF             #将 hadoop 用户添加到 DEF 组中
[sudo] hadoop 的密码:
正在将用户"hadoop"加入"DEF"组中
$ groups hadoop                           #使用 groups 命令查看 hadoop 用户在哪些组
hadoop : hadoop sudo DEF
```

3. 修改用户组的相关信息

groupmod 命令用于更改群组识别码或名称,其语法格式如下。

```
groupmod [选现] 组名
```

常用选项如下。
-g GID:为用户组指定新的组标识号。
-n 新用户组:将用户组的名字改为新名字。

```
$ sudo groupmod - n DEF ABC    #把组名 ABC 修改为 DEF
```

注意:用户名不要随意修改,组名和组 GID 也不要随意修改,因为非常容易导致管理
员逻辑混乱。如果非要修改用户名或组名,则建议先删除旧的,再建立新的。

5.3.2　用户组文件

/ect/group 文件是用户组信息文件,即用户组的所有信息都存放在此文件中,此文件中

每一行各代表一个用户组,以":"为分隔符将每行分为 4 个字段,每个字段的含义如下。

组名:组的密码:组标志号 GID:该用户组中的用户列表(用户名之间用","隔开)

```
$ cat /etc/group                    #查看 group 文件的内容,这里只列出部分内容
root:x:0:
daemon:x:1:
bin:x:2:
sys:x:3:
adm:x:4:syslog,bigdata
hadoop:x:1001:
mysql:x:134:
mlocate:x:135:
python:x:1002:
```

习 题

1. 新建一个名为 group1 的组,组 ID 为 4000。

2. 更改组 group2 的 GID 为 103,更改组名为 grouptest。

3. 假设你是系统管理员,需要增加一个新的用户账号 zheng,为新用户设置初始密码 zheng,锁定用户账号 uly,并删除用户账号 chang。

第6章

Linux Shell 程序设计

Shell 是指一种应用程序,这个应用程序提供了一个界面,用户通过这个界面可访问操作系统内核的服务。在前面介绍 Linux 命令时,Shell 都作为命令解释程序出现,这是 Shell 最常见的使用方式。除此之外,Shell 还是一种高级程序设计语言,它有变量、关键字,有各种控制语句,支持函数编程。本章主要介绍 Shell 概述,管道操作,Shell 变量,Shell 输入和输出,Shell 数据类型,算术运算,流程控制结构和函数。

◆ 6.1 Shell 概述

Shell 是一个用 C 语言编写的应用程序,它是用户使用 Linux 的桥梁。Shell 既是一种命令语言,又是一种程序设计语言。可以说,Shell 是一种应用程序,这个应用程序提供了一个界面,用户通过这个界面访问操作系统内核的服务。

6.1.1 Shell 的特点和主要版本

1. Shell 的特点

Linux 系统为用户提供 Shell 程序设计语言是为了方便管理人员对系统的维护和普通用户的应用开发。Shell 具有如下特点。

(1) 对已有命令进行适当组合,构成新的命令,组合方式很简单,如建立 Shell 脚本。

(2) 提供了文件名扩展字符(通配符,如 * 、?、[ ]),使得用一个包含这些字符的字符串可以匹配多个文件名,省去输入一长串文件名的麻烦。

(3) Shell 提供输入/输出重定向、管道线等机制,方便 I/O 处理和数据传输。

(4) 结构化的程序设计,提供了顺序、条件、循环控制流程。

(5) 提供了在后台(&)执行命令的能力。

(6) 提供可配置的环境,允许用户创建和修改命令、命令提示符和其他系统行为。

(7) 将用 Shell 编写的程序写到在一个文本文件中,该文件通常被称为脚本。可把 Shell 脚本当作新的命令使用,从而便于用户开发新的命令。

2. Shell 的种类

Shell 编程跟 Java、PHP 编程一样,只要有一个能编写代码的文本编辑器和一个能解释脚本的解释器就可以了。

Shell 脚本就是一些命令的集合,通过执行脚本可实现多个操作。举个例子,假如经常想实现这样的操作:①进入"/tmp"目录;②列出当前目录中所有的文件名;③把所有当前的文件复制到"/home/hadoop"目录下;④删除当前目录下所有的文件。简单的 4 步在 Shell 窗口中需要输入 4 次命令,按 4 次 Enter 键。可以把这 4 个操作都写到一个脚本中,然后执行,这样一步就可以完成这 4 个操作。

常见的编程语言分为两类:一个是编译型语言,如 C、C++ 、Java 等,它们运行前要经过编译器的编译。另一个是解释型语言,执行时,需要使用解释器一行一行地转换为代码,如 Perl、Python 与 Shell 等。

Linux 的 Shell 种类众多,默认的 Shell 是 bash,流行的 Shell 还有 ash、ksh、csh、zsh 等,不同的 Shell 都有自己的特点以及用途。

Bourne Again Shell(即 bash)是自由软件基金会(GNU)开发的一个 Shell,由于易用和免费,bash 在日常工作中被广泛使用

可通过如下方式查看 Linux 系统上的 Shell 类型。

(1) 查看当前系统中所有可登录 Shell 的类型。

要查看当前系统中所有可登录 Shell 的类型,在/etc/shells 配置文件中记录了用户可以登录的 Shell 的具体路径,因此查看这个文件的内容,即可知道当前系统中所支持的所有 Shell 类型。

```
$ cat /etc/shells          #查看作者目前的 Linux 系统所支持的 Shell 类型
#/etc/shells: valid login shells
/bin/sh
/bin/bash
/usr/bin/bash
/bin/rbash
/usr/bin/rbash
/bin/dash
/usr/bin/dash
```

(2) 查看某个用户的 Shell 类型。

要查看某个用户的 Shell 类型,可以在/etc/passwd 文件的最后字段查看到某个特定用户的登录 Shell 类型。以 root 为例,执行 cat /etc/passwd | grep ^root 输出 root 用户信息,最后一个:号字段显示的即为 root 用户的登录 Shell 类型,为 bash。

```
$ cat /etc/passwd | grep ^root
root:x:0:0:root:/root:/bin/bash
```

(3) 查看正在运行 Shell 的类型。

可以通过 $0 这个变量来获取当前运行的 Shell 类型。

```
$ echo $0
bash
```

(4) 查看当前用户(默认)使用的 Shell。

```
$ echo $SHELL
/bin/bash
```

6.1.2 Shell 脚本的建立和执行

Shell 脚本的
建立和执行

打开文本编辑器(可以使用 vi、vim、gedit 文本编辑器来创建文本),新建一个文件 test.sh,扩展名为 sh(sh 代表 Shell),在 Linux 系统中扩展名并不影响脚本执行,见名知意就好。在 test.sh 中输入一些代码,代码内容如下。

```
#!/bin/bash                          #指明使用 bash 解释脚本中的 Shell 程序
date
pwd
echo "Hello World !"                 #echo 用来显示"Hello World !"字符串
```

运行 Shell 脚本有如下三种方法。

1. 输入重定向到 Shell 脚本

该方式用输入重定向方式让 Shell 从给定文件中读入命令行,并进行相应处理。其一般形式是:

```
$ bash <脚本名
```

例如:

```
$ bash < test.sh
2022 年 07 月 18 日星期一 10:42:27 CST
/home/hadoop/桌面
Hello World !
```

Shell 从文件 test.sh 中读入命令行,并执行它们。当 Shell 到达文件末尾时,终止执行,并把控制返回 Shell 命令状态。这种执行方式,脚本名后面不能带参数。

2. 脚本名作为 bash 的参数

这种运行方式的语法格式如下。

```
$ bash 脚本名 [参数]
```

说明:这种执行脚本的方式的好处是,能在脚本名后面带参数,从而将参数值传递给程序中的命令,使一个脚本可以处理多种任务,就如同函数调用,可根据具体问题给定相应的实参。

```
$ bash test.sh                       #执行 test.sh 脚本
2022 年 07 月 18 日星期一 10:47:14 CST
/home/hadoop/桌面
Hello World !
```

3. 作为可执行程序

通常用户是不能直接执行由文本编辑器建立的 Shell 脚本的,因为直接编辑生成的脚本文件是没有"执行"权限的,可利用 chmod 命令为脚本文件增加执行权限。

```
$ chmod +x test.sh        #为脚本文件添加可执行权限
$ ./test.sh               #直接执行脚本,如果不能正确执行需删除脚本中第 1 行后面的注释
2022 年 07 月 18 日星期一 11:06:38 CST
/home/hadoop/桌面
Hello World !
```

注意,一定要写成"./test.sh",而不是 test.sh,如果直接写 test.sh,Linux 系统会去 PATH 里寻找有没有叫 test.sh 的,而只有/bin、/sbin、/usr/bin、/usr/sbin 等在 PATH 里,当前目录通常不在 PATH 里,所以写成 test.sh 是找不到命令的,用"./test.sh"是告诉系统就在当前目录中找。

◆ 6.2　管 道 操 作

可以使用管道操作符"|"依次将多个 Shell 命令连接起来,把一个命令的输出作为下一个命令的输入,以这种方式连接的两个或者多个命令就形成了管道。Linux 管道的具体语法格式如下。

```
命令 1 | 命令 2 [|命令 3… ]
```

管道会将命令 1 的输出作为命令 2 的输入。

```
#将 ls 命令的输出发送到 grep 命令,查看文件 test.sh 是否存在于当前目录下
$ ls | grep test.sh
test.sh
```

可以重定向管道的输出到一个文件,例如,将上述管道命令的输出结果发送到文件 output.txt 中:

```
$ ls | grep test.sh> output.txt
$ cat output.txt
test.sh
```

◆ 6.3　Shell 变 量

在 Shell 程序中,需要用变量来存放各种数据。变量名只能使用英文字母、数字和下画线,首个字符不能以数字开头;中间不能有空格,可以使用下画线_;不能使用标点符号;不能使用 bash 里的关键字。Shell 程序中的变量可分为局部变量、环境变量和位置变量三种。

6.3.1　局部变量

在 Shell 脚本中,Shell 变量不需要预先定义,可以在使用时"边赋值、边定义",即直接给

一个变量名赋值就可以创建一个变量。

1. 定义变量

局部变量指的是只在当前脚本中有效的变量,在脚本中用户定义的变量是"局部变量",局部变量也称用户变量,只能在当前的 Shell 脚本中生效。Shell 支持以下三种定义变量的方式。

```
变量名=变量值
变量名='变量值'
变量名="变量值"
```

注意:如果变量值不包含任何空白符(例如空格、Tab 缩进等),那么可以不使用引号;如果变量值包含空白符,那么就必须使用引号包围起来;赋值号=的周围不能有空格。变量定义举例如下。

```
$ url="https://www.baidu.com"          #定义变量 url
$ name=Linux 程序设计                   #定义变量 name
```

在 bash Shell 中,每个变量的值都是字符串,无论给变量赋值时有没有使用引号,值都会以字符串的形式存储。

此外,也可以用 declare 命令声明和显示已存在的 Shell 变量,其语法格式如下。

```
declare [选项] [参数]
```

常用选项如下。

-a:声明数组变量。

-f:仅显示函数。

-F:不显示函数定义。

-i:先计算表达式,把结果赋给所声明变量。

-p:显示给定变量的定义的方法和值,当使用此选项时,其他的选项将被忽略。

-r:定义只读变量。

-x:将指定的 Shell 变量转换成环境变量。

参数用来指定所要声明的变量,格式为"变量名=值"。

```
$ declare test='hello Linux'           #定义并初始化 Shell 变量
$ echo $test                           #输出 Shell 变量的值
hello Linux
$ declare -i var=100+300                #先计算表达式,把结果赋给所声明变量
$ echo $var
400
$ declare -p var                        #显示 var 变量的定义方法和值
declare -i var="400"
$ declare -i A                          #声明整数型变量
$ A=66
$ echo $A
```

```
66
$ A="hello world"                          #赋值字符串将发生错误
bash: hello world:表达式中有语法错误 (错误符号是 "world")
```

2. 引用变量的值

在 Shell 中,引用一个定义过的变量的值是通过在变量名前面加符号"＄"来实现的。

如果变量值须出现在长字符串的开头或者中间,为了使变量名与其后的字符区分开,避免 Shell 把它与其他字符混在一起视为一个新变量,则应该用花括号{}将该变量名括起来。

```
$ dir=/home/hadoop
$ cat ${dir}/test/word.txt
hello world
hello ubuntu
hello linux
```

实际上,变量名外面的花括号是可选的,加不加都行,加花括号是为了帮助解释器识别变量的边界。推荐给所有变量加上花括号,这是一个好的编程习惯。

已定义的变量,可以被重新定义,即可以被重新赋值。

一种检查变量内容的简单方式就是在变量名前加一个符号＄,再用打印命令 echo 将它的内容输出到终端上。

```
$ echo ${dir}                              #输出变量 dir 的值
/home/hadoop
```

3. 只读变量

使用 readonly 命令可以将变量定义为只读变量,只读变量的值不能被改变。

```
$ myUrl="http://www.google.com"
$ readonly myUrl                           #将变量 myUrl 定义为只读变量
$ myUrl="http://www.baidu.com"
bash: myUrl: 只读变量                        #给出的结果表明 myUrl 是只读变量
```

4. 变量叠加

变量叠加就是将变量的值与某些字符进行连接。

```
$ a=123
$ a="$a"456                                #也可以写成 a=${a}456
$ echo $a
123456
```

5. 删除变量

变量不再被使用时,可使用 unset 命令删除变量,语法格式如下。

```
unset 变量名
```

变量被删除后不能再次被引用。unset 命令不能删除只读变量。

6.3.2　环境变量

Linux 系统中,环境变量是用来定义系统运行环境的一些参数,例如,每个用户不同的家目录环境变量(HOME)。环境变量是在一个用户的所有进程中都可以访问的变量,在系统中常常用环境变量来存储常用的信息。Linux 系统能够正常运行并且为用户提供服务,需要数百个环境变量来协同工作,这里列举 10 个非常重要的环境变量,如表 6-1 所示。

表 6-1　Linux 系统中重要的 10 个环境变量

环境变量名称	作　用
HOME	当前用户主目录(也称家目录)
SHELL	当前用户 Shell 类型
PATH	以冒号分隔的目录列表,指定 Shell 到列表中列出的目录中寻找命令
EDITOR	用户默认的文本解释器
LOGNAME	当前用户的登录名
LANG	系统语言、语系名称
HOSTNAME	指主机的名称
HISTFILESIZE	保存的历史命令记录条数
PS1	Bash 解释器的提示符,对于 root 用户是♯,对于普通用户是 $
MAIL	当前用户的邮件存放目录

Linux 作为一个多用户、多任务的操作系统,能够为每个用户提供独立的、合适的工作运行环境,因此,一个相同的环境变量会因为用户身份的不同而具有不同的值。

1. 环境变量的查看

使用 export 命令可以查看当前系统定义的所有环境变量,使用 echo 命令查看单个环境变量。

```
$ export            #在终端中显示当前系统定义的所有环境变量,这里只列举部分
declare -x DESKTOP_SESSION="ubuntu"
declare -x GDMSESSION="ubuntu"
declare -x GDM_LANG="zh_CN"
declare -x GNOME_DESKTOP_SESSION_ID="this-is-deprecated"
declare -x GPG_AGENT_INFO="/home/hadoop/.gnupg/S.gpg-agent:0:1"
declare -x GTK2_MODULES="overlay-scrollbar"
declare -x HOME="/home/hadoop"
declare -x JAVA_HOME="/usr/lib/jvm/opt/jvm/jdk1.8.0_181"
$ echo $PATH        #查看 PATH 环境变量的值
/home/hadoop/bin:/home/hadoop/.local/bin:/usr/lib/jvm/opt/jvm/jdk1.8.0_181/
bin:/usr/local/sbin:/usr/local/bin:/usr/sbin:/usr/bin:/sbin:/bin:/usr/
games:/usr/local/games:/snap/bin:/usr/local/scala/bin:/usr/local/hadoop/
sbin:/usr/local/hadoop/bin:/usr/local/hbase/bin
```

此外,也可以使用 printenv 命令查看环境变量的值。

```
$ printenv HOME
/home/hadoop
```

2. 配置环境变量

环境变量的配置方法有如下 6 种。

1）export PATH

使用 export 命令直接修改 PATH 的值，配置 MySQL 环境变量的方法如下。

```
$ export PATH=$PATH:/usr/local/mysql/bin          #临时指定 MySQL 执行的路径变量
```

注意：配置环境变量时，建议使用大写，避免与用户自定义变量或系统命令（都是小写）冲突。

export PATH 是设置临时变量的方法，配置后立即生效，但只对当前会话有效，关闭会话失效，即当前 Shell 终端关闭后是找不到这个变量的。通过修改配置文件，配置的环境变量永久生效。

2）vim ~/.bashrc

通过修改用户目录下的~/.bashrc 文件进行环境变量配置。

```
$ vim ~/.bashrc
```

＃在打开的文件最后一行加上如下内容：

```
export PATH=$PATH:/usr/local/mysql/bin
```

注意事项：

生效时间：使用相同的用户打开新的终端时生效，或者手动 source ~/.bashrc 生效。

生效期限：永久有效。

生效范围：仅对当前用户有效。

3）vim ~/.bash_profile

和修改~/.bashrc 文件类似，也是要在文件最后加上新的路径即可。

注意事项：

生效时间：使用相同的用户打开新的终端时生效，或者手动 source ~/.bash_profile 生效。

生效期限：永久有效。

生效范围：仅对当前用户有效。

如果没有~/.bash_profile 文件，则可以编辑~/.profile 文件或者新建一个。

4）vim /etc/bashrc

该方法是修改系统配置，需要管理员权限（如 root）或者对该文件的写入权限，也是要在文件最后加上新的路径即可。

注意事项：

生效时间：新开终端生效，或者手动 source /etc/bashrc 生效。

生效期限：永久有效。

生效范围：对所有用户有效。

5) vim /etc/profile

该方法修改系统配置,需要管理员权限或者对该文件的写入权限,也是要在文件最后加上新的路径即可。

注意事项：

生效时间：新开终端生效,或者手动 source /etc/profile 生效。

生效期限：永久有效。

生效范围：对所有用户有效。

6) vim /etc/environment

该方法是修改系统环境配置文件,需要管理员权限或者对该文件的写入权限,也是要在文件最后加上新的路径即可。

注意事项：

生效时间：新开终端生效,或者手动 source /etc/environment 生效。

生效期限：永久有效。

生效范围：对所有用户有效。

6.3.3 位置变量

位置变量指的是 Shell 脚本在运行时,通过命令行传递给脚本的参数,被存放在 $1、$2……这样的位置变量中,$1、$2 分别对应通过命令行传递给脚本的第 1 个参数、第 2 个参数。大于 9 的位置变量需要用花括号括起来,如 ${10}。$0 获得当前脚本的文件名。"$#"用来存储传递给脚本的参数的个数。

test1.sh 脚本内容如下。

```
#!/bin/bash
echo $0$1 $2 $#
$ bash test1.sh 6 8                    #执行 test1.sh 脚本,传递两个参数
test1.sh 6 8 2
```

 ## 6.4 Shell 输入和输出

6.4.1 使用 echo 命令输出结果

Shell 输出指的是将 Shell 程序的运行结果显示到屏幕上或保存到文件中。Shell 的打印命令 echo 用来打印变量的值或者给定的字符串。

echo 命令的语法格式如下。

```
echo [命令选项]字符串或$变量名
```

常用的命令选项如下。

-n：输出之后不换行。

-e：激活转义字符。使用-e 选项时，在字符串中可以通过下面的格式控制字符来控制输出格式。

(1) \a：发出警告声。

(2) \b：删除前一个字符。

(3) \c：最后不加上换行符号。

(4) \f：换行但光标仍旧停留在原来的位置。

(5) \n：换行且光标移至行首。

(6) \r：光标移至行首，但不换行。

echo 命令基本使用举例。

```
$ words="That man is the richest whose pleasure are the cheapest."
                                        #定义变量 words
$ echo $words                           #将变量的值输出到终端
That man is the richest whose pleasure are the cheapest.
$ echo $words > file        #将变量的值保存到文件 file 中，file 不存在则创建，若有则覆盖
$ echo $words>>file                     #将结果追加到文件 file 中
$ echo words
words
```

可以看出，echo $ words 执行时，将变量 words 的值显示出来；而执行 echowords 时，因 words 之前没有 $ 符，故认为 words 不是变量，而只是一般的字符串常量。

echo 命令的格式控制字符使用举例。

```
$ echo -e "a\bdddd"                     #前面的 a 会被擦除
dddd
$ echo -e "a\ndddd"                     #输出 a 后自动换行
a
dddd
```

6.4.2　使用 read 命令读取信息

Shell 输入指的是从文件、从用户输入等方式读取数据。read 命令用来读取键盘输入的数据，并赋给一个变量，按 Enter 键结束输入；如果给多个变量输入值，则用空格将多个输入值隔开；如果输入的输入值个数多于变量的个数，则会把剩余的变量赋值给最后一个变量。借助重定向符可读取文件的一行数据赋值给一个变量。read 命令的语法格式如下。

```
read [命令选项] [参数]
```

常用的命令选项如下。

-a：后跟一个变量，该变量会被认为是一个数组变量，然后，如果输入的是多个值，多个值之间需要使用空格隔开。

-d：后面跟一个标志符，以该指定的字符作为命令的结束输入，在未输入指定的结束符之前输入窗口一直存在，按 Enter 键也没用。

-p：后面跟提示信息，即在输入前打印提示信息。

-n：后面跟一个数字，指定读取字符的个数，当输入完指定个数的字符之后命令会自动终止。

-r：屏蔽\，如果没有该选项，则\作为一个转义字符，有的话\就是一个普通字符了。

-s：安静模式，在输入字符时不在屏幕上显示，如 login 时输入密码。

-t：后面跟秒数，定义输入字符的等待时间。

-u：后面跟 fd，从文件描述符中读入，该文件描述符可以是 exec 新开启的。

1. 从标准输入读取输入并赋值给变量

```
$ read greet                    #从标准输入读取输入并赋值给变量 greet
hello world
$ echo $greet                   #显示 greet 变量的值
hello world
$ read one two three            #一次给三个变量赋值，输入值之间用空格隔开，回车结束输入
10 100 1000
$ echo $one $two $three
10 100 1000
```

2. -p 选项示例

```
$ read -p "Enter your name: "            #等待键盘输入，并将结果赋值给内置变量 REPLY
Enter your name: Linux
$ echo $REPLY
Linux
$ read -p "Enter your name: " name       #将输入数据赋值给 name 变量
Enter your name: Jack
hadoop@master:~$ echo $name
Jack
```

3. -a 命令选项

```
$ read -a fruit
apple banana orange
$ echo "all fruit is ${fruit[0]} ${fruit[1]} ${fruit[2]}"
all fruit is apple banana orange
```

4. -s 命令选项

不显示输入的信息，通常用于密码的输入。

```
$ read -p "enter your password:" -s pwd
enter your password:
$ echo $pwd
123456
```

5. -d 命令选项

```
$ read -d ";" bb
123
456
```

```
;
$ echo $bb
123 456
```

6. -n 命令选项

```
$ read - n 3 name
Jac
$ echo $name
Jac
```

7. 读取文件

```
$ cat file
That man is the richest whose pleasure are the cheapest.
$ exec 3< file            #生成编号为 3 的文件描述符
$ read - u 3 var          #调用 read 读取文件的"一行"文本赋值给 var,调用一次读一行
$ echo $var
That man is the richest whose pleasure are the cheapest.
```

◆ 6.5　Shell 数据类型

Shell 的常用数据类型主要有数字、字符串和数组三种。

6.5.1　数字

数字主要分为整数(int)和浮点数(float)。

```
$ age=10           #定义一个整数 10 的变量名为 age
$ echo ${age}      #显示 age 变量的值
10
```

6.5.2　字符串

字符串是 Shell 编程中最常用、最有用的数据类型,字符串可以用单引号来界定,也可以用双引号来界定,也可以不用引号来界定。

```
$ str='this is a string'  #创建字符串变量 str,变量的值是"this is a string"
```

字符串常用操作如表 6-2 所示,其中,str 是一个字符串变量;position、length 均为数值;replacement 表示一个字符串;substring 表示一个字符串,可以是正则表达式。

表 6-2　字符串常用操作

表 达 式	含 义
${str}	获取变量 str 的值,与 $ str 相同
${#str}	获取 $ str 的长度,即包含的字符个数

表 达 式	含 义
${str: position}	在 $str 中,从位置 position 开始提取子串
${str: position: length}	在 $str 中,从位置 position 开始,提取长度为 length 的子串
${str # substring}	从 $str 的头开始,删除最短匹配 substring 的字符串
${str # # substring}	从 $str 的头开始,删除最长匹配 substring 的字符串
${str％substring}	从 $str 的尾开始,删除最短匹配 substring 的字符串
${str％％substring}	从 $str 的尾开始,删除最长匹配 substring 的字符串
${str/substring/replacement}	使用 replacement,代替第一个匹配的 substring
${str//substring/replacement}	使用 replacement,代替所有匹配的 substring
${str/ # substring/replacement}	如果 $str 的前缀和 substring 匹配,用 replacement 来代替匹配到的 $substring
${str/％substring/replacement}	如果 $str 的后缀和 substring 匹配,用 replacement 来代替匹配到的 substring

下面给出字符串操作举例。

1. 得到字符串长度

```
$ test='I love Linux'
$ echo ${#test}                    #得到字符串长度
12
```

2. 截取字串

```
$ echo ${test:5}                   #${变量名:起始位置:长度}得到子字符串
e Linux
$ echo ${test:2:4}
love
```

3. 字符串删除

```
$ test1='D:/Python/Scripts/pip3.6.exe'
$ echo ${test1#/}                  #从$test1的头开始,删除最短匹配"/"的字符串
D:/Python/Scripts/pip3.6.exe
$ echo ${test1#D:/}                #从$ test1 的头开始,删除最短匹配"D:/"的字符串
Python/Scripts/pip3.6.exe
$ echo ${test1# * /}
Python/Scripts/pip3.6.exe
$ echo ${test1## * /}              #从$test1的头开始,删除最长匹配" * /"的字符串
pip3.6.exe
$ echo ${test1%/ * }               #从$test1的尾开始,删除最短匹配"/ * "的字符串
D:/Python/Scripts
$ echo ${test1%%/ * }              #从$test1的尾开始,删除最长匹配"/ * "的字符串
D:
```

4. 字符串替换

```
$ test1='D:/Python/Scripts/pip3.6.exe'
$ echo ${test1/\//\\}                    #使用"\"代替第一个匹配的"/"
D:\Python/Scripts/pip3.6.exe
```

注意：当查找中出现了"/"字符，需要在其前面添加转义符"\"。

5. 单引号、双引号使用区别

单引号属于强引用，它会忽略所有被引起来的字符的特殊处理，被引用起来的字符会被原封不动地使用。单引号字串中不能出现单独一个的单引号（对单引号使用转义符后也不行），但可成对出现，作为字符串拼接使用。

```
$ dir=/home/hadoop
$ echo '$dir'
$dir
$ echo 'ls ./'
ls ./
```

双引号属于弱引用，它会对一些被引起来的字符进行特殊处理，主要包括以下情况。

（1）$ 加变量名可以取变量的值。

```
$ echo "$HOME"                           #HOME 为环境变量
/home/hadoop
```

（2）反引号`和 $()引起来的字符会被当作命令执行，执行后替换反引号`和"$()"的位置。

```
$ echo "$(echo hello world) linux"
hello world linux
$ echo "`echo hello world` linux"
hello world linux
```

（3）当需要在双引号中将字符（$ ` " \）当作普通字符，就必须对这些字符进行转义，也就是在前面加\。

```
$ echo "\$ \` \" \\"
$ ` " \#上述命令的输出结果
```

使用 echo 输出字符串时，如果双引号里出现换行符(\n)，要使其发挥换行功能，需添加命令选项-e 激活转义字符。

```
$ your_name='Linux'
$ str="Hello, I know you are \n\"$your_name\"!"
$ echo $str
Hello, I know you are \n"Linux"!
$ echo -e $str                           #-e 激活转义字符
Hello, I know you are
"Linux"!
```

6.5.3 数组

bash 不支持多维数组,只支持一维数组,且不限定数组的大小,数组元素的下标由 0 开始编号。获取数组中的元素要利用下标,下标可以是整数或算术表达式,其值应大于或等于 0。

1. Shell 数组的定义

在 Shell 中,用括号( )来表示数组,数组元素之间用空格来分隔。由此,定义数组的一般形式为

```
array_name=(value0 value1 value2 value3)
```

或者

```
array_name=(
value0
value1
value2
value3
)
```

注意,赋值号＝两边不能有空格。

```
$ nums=(30 100 130 8 91 44)                          #定义一个数组
```

数组是弱类型的,它并不要求所有数组元素的类型必须相同,例如:

```
arr=(20 56 "https://www.baidu.com")
```

还可以单独定义数组的各个分量:

```
array_name[0]=value0
array_name[1]=value1
array_name[2]=value2
```

此外,也无须逐个给数组元素赋值,下面的代码就是只给特定元素赋值。

```
ages[3]=24
ages[5]=18
ages[10]=12
```

上述赋值与下面的命令等价。

```
ages=([3]=24 [5]=18 [10]=12)
```

上述代码只给下标是 3、5、10 数组元素赋值,这时数组的长度是 3。

此外,也可以用 declare 命令显式声明一个数组变量,其语法格式如下。

```
declare - a 数组名
$ declare - a array                          #声明数组变量 array
$ array[0]=1
$ array[1]=2
```

2. 获取数组元素

获取数组元素的值,一般使用下面的格式。

```
${array_name[index]}
```

其中,array_name 是数组名,index 是下标。例如:

```
$ echo ${ages[5]}
18
```

使用@或 * 可以获取数组中的所有元素,例如:

```
$ city=(BeiJingShangHaiTianJinChongQing)      #定义一个数组
$ echo ${city[ * ]}
BeiJing ShangHai TianJin ChongQing
$ echo ${city[@]}
BeiJing ShangHai TianJin ChongQing
```

3. 取消数组的定义

利用命令 unset 可以取消一个数组的定义。例如,用 unset city[0]取消数组中下标为 0 的数组元素的定义。用 unset city 或 unset city[*]或 unset city[@]取消整个数组的定义。

◆ 6.6　算 术 运 算

在 Linux 终端中有 6 种方式进行算术运算。

1. 使用 $((算术式))对算术式进行算术运算

双小括号((算术式))是 Shell 中专门用来进行整数运算的命令,算术式可以只有一个,也可以有多个,多个算术式之间以逗号","分隔。对于多个算术式的情况,以最后一个算术式的值作为整个(( ))命令的执行结果。可以使用 $ 获取(( ))命令的结果,这和使用 $ 获得变量值是类似的。

```
$ i=6                            #定义变量 i
$ echo $((12+i))
18
$ echo k=$((++i))               #递增 1
k=7
$ echo $((12+i,20+i))
26
$ n=16
$ ((n++))                       #后置式递增,n 的值加 1,变成 17
```

```
$ echo $n
17
$ ((n+=10))                          #n 加上 10
$ echo $n
27
```

2. 使用"let 算术式"对算术式进行算术运算

let 命令和双小括号(( ))的用法是类似的,它们都是用来对整数进行运算。let 命令用于运算一个或多个算术式,算术式中涉及变量时直接写变量名,不需要加上 $ 来表示变量。如果表达式中包含空格或其他特殊字符,例如|,则必须用""或"将算术式引起来。let的语法格式如下。

```
let 算术式 1 算术式 2 …
$ let a=5+4 b=9-3                    #多个表达式以空格分隔
$ echo $a $b
9 6
```

Shell 中常用的数学运算符如下。

＋：对两个变量做加法。

－：对两个变量做减法。

＊：对两个变量做乘法。

/：对两个变量做除法。

＊＊：对两个变量做幂运算。

％：取模运算,第一个变量除以第二个变量求余数。

＋＝：加等于,在自身基础上加第二个变量。

－＝：减等于,在第一个变量的基础上减去第二个变量。

＊＝：乘等于,在第一个变量的基础上乘以第二个变量。

/＝：除等于,在第一个变量的基础上除以第二个变量。

％＝：取模赋值,第一个变量对第二个变量取模运算,再赋值给第一个变量。

3. 使用"expr 算术式"对算术式进行算术运算

类似于 let 命令,expr 命令计算算术式并将算术式的值打印到标准输出。使用 expr 命令时,在算术式中,**运算符和操作数之间,至少要有一个以上的空格符隔开**。算术式中如果包含 Shell 的特殊字符,如 ＊、|、＜、＞、!、＆、( )、,需要使用"\"来转义。此外,expr 还可以用来比较大小,当表达式的值为 false 时,expr 将打印值 0,否则打印 1。

```
$ expr 3+5                           #+和操作数之间没有空格,运算式"3+5"将原样输出
3+5
$ expr 3 + 5
8
$ expr 15 \* 3                       #计算 15 与 3 的乘积
45
$ expr 8 \> 5
1
```

```
$ a=5
$ expr $a + 5
10
$ c=`expr $a + 5`
$ echo $c
10
$ d=$(expr $a + 5)
$ echo $d
10
```

4. 使用 $[算术式]做算术运算

使用 $[]做算术运算和 $(())类似。

```
$ c=$[4+5]
$ echo $c
9
```

以上方法仅支持整数运算。

5. 使用 bc 命令做算术运算

bc 命令支持浮点数的算术运算。

直接输入 bc 按 Enter 键就可以进入交互模式，在里面输入表达式就可以进行算术运算。

```
$ bc
bc 1.06.95
Copyright 1991-1994, 1997, 1998, 2000, 2004, 2006 Free Software Foundation, Inc.
This is free software with ABSOLUTELY NO WARRANTY.
For details type `warranty'.
3+3.5
6.5
```

也可以通过管道来使用 bc 命令做算术运算。

```
$ echo 3+4.5 | bc
7.5
```

6. 使用 awk 命令做算术运算

awk 是一种解释执行的编程语言，被设计用来专门处理文本数据，也可进行算术运算，支持浮点数的算术运算。awk 指令是由模式、动作，或者模式和动作的组合组成，基本语法格式如下。

```
awk -F|-f|-v 'pattern {commands}' file
```

参数说明如下。

-F：定义列(字段)分隔符。

-f：指定从脚本文件中读取 awk 命令。

-v：定义变量。

pattern：即模式，可以把它理解为一个条件，对满足匹配模式的行进行 action(即操作)。

commands：即操作，是由在大括号里面的一条或多条语句组成，语句之间使用分号隔开。

假设有一个名为 test.txt 的文件需要处理，文件中的内容如下。

```
1) LiMing   C        80
2) WangLi   Python  90
3) YangXue  Java     87
```

可以按如下方式使用 awk 命令输出整个文件中的内容。

```
$ awk '{print}' test.txt
1) LiMing   C        80
2) WangLi   Python  90
3) YangXue  Java     87
$ awk '{print $3 "\t" $4}' test.txt   #$3 与 $4 代表文件中第 3 列与 4 列的内容
C       80
Python      90
Java       87
```

完整 awk 结构如下。

```
awk -F|-f|-v 'BEGIN{commands}pattern {commands}END{ commands }' file
```

上述命令执行过程如下。

第一步：执行 BEGIN{ commands }语句块中的语句。

第二步：从文件或标准输入(stdin)读取一行，然后执行 pattern{ commands }语句块，它逐行扫描文件，从第一行到最后一行重复这个过程，直到文件全部被读取完毕。

第三步：当读至输入流末尾时，执行 END{ commands }语句块。

模式可以是以下任意一个。

/正则表达式/：使用通配符的扩展集。

关系表达式：使用运算符进行操作，可以是字符串或数字的比较测试。

模式匹配表达式：用运算符~(匹配)和~!(不匹配)。

默认情况下，如果某行与模式串匹配，awk 会将整行输出，示例如下。

```
$ awk '/i/ {print $0}' test.txt
1) LiMing   C        80
2) WangLi   Python  90
```

上面的示例中，搜索模式串 i，每次成功匹配后都会执行主体块{print $0}中的输出命令。如果没有主体块，默认的动作是输出记录(行)。因此上面的效果也可以使用下面的简略方式实现，它们会得到相同的结果。

```
$ awk '/a/' test.txt
$ awk '$4 > 85' test.txt
2) WangLi    Python   90
3) YangXue   Java     87
```

此外，awk 还可用于数学运算，示例如下。

```
$ awk 'BEGIN{a=5; a+=5; print a; a * =2; print a; a^=2; print a; a%=2; print a;}'
                                                          #赋值运算
10
20
400
0
$ awk 'BEGIN{a="12"; print a, a++,++a; print a+2, a * 2, a^2, !a}'  #算术运算
12 12 14
16 28 196 0
$ awk 'BEGIN { print "(5.8 + 8.5) =", (5.8 + 8.5) }'
(5.8 + 8.5) = 14.3
$ seq 3 | awk 'BEGIN{ sum=0; print "总和:" } { print $1"+"; sum+=$1 } END{ print "等
于"; print sum }'                              #seq 3 生成 1、2、3 三个整数
总和：
1+
2+
3+
等于
6
```

◆ 6.7　流程控制结构

流程控制结构是程序语言中用于控制一段脚本执行流程的结构，具体是根据逻辑判断的结果执行不同语句或不同的程序部分。Shell 提供了对多种流程控制结构的支持，包括条件结构、分支结构和循环结构。

6.7.1　条件判断

Shell 中的 test 命令用于测试某个条件是否成立，它可以进行数值、字符和文件三方面的测试。

test 测试一个条件表达式时，如果条件表达式为真，则返回一个 0 值。如果条件表达式不为真，则返回一个大于 0 的值，也可以将其称为假值。检查最后所执行命令的状态的最简便方法是使用 $?。

1. 整数数值测试

数值测试指的是比较两个数值的大小关系，相当于 C 语言中的比较运算符。表 6-3 列出了 test 进行数值测试运算的形式及其说明。

表 6-3　test 进行数值测试运算的形式及其说明

形　　式	说　　明
test n1 -eq n2	如果整数 n1 等于整数 n2,则条件判断为真
test n1 -ne n2	如果整数 n1 不等于整数 n2,则条件判断为真
test n1 -gt n2	如果整数 n1 大于整数 n2,则条件判断为真
test n1 -ge n2	如果整数 n1 大于或等于整数 n2,则条件判断为真
test n1 -lt n2	如果整数 n1 小于整数 n2,则条件判断为真
test n1 -le n2	如果整数 n1 小于或等于整数 n2,则条件判断为真

```
$ test 5 -eq 5              #测试 5 与 5 是否相等
$ echo $?                   #查看执行命令的状态
0
$ test 5 -eq 8             #测试 5 与 8 是否相等
$ echo $?
1
```

比较运算符符号含义如下。

eq：equal 的缩写,表示等于。

ne：not equal 的缩写,表示不等于。

gt：greater than 的缩写,表示大于。

ge：greater&equal 的缩写,表示大于或等于。

lt：lower than 的缩写,表示小于。

le：lower&equal 的缩写,表示小于或等于。

2. 字符串测试

表 6-4 列出了字符串测试运算符的形式及其说明。

表 6-4　字符串测试运算符的形式及其说明

形　　式	说　　明
test s1 = s2	若字符串 s1 等于字符串 s2,则条件判断为真,"="前后应有空格
test s1!= s2	如果字符串 s1 不等于字符串 s2,则条件判断为真
test -z s1	如果字符串 s1 的长度为零,则条件判断为真
test -n s1	如果字符串的长度不为零,则条件判断为真
test s1 < s2	如果按字典顺序 s1 字符串在 s2 字符串之前,则条件判断为真
test s1 > s2	如果按字典顺序 s1 字符串在 s2 字符串之后,则条件判断为真

下面给出字符串测试举例。

```
$ str1="book"
$ str2="bookbook"
$ test $str1 = $str2
```

```
$ echo $?
1
$ str3="book"
$ test $str1 = $str3
$ echo $?
0
```

3. 文件测试

表 6-5 列出了文件测试运算符的形式及其说明。

表 6-5　文件测试运算符的形式及其说明

形　　式	说　　明
test -e 文件名	如果文件存在,则条件判断为真
test -r 文件名	如果文件存在且可读,则条件判断为真
test -w 文件名	如果文件存在且可写,则条件判断为真
test -x 文件名	如果文件存在且可执行,则条件判断为真
test -s 文件名	如果文件存在且至少有一个字符,则条件判断为真
test -d 文件名	如果文件存在且为目录,则条件判断为真
test -f 文件名	如果文件存在且为普通文件,则条件判断为真
test -c 文件名	如果文件存在且为字符型特殊文件,则条件判断为真
test -b 文件名	如果文件存在且为块设备文件,则条件判断为真
test file1 -ef file2	判断两个文件是否为同一个文件
test file1 -nt file2	判断文件 1 是否比文件 2 新

例如:

```
$ ls                              #列出当前目录下的文件
独坐敬亭山.txt  tai  test.txt
$ test -e test.txt
$ echo $?
0
```

4. 逻辑测试

逻辑测试指的是将多个条件进行逻辑运算,常用作循环语句或判断语句的条件。

1) 逻辑与

逻辑与运算符有两种: -a 或 &&。将两者之一放在两个逻辑表达式中间,仅当两个表达式都为真时,结果才为真。a 为 and 的缩写。

```
$ a=10;b=20
$ [[ $a -lt 100 && $b -gt 100 ]]    #[[ 条件表达式 ]]对条件表达式进行逻辑测试
$ echo $?                           #查看执行命令的状态
1
```

```
$ [ 1 -eq 1 ] && [ 2 -ne 3 ]                    #逻辑测试
$ echo $?
0
```

2)逻辑或

逻辑或运算符有两种：-o 或||。将两者之一放在两个逻辑表达式中间，其中只要有一个表达式为真，结果就为真。o 为 or 的缩写。

```
$ [ 1 -eq 1 -o 2 -ne 2 ]
$ echo $?
0
$ [ 1 -eq 1 ] || [ 2 -ne 2 ]
$ echo $?
0
```

3)逻辑非

逻辑非运算符"!"放在任意逻辑表达式之前，使原来为真的表达式变为假，使原来为假的变为真。

[[ ]]和(( ))中可以使用 &&、||,不能使用-a、-o。

6.7.2 选择结构

1. if 语句

和其他编程语言类似，Shell 也支持选择结构，通过一个条件的真假来决定后面的语句是否执行，最简单的用法就是只使用 if 语句，其语法格式为

```
if   条件
then
语句块
fi
```

其中，if,then 和 fi 是关键字，如果条件成立(返回"真")，那么 then 后边的语句块将会被执行；如果条件不成立(返回"假")，则跳过 then 后面的语句块，执行 fi 后面的语句。这里的语句块既可以包含多条语句，也可以只有一条语句。

注意，最后必须以 fi 来闭合，fi 就是 if 倒过来拼写。

此外，也可以将 then 和 if 写在一行：

```
if   条件; then
语句块
fi
```

注意条件后边的分号";"，当 if 和 then 位于同一行的时候，这个分号是必需的，否则会有语法错误。

2. if-else 语句

前面的 if 语句是一种单选结构，如果条件为真，就执行指定的操作，否则就会跳过该指

定的操作。所以,if 语句选择的是做与不做的问题。而 if-else 语句是一种双选结构,根据条件是真还是假来决定执行哪些语句,它选择的不是做与不做的问题,而是在两种备选操作中选择哪一个操作的问题,if-else 语句语法格式如下。

```
if 条件
then
语句块 1
else
语句块 2
fi
```

在这种结构中,先对条件进行判断,如果条件判断结果为真,则执行 then 后面的语句块 1;如果条件判断结果为假,则执行 else 后面的语句块 2。

【例 6-1】　if-else 的用法举例。

if_else_test.sh 文件中的代码如下。

```
#!/bin/bash
read -p "Enter a: " a
read -p "Enter b: " b
if (( $a == $b ))
then
    echo "a 和 b 相等"
else
    echo "a 和 b 不相等"
fi
$ bash ./if_else_test.sh                #运行 if_else_test.sh 脚本
Enter a: 10
Enter b: 20
a 和 b 不相等
```

3. if elif else 语句

Shell 支持任意数目的分支,当分支比较多时,可以使用 if elif else 结构,它的格式为

```
if 测试条件 1
then
测试条件 1 为真执行的语句 1
elif 测试条件 2
then
测试条件 2 为真执行的语句块 2
…
else
前面的测试条件为假执行的语句块
fi
```

注意,if 和 elif 后边都要跟着 then。

【例 6-2】　if elif else 的用法举例。

if_elif_else_test.sh 文件中的代码如下。

```
#!/bin/bash
read -p "请输入分数: " score
if ((score<60)); then
echo '不及格'
elif ((score<70)); then
echo '及格'
elif ((score<80)); then
echo '中等'
elif ((score<90)); then
echo '良好'
else
echo '优秀'
fi
$ bash ./if_elif_else_test.sh#运行 if_elif_else_test.sh 脚本
请输入分数: 78
中等
```

4. case 语句

case 语句和 if…elif…else 语句一样,也是多分支条件语句,不过和多分支 if 条件语句不同的是,case 语句只能判断一种条件关系,而 if 语句可以判断多种条件关系。

case 语句的一般语法格式是:

```
case $变量名 in
模式 1)
命令序列 1
;;
模式 2)
   命令序列 2
   ;;
…
模式 n)
命令序列 n
   ;;
*)
   命令序列 n
   ;;
esac
```

在使用 case 语句时应注意:

(1) 模式中可以使用通配符,每个模式必须以右括号")"结束,双分号 ;; 表示命令序列结束。

(2) 如果一个模式中包含多个子模式,那么各子模式之间应以竖线(|)隔开,表示各子模式是"或"的关系,即只要给定变量值与其中一个子模式相配,就会执行该模式后面的命令序列。

(3) 各模式应是唯一的,不应重复出现。

(4) 最后的"*)"表示默认模式,当使用前面的各种模式均无法匹配该变量时,将执行

"＊)"后的命令序列。

（5）case 语句以关键字 case 开头，以关键字 esac(是 case 倒过来写)结束。

（6）case 的退出(返回)值是整个结构中最后执行的那个命令的退出值。若没有执行任何命令,则退出值为 0。

【例 6-3】　case 用法举例。

casetest.sh 文件中的代码如下。

```
#!/bin/bash
read -p "Please input yes or no: " ans
case $ans in
[Yy]|[Yy][Ee][Ss])
    echo "Your input is yes";;
[Nn]|[Nn][Oo])
    echo "Your input is no";;
*)
    echo input false!
esac
$ bash casetest.sh                    #运行 casetest.sh 脚本
Please input yes or no: no
Your input is no
```

6.7.3　for 循环结构

for 循环是一种遍历型的循环,因为它会依次对某个序列中全体元素进行遍历,遍历完所有元素之后便终止循环。常用 for 循环结构有以下三种。

1. for 循环结构 1

```
for 变量 in 值 1 值 2 值 3…
do
   程序块
done
```

【例 6-4】　循环输出"我来自***。",其中,***替换为指定的几个城市名。

程序代码文件命名为 for1.sh,文件中的代码如下。

```
#!/bin/bash
for i in "北京" "上海" "广州"
do
  echo "我来自$i"
done
$ bash ./for1.sh#运行 for1.sh 文件
我来自北京
我来自上海
我来自广州
```

2. for 循环结构 2

```
for 变量 `命令`
do
    程序块
done
```

【例 6-5】 循环输出某个目录下的文件名。

程序代码文件命名为 for2.sh,文件中的代码如下。

```
#!/bin/bash
for i in `ls ./test`
do
  echo $i
done
$ bash for2.sh                        #运行 for2.sh 文件
file1
file2
file3
```

3. for 循环结构 3

```
for ((变量=初始值;循环控制;变量变化))
do
    程序块
done
```

【例 6-6】 循环求 $1+2+3+\cdots+100$。

程序代码文件命名为 for3.sh,文件中的代码如下。

```
#!/bin/bash
sum=0
for (( i=1; i<=100; i++ ))
do
  sum=$(( $sum + $i ))
done
echo "1+2+3+…+100=$sum"
$ bash for3.sh#运行 for3.sh 文件
1+2+3+…+100=5050
```

在 for 循环的循环体中可以使用另一个循环,构成 for 循环嵌套结构。

【例 6-7】 编写输出由 1、2、3、4 这 4 个数字组成的各位数字互不相同的三位数。

程序代码文件命名为 for4.sh,文件中的代码如下。

```
#!/bin/bash
for i in 1 2 3 4
do
    for j in 1 2 3 4
```

```
    do
      if ((i!=j));then
        for k in 1 2 3 4
        do
          if ((i!=j&&j!=k&& i!=k));then
            echo -n "$[i * 100+j * 10+k] "
          fi
        done
      fi
    done
 done
$ bash for4.sh#运行 for4.sh 文件
123 124 132 134 142 143 213 214 231 234 241 243 312 314 321 324 341 342 412 413 421 423
431 432
```

6.7.4　while 循环结构

while 语句用于在某条件下循环执行某段程序,以处理需要重复处理的任务。while 循环的语法格式如下。

```
while 循环控制条件; do
    循环体
done
```

其中,进入循环之前,先对循环控制条件做一次判断;每一次循环之后会再次做判断;循环控制条件为"true",则执行一次循环体;直到循环控制条件测试状态为"false"时终止循环。

因此,循环控制条件一般应该有循环控制变量,而此变量的值会在循环体中不断地被修正。

【例 6-8】　使用 while 循环设置一个猜数字游戏。

程序代码文件命名为 whiletest.sh,文件中的代码如下。

```
#!/bin/bash
read -p "Please input one digit(1-9)"num
while [[ "$num" != 5 ]]; do
  if [ "$num" -lt 5 ]
  then
      echo "Too small. Try again!"
      read -p "Please input one digit(1-9)" num
  elif [ "$num" -gt 5 ]
  then
      echo "To high. Try again"
      read -p "Please input one digit(1-9)" num
  else
    exit 0
  fi
done
```

```
echo "Congratulation, you are right! "
$ bash ./whiletest.sh                                    #运行 whiletest.sh 文件
Please input one digit(1-9)6
To high. Try again
Please input one digit(1-9)4
Too small. Try again!
Please input one digit(1-9)5
Congratulation, you are right!
```

6.7.5 until 循环结构

until 循环结构如下。

```
until 循环控制条件; do
     循环体
done
```

until 循环的执行流程为:先对循环控制条件进行判断,如果该条件不成立,就进入循环,执行循环体中的语句(do 和 done 之间的语句),这样就完成了一次循环。

每一次执行到 done 的时候都会重新判断循环控制条件是否成立,如果不成立,就进入下一次循环,继续执行循环体中的语句;如果成立,就结束整个 until 循环,执行 done 后面的其他 Shell 代码。

如果一开始循环控制条件就成立,那么程序就不会进入循环体,do 和 done 之间的语句就没有执行的机会了。

注意,在 until 循环体中必须有相应的语句使得循环控制条件越来越趋近于"成立",只有这样才能最终退出循环,否则 until 就成了死循环,会一直执行下去。

【例 6-9】 使用 until 循环输出 0~9 的数字。

程序代码文件命名为 untiltest.sh,文件中的代码如下。

```
#!/bin/bash
a=0
until [ ! $a -lt 10 ]
do
  echo -n "$a"
  a=$[$a + 1]
done
$ bash ./untiltest.sh                                    #运行 untiltest.sh 文件
0 1 2 3 4 5 6 7 8 9
```

6.7.6 循环控制符 break 和 continue

在 for、while 和 until 循环中,使用 break 命令可强行退出循环,break 语句仅能退出当前层的循环。

在 for、while 和 until 循环中,使用 continue 命令跳过其后面的语句,执行下一次循环。

【例 6-10】　循环求 1+2+…的和大于 2000 的最小整数和。

程序代码文件命名为 breaktest.sh，文件中的代码如下。

```
#!/bin/bash
sum=0
for (( i=1; i <= 100; i++))
do
    let "sum+=i"
    if [ "$sum" -gt 2000 ]
    then
        echo "1+2+...+$i=$sum"
        break
    fi
done
$ bash ./breaktest.sh              #运行 breaktest.sh 文件
1+2+...+63=2016
```

【例 6-11】　循环显示 100 以内能被 5 整除的数，一行显示 5 个数。

程序代码文件命名为 continuetest.sh，文件中的代码如下。

```
#!/bin/bash
m=1
for (( i=1; i < 100; i++ ))
do
    let "temp1=i%5"                #被 5 整除
    if [ "$temp1" -ne 0 ]
    then
        continue
    fi
    echo -n "$i  "
    let "temp2=m%5"                #5 个数字换一行
    if  [ "$temp2" -eq 0 ]
    then
        echo ""
    fi
    let "m++"
done
$ bash ./continuetest.sh          #运行 continuetest.sh 文件
 5   10   15   20   25
30   35   40   45   50
55   60   65   70   75
80   85   90   95
```

◆ 6.8　函　　数

在 Shell 脚本中用户可以自定义函数，函数就是完成特定功能的代码片段（代码模块化）。函数必须先定义，然后才能使用。

定义函数的方法有两种,具体如下。

方法一:

```
函数名()
{
    函数要实现的功能代码
    [return 返回值]
}
```

方法二:

```
function   函数名
{
    函数要实现的功能代码
    [return 返回值]
}
```

注意:函数可以加"return 返回值"语句在函数执行完之后带回一个返回值,如果不加,将以最后一条命令运行结果,作为返回值。

Shell 函数的调用根据是否带参数有以下两种调用方式。

```
直接利用函数名调用:函数名
带参数函数调用:函数名   参数 1   参数 2  …
```

带参数函数调用将参数 1、参数 2……等传递给函数中的位置参数 $1、$2……。

【例 6-12】 函数应用示例 1。

首先使用 gedit 编辑器创建一个脚本文件 fun1.sh,文件内容如下。

```
func(){
  echo "这是自定义 Shell 函数中的语句!"
}
echo "-----函数调用开始-----"
func
echo "-----函数调用完毕-----"
$ bash ./fun1.sh#执行脚本文件 fun1.sh
-----函数调用开始-----
这是自定义 Shell 函数中的语句!
-----函数调用完毕-----
```

【例 6-13】 带返回值函数应用示例 2。

首先使用 gedit 编辑器创建一个脚本文件 fun2.sh,文件内容如下。

```
func(){
    echo "这个函数会对输入的两个数字进行相加运算!"
    echo -n "输入第一个数字:"
    read Num1
    echo -n "输入第二个数字:"
    read Num2
```

```
    echo -n "两个数字分别为${Num1}和${Num2}，它们的和是:"
    return $(($Num1+$Num2))
}
func
echo "$?"
$ bash ./fun2.sh#执行脚本文件 fun2.sh
这个函数会对输入的两个数字进行相加运算！
输入第一个数字: 1
输入第二个数字: 2
两个数字分别为 1 和 2，它们的和是:3
```

在 Shell 中，调用函数时可以向其传递参数。在函数体内部，通过 $n 的形式来获取传递参数的值，例如，$1 用来获取传过来的第一个参数，$2 用来获取传过来的第二个参数。

【例 6-14】　函数参数应用示例 3。

首先使用 vi 创建一个脚本文件 fun3.sh，文件内容如下。

```
func(){
    echo "接收传递过来的第一个参数$1"
    echo "接收传递过来的第二个参数$2"
echo "接收传递过来的第十个参数${10} !"
    echo "接收传递过来的第十一个参数${11} !"
    echo "参数总数有 $#个!"
    echo "作为一个字符串输出所有参数$* !"
}
func 1 2 3 4 5 6 7 8 9 10 11
$ bash ./fun3.sh
接收传递过来的第一个参数 1
接收传递过来的第二个参数 2
接收传递过来的第十个参数 10 !
接收传递过来的第十一个参数 11 !
参数总数有 11 个!
作为一个字符串输出所有参数 1 2 3 4 5 6 7 8 9 10 11 !
```

在函数中，"$#""$*"两个特殊字符的含义如下。

$#：用来记录传递到脚本或函数的参数个数。

$*：以一个单字符串显示所有向脚本传递的参数。

◇ 习　　题

1. 编写脚本：输入 hello，输出 hello；输入 world，输出 world。

2. 编写一个脚本，请问现在是上午么？如果输入 y/yes；则输出"上午好"；如果输入 n/no，则输出"下午好"；否则输出"你输入有误"。

3. 设计一个 Shell 程序，添加一个新组为 class1，然后添加属于这个组的 30 个用户，用户名的形式为 stdxx，其中，xx 从 01 到 30。

4. 什么是位置变量？Shell 的变量类型有哪些种？

5. 创建一个 Shell 脚本，它从用户那里接收 10 个数，并显示已输入的最大的数。

第 7 章

Linux 网络管理

Linux 由于自身的特点,已成为服务器上的主流操作系统。本章主要介绍网络基础、网络配置和网络管理。

◇ 7.1 网络基础

计算机网络是指将地理位置不同的具有独立功能的多台计算机及其外部设备,通过通信线路连接起来,在网络操作系统、网络管理软件及网络通信协议的管理和协调下,实现资源共享和信息传递的计算机系统。

7.1.1 网络分类

1. 按照覆盖的地理范围分类

按照网络分布和覆盖的地理范围,可将计算机网络分为局域网(Local Area Network,LAN)、广域网(Wide Area Network,WAN)和城域网(Metropolitan Area Network,MAN)。

局域网是在一个局部的地理范围内(如一个学校、工厂和机关内),将各种计算机、外部设备和数据库等互相连接组成的计算机通信网。它可以通过数据通信网或专用数据电路,与远方的局域网、数据库或处理中心相连接,构成一个大范围的信息处理系统。

广域网的作用范围最大,一般可以从几十千米至几万千米。一个国家或国际建立的网络都是广域网。在广域网内,用于通信的传输装置和传输介质可由电信部门提供。目前,世界上最大的信息网络 Internet 已经覆盖了包括我国在内的180 多个国家和地区,连接了数万个网络,终端用户已达数千万,并且以每月 15% 的速度增长。

城域网的覆盖范围介于局域网和广域网之间,往往在一个城市内使用。由于采用具有有源交换元件的局域网技术,网中传输时延较小,它的传输媒介主要采用光缆,传输速率在 100Mb/s 以上。

2. 按拓扑结构分类

网络的拓扑(Topology)结构是指网络中通信线路和站点(计算机或设备)的相互连接的几何形式。按照拓扑结构的不同,可以将网络分为星状网络、环状网络、总线型网络三种基本类型。在这三种类型的网络结构基础上,可以组合出树状网、簇星状网、网状网等其他类型拓扑结构的网络。

1）星状拓扑结构

星状拓扑结构是用一个结点作为中心结点，其他结点直接与中心结点相连构成的网络，如图 7-1 所示。常见的中心结点为 HUB（集线器、多端口转发器），集线器的主要功能是对接收到的信号进行再生整形放大，以扩大网络的传输距离。

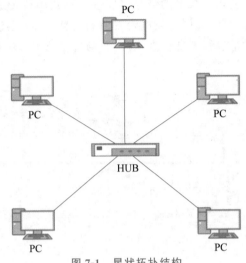

图 7-1　星状拓扑结构

星状拓扑结构的网络属于集中控制型网络，整个网络由中心结点执行集中式通信控制管理，各结点间的通信都要通过中心结点。每一个要发送数据的结点都将要发送的数据发送到中心结点，再由中心结点负责将数据送到目地结点。

2）环状拓扑结构

环状拓扑结构由网络中若干结点通过点到点的链路首尾相连形成一个闭合的环，这种结构使公共传输电缆组成环状连接，数据在环路中沿着一个方向在各个结点间传输，信息从一个结点传到另一个结点，如图 7-2 所示。

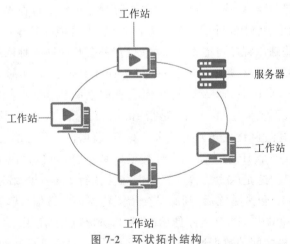

图 7-2　环状拓扑结构

这种结构的网络形式主要应用于令牌网中，在这种网络结构中，各设备是直接通过电缆来串接的，最后形成一个闭环，整个网络发送的信息就是在这个环中传递，通常把这类网络称为"令牌环网"。

3）总线型拓扑结构

总线型拓扑结构是指各工作站和服务器均挂在一条总线上，如图 7-3 所示，各工作站地位平等，无中心结点控制，公用总线上的信息多以基带形式串行传递，其传递方向总是从发送信息的结点开始向两端扩散，如同广播电台发射的信息一样，因此又称为广播式计算机网络。各结点在接收信息时都进行地址检查，看是否与自己的工作站地址相符，相符则接收网上的信息。

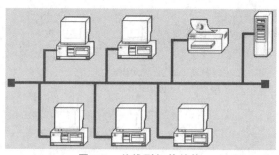

图 7-3　总线型拓扑结构

7.1.2　网络协议

网络协议是网络中计算机或设备之间进行通信的一系列规则的集合，网络协议通俗地讲就是网络上两台计算机之间通信所要遵守的共同标准。举个通俗的例子，如果一个中国人和一个法国人都不会讲对方的民族语言，他们想要交流，必须讲一门双方都懂的语言比如"英语"，这时候"英语"实际上就成为一种"网络协议"。常用的网络协议有 IP、TCP、HTTP、POP3、SMTP 等。

协议本身只是一种通信标准，但协议最终要由软件来实现。网络协议的实现是由执行在具体环境下的"协议"翻译程序实现的。这些翻译程序可能执行在 Windows 环境下，也可能执行在 Linux 环境下；可能执行于一台个人计算机，也可能执行于一台服务器，也可能执行于一部手机中，这些翻译程序可能都不一样，但却都会翻译同一种网络协议，如 TCP/IP。

TCP/IP（Transmission Control Protocol/Internet Protocol，传输控制协议/互联网协议）定义了主机如何连入 Internet 及数据如何在它们之间传输，从字面意思来看，TCP/IP 是 TCP 和 IP 的合称，但实际上 TCP/IP 是指 Internet 整个 TCP/IP 协议族。IP 协议负责把数据从一台计算机通过网络发送到另一台计算机，数据首先被分割成一小块一小块，然后通过 IP 包发送出去。一个 IP 包除了包含要传输的数据外，还包含源 IP 地址和目标 IP 地址，源端口和目标端口。这是因为一台计算机上往往执行着多个网络程序（例如浏览器、微信等网络程序），一个 IP 包来了之后，到底是交给浏览器还是微信，就需要端口号来区分，例如，浏览器常常使用 80 端口，FTP 程序使用 21 端口，邮件收发使用 25 端口等。

网络上两个计算机之间的数据通信，实质上是不同主机的进程间的交互，主机上的每个进程都对应着某个端口。

不同于 ISO 模型的 7 个分层,TCP/IP 参考模型把所有的 TCP/IP 系列协议归类到 4 个抽象层,如图 7-4 所示,每一抽象层建立在低一层提供的服务上,并且为高一层提供服务。

应用层协议:TFTP,HTTP,SNMP,FTP,SMTP,DNS,Telnet 等。

传输层协议:TCP,UDP。

网络层协议:IP,ICMP,OSPF,EIGRP,IGMP。

数据链路层协议:ARP,RARP,PPP,MTU。

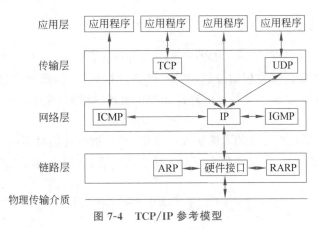

图 7-4　TCP/IP 参考模型

7.1.3　应用层协议

在应用层中,定义了很多面向应用的协议,应用程序通过本层协议利用网络完成数据交互的任务。应用层协议直接与最终用户进行交互,定义了执行在不同终端系统上的应用程序进程如何相互传递报文。下面列出几种常见的应用层协议。

1. 域名系统

在 Internet 上域名与 IP 地址之间是一一对应的,域名虽然便于人们记忆,但机器之间只能互相认识 IP 地址,它们之间的转换工作称为域名解析(Domain Name System,DNS)。域名解析需要由专门的域名解析服务器来完成,DNS 服务器就是进行域名解析的服务器。当用户在应用程序中输入域名名称时,DNS 服务器可以将此名称解析为与之相关的 IP 地址。

2. 文件传输协议

文件传输(File Transport Protocol,FTP)是将文件从一个计算机系统传到另一个计算机系统的过程,这个过程经过网络,但由于网络中各个计算机的文件系统往往不相同,因此,要建立全网公用的文件传输规则,称作文件传输协议。FTP 是 TCP/IP 网络上两台计算机传送文件的协议,FTP 要用到两个 TCP 连接,一个是命令连接(21 端口),用来在 FTP 客户端与服务器之间传递命令;另一个是数据连接(20 端口),用来上传或下载数据。

3. 超文本传输协议

超文本传输协议(Hypertext Transfer Protocol,HTTP)是用于从 WWW 服务器传输超文本到本地浏览器的传送协议。

4. 简单邮件传送协议

简单邮件传送协议(Simple Mail Transfer Protocol,SMTP)是由源地址到目的地址传送邮件的一组规则,用来控制信件的中转方式。SMTP 使每台计算机在发送或中转信件时能找到下一个目的地。通过使用指定的服务器,把 E-mail 寄到收信人的服务器上。

5. 远程登录协议(Telnet)

远程登录是指用户使用 Telnet 命令,使自己的计算机暂时成为远程主机的一个仿真终端的过程。仿真终端只负责把用户输入的每个字符传递给主机,再将主机输出的每个信息回显在屏幕上。Telnet 是进行远程登录的标准协议,它为用户提供了在本地计算机上使用远程主机功能的能力。

7.1.4 传输层协议

在传输层主要执行 TCP 和 UDP(User Datagram Protocol,用户数据报协议)两个协议。TCP 是面向连接的可靠传输协议,利用 TCP 进行通信时,需要通过三步握手,以建立通信双方的连接。TCP 提供了数据的确认和数据重传的机制,保证发送的数据一定能到达通信的对方。

UDP 是无连接的、不可靠的传输协议。采用 UDP 进行通信时不用建立连接,可以直接向一个 IP 地址发送数据,但是不能保证对方是否能收到,常用于视频在线点播之类的应用。

◇ 7.2 网络配置

在计算机上,通过配置网络参数,可以将计算机连接到网络上,实现与其他计算机之间的通信。网络配置通常涉及计算机的主机名、IP 地址、子网掩码、广播地址、网关地址及其域名服务器地址等。

7.2.1 主机名

主机名用于在网络上标识一台计算机的名称,通常情况下,该主机名在网络中是唯一的。

打开一个终端窗口,在命令提示符中可以看到主机名,位于"@"符号后的名称就是主机名。此外,也可在终端窗口中输入命令 hostname 查看当前的主机名。

```
$ hostname                           #查看主机名
Master
```

在 Ubuntu 系统中,主机名存放在/etc/hostname 文件中,编辑 hostname 文件,在文件中输入新的主机名并保存该文件即可永久修改主机名。重启系统后,参照上面介绍的查看主机名的办法来确认主机名有没有修改成功。

注意:在其他 Linux 发行版中,主机名并非都存放在/etc/hostname 文件。如 Fedora 发行版将主机名存放在/etc/sysconfig/network 文件中。所以,修改主机名时应注意区分是哪种 Linux 发行版。

下面给出修改主机名的实现过程。

(1) 修改/etc/hostname 文件。

```
#sudo gedit /etc/hostname
```

执行上述命令,就打开了/etc/hostname 这个文件,将这个文件里面记录的主机名修改为新的主机名。

(2) 修改/etc/hosts 配置文件(可选)。

/etc/hosts 存放的是域名与 IP 的对应关系,域名与主机名没有任何关系,可以为任何一个 IP 指定任意一个名字。

```
#sudo gedit /etc/hosts              #编辑文件,添加如下一行 IP 与对应主机名信息
127.0.1.1        主机名
```

(3) 重启系统让设置生效。

更改完成之后,重启系统让主机名称的更改生效。

```
#sudo reboot
```

7.2.2　MAC 地址和 IP 地址

1. MAC 地址

网络中每台设备都有一个唯一的网络标识,这个地址叫硬件地址,即物理地址,由网络设备制造商生产时写在硬件内部。IP 地址与 MAC 地址在计算机里都是以二进制表示的,IP 地址是 32 位的,而 MAC 地址则是 48 位的(6 字节),通常表示为 6 个十六进制数,每两个十六进制数之间用冒号隔开,如 08:00:20:0A:8C:6D 就是一个 MAC 地址,其中,前 6 位十六进制数 08:00:20 代表网络硬件制造商的编号,它由 IEEE(电气与电子工程师协会)分配,而后 6 位十六进制数 0A:8C:6D 代表该制造商所制造的某个网络产品(如网卡)的系列号。只要不去更改自己的 MAC 地址,那么 MAC 地址在世界上就是唯一的。也就是说,在网络底层的物理传输过程中,数据传输是通过物理地址来识别主机的,它一定是全球唯一的。

2. IP 地址

IP 地址(Internet Protocol Address)是指互联网协议地址,又译为网际协议地址,它为互联网上的每一个网络和每台主机分配一个逻辑地址,以此来屏蔽物理地址的差异。在公开网络上或同一个局域网内部,每台主机都必须使用不同的 IP 地址,而由于网络地址转换和代理服务器等技术的广泛应用,不同内网之间的主机 IP 地址可以相同并且可以互不影响地正常工作。IP 地址与端口号共同来标识网络上特定主机上的特定应用进程,俗称 Socket。

IP 地址是网络设备在网络中的逻辑地址,它独立于任何特定的网络硬件。IP 协议就是使用 IP 地址在主机之间传递信息,这是 Internet 能够运行的基础。IP 地址的长度为 32 位(共有 2^{32} 个 IP 地址),分为 4 段,每段 8 位,每段用十进制数字表示,每段数字范围为 0～255,段与段之间用圆点隔开,例如 192.168.12.104。IP 地址由两部分组成,一部分为网络地址(网络号),另一部分为主机地址(主机号),如图 7-5 所示。前者表示所连入的网络,后者表示特定网络中的主机号或结点号。为了确保地址的唯一性,其网络地址由网络信息中心(NIC)分配,而主机地址由网络管理机构负责分配。

网络地址	主机地址

图 7-5　IP 地址结构

将 IP 地址分成了网络地址和主机地址两部分,设计者就必须决定每部分包含多少位。网络地址的位数直接决定了可以分配的网络数;主机号的位数则决定了网络中最大的主机数。然而,由于整个互联网所包含的网络规模可能比较大,也可能比较小,设计者最后选择了一种灵活的方案:将 IP 地址空间划分成不同的类别,每一类具有不同的网络地址位数和主机地址位数。IP 地址通常分为 A、B、C、D 和 E 5 类,它们适用的类型分别为大型网络、中型网络、小型网络、多目地址和备用,具体类别表示如图 7-6 所示。常用的是 B 和 C 两类。

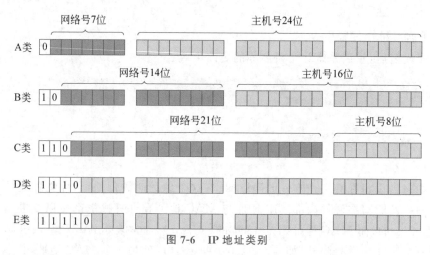

图 7-6 IP 地址类别

1) A 类地址

A 类地址第 1 字节为网络地址,其他三字节为主机地址,A 类地址保留给政府机构。

A 类地址范围:1.0.0.1~126.155.255.254。

A 类地址中的私有地址和保留地址:

(1) 10.X.X.X 是私有地址(所谓的私有地址就是在互联网上不使用,而被用在局域网络中的地址)。

(2) 127.X.X.X 是保留地址,做循环测试用。

2) B 类地址

B 类地址第 1 字节和第 2 字节为网络地址,其他两字节为主机地址,B 类地址分配给中等规模的公司。

B 类地址范围:128.0.0.1~191.255.255.254。

B 类地址的私有地址和保留地址:

(1) 172.16.0.0~172.31.255.255 是私有地址。

(2) 169.254.X.X 是保留地址。如果 IP 地址是自动获取 IP 地址,而在网络上又没有找到可用的 DHCP 服务器,IP 地址就会得到其中一个 IP。

3) C 类地址

C 类地址第 1 字节、第 2 字节和第 3 字节为网络地址,第 4 字节为主机地址。另外,第 1 字节的前三位固定为 110,C 类地址分配给任何需要的人。

C 类地址范围:192.0.0.1~223.255.255.254。

C 类地址中的私有地址:192.168.X.X 是私有地址。

4）D 类地址

D 类地址不分网络地址和主机地址,它的第 1 字节的前 4 位固定为 1110,D 类地址用于组播。

D 类地址范围：224.0.0.1～239.255.255.254。

5）E 类地址

E 类地址也不分网络地址和主机地址,它的第 1 字节的前 5 位固定为 11110,E 类地址用于实验。

E 类地址范围：240.0.0.1～255.255.255.254。

A 类、B 类和 C 类这三类地址用于 TCP/IP 结点,由 InternetNIC(Internet 信息中心)在全球范围内统一分配,以保证 IP 地址的唯一性。D 类和 E 类被用于特殊用途。

但有一类 IP 地址是不用申请可直接用于企业内部网的,这就是私有地址,私有地址不会被 Internet 上的任何路由器转发,欲接入 Internet 必须要通过 NAT(地址翻译)转换,将私有地址翻译成公有合法地址,以公有 IP 的形式接入。这些私有地址为

```
10.0.0.0~10.255.255.255
172.16.0.0~172.31.255.255
192.168.0.0~192.168.255.255
```

此外,还有特殊用途的 IP 地址,具体如下。

(1) 0.0.0.0。

严格来说,0.0.0.0 已经不是一个真正意义上的 IP 地址了。它表示的是这样一个主机和网络的集合：所有不清楚的主机和目的网络。这里的"不清楚"是指在本机的路由表里没有特定条目指明如何到达。如果在网络设置中设置了默认网关,那么 Windows 系统会自动产生一个目的地址为 0.0.0.0 的默认路由。

(2) 255.255.255.255。

子网的广播地址,对本机来说,这个地址指本网段内(同一广播域)的所有主机。这个地址不能被路由器转发。

(3) 127.0.0.1。

代表本机 IP 地址,等价于 localhost,主要用于测试,用 http://127.0.0.1 就可以测试本机中配置的 Web 服务器。

7.2.3　网络掩码

为了快速地确定 IP 地址的哪部分代表网络号,哪部分代表主机号,以及判断两个 IP 是否属于同一网络,就产生了网络掩码的概念。网络掩码给出了整个 IP 地址的位模式,其中的 1 代表网络部分,0 代表 IP 主机号部分。掩码也采用点分十进制表示。用它来帮助确定 IP 地址网络号是什么,主机号是什么。

A 类 IP 地址的子网掩码为 255.0.0.0,每个网络支持的最大主机数为 $256^3 - 2 = 16\ 777\ 214$(台)。

B 类 IP 地址的子网掩码为 255.255.0.0,每个网络支持的最大主机数为 $256^2 - 2 = 65\ 534$(台)。

C 类 IP 地址的子网掩码为 255.255.255.0,每个网络支持的最大主机数为 $256-2=$ 254 台。

◆ 7.3 网 络 管 理

Linux 提供了多个用于网络管理的命令,利用它们可以查看网络连通情况、检查网络接口配置、检查路由选择、配置路由信息等。

7.3.1 hostname 命令

hostname 命令可以用来显示或者设置主机名。环境变量 HOSTNAME 也保存了当前的主机名。在使用 hostname 命令设置主机名后,系统并不会永久保存新的主机名,重新启动机器之后还是原来的主机名。hostname 命令的语法格式如下。

```
hostname [选项][新主机名]
```

hostname 命令常用选项如表 7-1 所示。

表 7-1　hostname 命令常用选项

选　　项	说　　明
-h ∣ --help	显示帮助文档
-V ∣ --version	显示命令版本
-a ∣ --alias	显示主机别名
-d ∣ --domain	显示 DNS 域名
-F file	从指定文件中读取 hostname,注释(以'♯'开头的行)将被忽略
-f ∣ --fqdn ∣ --long	显示完全格式的域名
-i ∣ --ip-address	显示主机的 IP 地址
-I ∣ --all-ip-address	显示主机所有的 IP 地址,包括虚拟 IP、环回测试 IP
-s ∣ --short	显示短主机名称,在第一个点处截断
-y ∣ --yp ∣ --nis	显示 NIS 域名

(1) 显示主机名。

```
$ hostname          #显示完整名字
$ hostname - s      #显示短格式名字
$ hostname - a      #显示主机别名
```

(2) 显示主机 IP。

```
$ hostname - i
```

(3) 修改主机名。
修改主机名时,后面跟上新的主机名即可。

```
$ hostname newhostname
```

7.3.2　ping 命令

ping 命令

ping 命令是用来测试 TCP/IP 网络是否畅通或者测试网络连接速度的命令。ping 命令每秒发送一个数据报并且为每个接收到的响应打印一行输出。ping 命令计算信号往返时间和（信息）包丢失情况的统计信息，并且在完成之后显示一个简要总结。ping 命令在程序超时或当接收到 SIGINT 信号时结束。ping 命令的原理是根据计算机唯一标示的 IP 地址，当用户给目的地址发送一个数据包时，对方就会返回一个同样大小的数据包，根据返回的数据包用户可以确定目的主机的存在。ping 命令的语法格式如下。

```
ping [选项] 目的地址
```

说明：目的地址指的是被测计算机的 IP 地址、主机名或者是域名。

选项说明：

-c＜完成次数＞：发送指定的＜完成次数＞个测试报文后停止，如果不适用该命令，ping 命令会不断地发送测试报文，直至按 Ctrl＋C 组合键强行中断该命令的执行。

-i ＜间隔秒数＞：指定收发信息的间隔时间。

-q：不显示指令执行过程，开头和结尾的相关信息除外。

-r：绕过正常的路由表，直接将测试报文送到远端主机上。

-R：记录路由过程。

-s＜数据包大小＞：指定发送报文数据的字节数，默认值是 56B。

-v：详细显示指令的执行过程。

```
$ ping www.baidu.com          #检测是否与主机连通
$ ping -c 2 www.baidu.com      #指定接收包的次数为 2，收到两次包后，自动退出
```

7.3.3　ifconfig 命令

ifconfig 命令用来查看和配置网络接口（设备）的网络参数。当网络环境发生改变时可通过此命令对网络进行相应的配置。

注意：用 ifconfig 命令配置的网卡信息，在网卡重启后、机器重启后，配置就不存在了。要想将上述的配置信息永远地存在计算机里，就要修改网卡的配置文件了。ifconfig 命令的语法格式如下。

```
ifconfig [网络设备] [选项]
```

如果命令后面不带参数，则显示当前网络实际接口的状态。所带参数可以是接口名称（通常是网卡名，如 eth0）、IP 地址及其他选项。

常用选项：

up：启动指定网络设备/网卡。

down：关闭指定网络设备/网卡。该参数可以有效地阻止通过指定接口的 IP 信息流，如果想永久地关闭一个接口，还需要从核心路由表中将该接口的路由信息全部删除。

add<地址>：设置网络设备 IPv6 的 IP 地址。

del<地址>：删除网络设备 IPv6 的 IP 地址。

broadcast<地址>：将要送往指定地址的数据包当成广播数据包来处理。

pointopoint<地址>：与指定地址的网络设备建立直接连线，此模式具有保密功能。

[IP 地址]：指定网络设备的 IP 地址。

[网络设备]：指定网络设备的名称。

a：显示全部接口信息。

例如：

```
$ ifconfig                                    #显示网络设备信息
$ ifconfig eth0 down                          #关闭网卡 eth0
$ ifconfig eth0 up                            #启动网卡 eth0
$ ifconfig eth0 192.168.1.56                  #给 eth0 网卡配置 IP 地址
#给 eth0 网卡配置 IP 地址,并加上子掩码 255.255.255.0
$ ifconfig eth0 192.168.1.56 netmask 255.255.255.0
//给 eth0 网卡配置 IP 地址,加上子掩码,加上个广播地址
$ ifconfig eth0 192.168.1.56 netmask 255.255.255.0 broadcast 192.168.1.255
$ ifconfig enp0s3                             #显示指定网络接口 enp0s3 的情况
```

7.3.4　netstat 命令

需要先简单了解一下端口的作用。在互联网中，如果 IP 地址是 IP 服务器在互联网中唯一的地址标识，那么可以想象一下：我有一台服务器，它有固定的公网 IP 地址，通过 IP 地址可以找到我的服务器。但是我的服务器中既启动了网页服务(Web 服务)，又启动了文件传输服务(FTP 服务)，那么你的客户端访问我的服务器，到底应该如何确定你访问的是哪一个服务呢？

端口就是用于网络通信的接口，是数据从传输层向上传递到应用层的数据通道。可以理解为每个常规服务都有默认的端口号，通过不同的端口号，就可以确定不同的服务。也就是说，客户端通过 IP 地址访问到服务器，如果数据包访问的是 80 端口，则访问的是 Web 服务；而如果数据包访问的是 21 端口，则访问的是 FTP 服务。

可以简单地理解为每个常规服务都有一个默认端口(默认端口可以修改)，这个端口是所有人都知道的，客户端可以通过固定的端口访问指定的服务。而通过在服务器中查看已经开启的端口号，就可以判断服务器中开启了哪些服务。

netstat 命令用于显示与 IP、TCP、UDP 和 ICMP 相关的统计数据，统计内容包括网络连接情况、路由表信息、接口统计等，既可以查看到本机开启的端口，也可以查看有哪些客户端连接。netstat 命令的语法格式如下。

```
netstat [选项]
```

选项说明：

r：显示路由表及连接信息。

i：显示所有网络接口表。

a：显示所有的套接口信息。源 IP 地址和目的 IP 地址以及源端口号和目的端口号的组合称为套接字。

s：显示 IP、TCP、UDP、ICMP 的汇总统计。

c：每隔一个固定时间，执行该 netstat 命令。

n：使用 IP 地址和端口号显示连接状态。

p：显示每个套接口对应程序的 PID 和程序名。

t：显示使用 TCP 端口的连接状况。

u：显示使用 UDP 端口的连接状况。

l：仅列出有在监听的服务状态。

例如：

```
$ netstat - i                        #显示网卡列表
$ netstat - s                        #显示网络统计
$ netstat - l                        #只显示监听端口
$ netstat - r                        #显示路由信息
内核 IP 路由表
Destination  Gateway    Genmask        Flags  MSS  Window irtt Iface
   default   bogon      0.0.0.0        UG     0 0       0 enp0s3
   10.0.2.0     *       255.255.255.0  U      0 0       0 enp0s3
  link-local    *       255.255.0.0    U      0 0       0 enp0s3
```

7.3.5 route 命令

要实现两个不同的子网之间的通信，需要一台连接两个网络的路由器，或者同时位于两个网络的网关来实现。数据包要到达目的地址需要经过一定的路由，route 命令会为这个连接配置路由信息。在大型网络中，数据包从源主机到达目标主机的"旅途"中要经过许多计算机。路由决定了从这个过程开始直至到达目标主机中间哪个计算机要进行数据包的转发。

在 Linux 系统中，设置路由通常是为了解决以下问题：该 Linux 系统在一个局域网中，局域网中有一个网关，能够让机器访问 Internet，那么就需要将这台机器的 IP 地址设置为 Linux 机器的默认路由。需要注意的是，直接在命令行下执行 route 命令来添加路由，不会永久保存，当网卡重启或者机器重启之后，该路由就失效了；要想永久保存，可以保存到配置文件。

（1）路由概念。

路由：跨越从源主机到目标主机的一个互联网络来转发数据包的过程。

路由器：能够将数据包转发到正确的目的地，并在转发过程中选择最佳路径的设备。

路由表：在路由器中维护的路由条目，路由器根据路由表做路径选择。

直连路由：当在路由器上配置了接口的 IP 地址，并且接口状态为 up 的时候，路由表中就出现直连路由项。

静态路由：是由管理员手工配置的，是单向的。

默认路由:当路由器在路由表中找不到目标网络的路由条目时,路由器把请求转发到默认路由接口。

(2) 静态路由和默认路由的特点。

静态路由特点:路由表是手工设置的;除非网络管理员干预,否则静态路由不会发生变化;路由表的形成不需要占用网络资源;一般用于网络规模很小、拓扑结构固定的网络中。

默认路由特点:在所有路由类型中,默认路由的优先级最低,一般应用在只有一个出口的末端网络中或作为其他路由的补充。

(3) 路由器转发数据包时的封装过程。

源 IP 和目标 IP 不发生变化,在网络的每一段传输时,源和目标 MAC 发生变化,进行重新封装,分别是每一段的源和目标地址。

(4) 要完成对数据包的路由,一个路由器必须至少了解以下内容。

① 目的地址。

② 相连路由器,并可以从那里获得远程网络的信息。

③ 到所有远程网络的可能路由。

④ 到达每个远程网络的最佳路由。

⑤ 如何维护并验证路由信息。

⑥ 路由和交换的对比。

路由工作在网络层:

① 根据"路由表"转发数据。

② 路由选择。

③ 路由转发。

交换工作在数据链路层:

① 根据"MAC 地址表"转发数据。

② 硬件转发。

```
$ route                              #查看路由表
内核 IP 路由表
    目标       网关      子网掩码标志     跃点   引用   使用    接口
 default    bogon     0.0.0.0       UG    100    0     0 enp0s3
  10.0.2.0     *      255.255.255.0  U    100    0     0 enp0s3
link-local     *      255.255.0.0    U    1000   0     0 enp0s3
```

各列字段说明如下。

目标:目标网络或目标主机。目标为 default(0.0.0.0)时,表示这个是默认网关,所有数据都发到这个网关。

网关:所用网关的 IP 地址或主机名(＊表示没有网关)。

标志:路由类型(如 U 表示 up,H 表示 host,G 表示 gateway)。

跃点:路由长度。

引用:参照这个路由的数目。

使用:查看该路由的计数。

接口:这次路由的报文将要发送的接口。

◇ 习　　题

1. 概述静态路由和默认路由的特点。
2. 概述 MAC 地址和 IP 地址。
3. 如何永久修改主机名？
4. 在子网 210.27.48.21/30 中有多少个可用地址？分别是什么？
5. 修改以太网 MAC 地址的命令是什么？

第8章

Linux 下 C 语言基础编程

Linux 广泛应用于嵌入式系统开发,C 语言是其中的一门重要的开发语言。本章主要介绍编译的概念、gcc 编译 C 语言程序和文件操作。

◆ 8.1 编译的概念

在进行 C 程序开发时,编译就是用编译器将编写的 C 语言代码变成可执行程序的过程。编译器就是完成程序编译任务的应用程序。

一个程序的编译,需要完成词法分析、语法分析、中间代码生成、代码优化、目标代码生成。

1. 词法分析

词法分析指的是对由字符组成的单词进行处理,从左至右逐个字符地对源程序进行扫描,产生一个个的单词符号,实现把字符串的源程序改造成为单词符号串的中间程序。词法分析会对代码的每一个单词进行检查。若单词发生错误,则编译过程就会停止并显示错误,这时需要对程序中的错误进行修改。

2. 语法分析

语法分析器以单词符号作为输入,分析单词符号之间是否形成符合语法规则的语句。例如,需要检查赋值、选择、循环等结构是否完整和符合使用规则。在语法分析时,若程序中存在错误的语句,则语法分析会显示错误的语句,并给出错误原因。如果出现语法错误,那么编译任务是不能完成的。

3. 中间代码生成

中间代码是源程序的一种内部表示。编译器进行词法分析和语法分析以后,将程序转换成中间代码。这一转换的作用是使程序的结构更加简单和规范。中间代码生成过程无须用户参与。

4. 代码优化

代码优化是指对用户编写的程序进行多种等价变换,以便能生成更有效的目标代码。用户可以在编译程序时设置优化代码的参数。

5. 目标代码生成

目标代码生成指的是产生可以执行的二进制应用程序,用户只能运行这个程序,而不能打开这个文件查看程序的代码。

◈ 8.2　gcc 编译 C 语言程序

Linux 系统下的 gcc 编译器(GNU C Compiler)是一个功能强大、性能优越的编译器。gcc 刚开始只是 C 语言的编译器，经过多年的发展，gcc 能支持 C 语言、Objective C 语言、C++ 语言、Ada 语言、Java 语言、Pascal 语言、FORTAN 语言等多种语言的编译。

一个完整的 C 语言程序可以存放在多个文件中，包括 C 语言源文件、头文件及库文件。头文件不能单独进行编译，它必须随 C 语言源文件一起进行编译。

gcc 允许程序员对编译过程进行设置，从而可以灵活地控制编译过程。编译过程一般分为 4 个阶段：预处理阶段、编译阶段、汇编阶段、连接阶段。每个阶段分别调用不同的工具进行处理，4 个阶段的先后关系如图 8-1 所示。

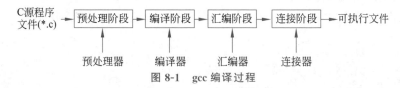

图 8-1　gcc 编译过程

8.2.1　预处理阶段

在预处理阶段，读取 C 语言源文件，对其中以 ♯ 开头的指令和特殊符号进行处理。♯开头的指令和特殊符号主要包括文件包含指令(如 ♯ include ＜stdio.h＞)和宏定义(如 ♯ define PI 3.14)。预处理阶段实现的功能主要有加载头文件并将头文件包含到本程序文件中，进行宏替换，如将程序代码中所有出现 PI 的地方用 3.14 替换。预处理过程还会删除程序中的注释和多余的空白字符。预处理后的源代码提供给编译器，预处理过程先于编译器对源代码进行处理。

以 ♯ 开头的指令也称为预处理指令，♯后是指令关键字，整行语句构成了一条预处理指令，该指令将在编译器进行编译之前对源代码做某些转换。部分预处理指令如表 8-1 所示。

表 8-1　预处理指令

预处理指令	含　　义
♯	空指令，无任何效果
♯ include	包含一个源代码文件
♯ define	定义宏
♯ undef	取消已定义的宏
♯ if	如果给定条件为真，则编译下面的代码
♯ ifdef	如果宏已经定义，则编译下面的代码
♯ ifndef	如果宏没有定义，则编译下面的代码
♯ elif	如果前面的 ♯ if 给定条件不为真，当前条件为真，则编译下面的代码
♯ endif	结束一个 ♯ if…♯ else 条件编译块
♯ error	停止编译并显示错误信息

1. 宏定义

#define 定义一个标识符来表示一个字符串,称为宏。标识符称为宏名,在编译预处理时,将程序中所有的宏名用相应的字符串来替换,这个过程称为宏替换。宏分为两种:无参数的宏和有参数的宏。

1) 无参数宏定义

无参数宏定义的一般形式为

```
#define 标识符字符串
```

"#"代表本行是编译预处理命令。define 是宏定义的关键字,标识符是宏名。

注意:宏定义和其他编译预处理命令不是以分号结尾的。

【例 8-1】 使用无参数宏的程序,输入半径,求圆的周长。

使用 gedit 命令创建 testdefine1.c 文件,在文件里面输入如下程序代码。

```c
#include <stdio.h>
#define PI 3.1416
int main()
{ float r,l;                          //变量定义
  printf("input radius:");            //在屏幕上显示一条提示信息
  scanf("%f", &r);                    //输入一个浮点数
  l=2.0 * PI * r;
  printf("l=%f\n",l );                //输出圆的周长 l
  return 0;
}
```

上面编写的 C 程序文件 testdefine1.c 只是一个源代码文件,还不能作为程序来执行,需要用 gcc 将这个源代码文件编译成可执行文件。编译文件的步骤如下。

(1) 打开命令行终端,进入 testdefine1.c 文件所在目录。

(2) 输入"gcc testdefine1.c"命令,将这个代码文件编译成可执行程序。

```
$ gcc testdefine1.c                   #编译后将生成默认的可执行文件 a.out
```

(3) 在终端中输入"ls"命令,查看已经编译的文件。

```
$ ls
a.out   testdefine1.c
```

从上面显示的结果可以看出,对 testdefine1.c 文件编译后,在 testdefine1.c 文件所在的目录下生成一个名为 a.out 的文件。

(4) 输入"./a.out"命令,运行这个文件。

```
$ ./a.out                             #执行 a.out 文件
input radius:3
l=18.849600
```

下面给出 gcc 命令编译程序文件的一般语法格式：

```
gcc 要编译的文件[命令选项] [生成的目标文件名]
```

常用的命令选项如下。

-o：指定生成的输出文件。

-E：仅执行预处理。

-S：将 C 代码转换为汇编代码。

-c：预处理、编译、汇编到目标代码，不进行连接。

-O：使用编译优化级别 1 编译程序。级别为 1～3，级别越大优化效果越好，但编译时间越长。

① 生成默认的可执行文件。

```
$ gcc testdefine1.c
```

将 testdefine1.c 预处理、编译、汇编并连接形成可执行文件。这里未指定输出文件，默认生成的输出文件为 a.out。

② -o 指定输出文件。

```
$ gcc testdefine1.c -o test.out
```

上面的命令将 testdefine1.c 预处理、编译、汇编并连接形成可执行文件 test.out，-o 选项用来指定输出文件的文件名为 test.out。

```
$ ls
a.out  testdefine1.c  test.out
$ ./test.out                          #执行 test.out 文件
input radius:2
l=12.566400
```

③ -E 仅做预处理，不进行编译、汇编和连接。

```
$ gcc -E testdefine1.c -o testdefine1.i  #将 testdefine1.c 预处理输出 testdefine1.i 文件
$ ls
a.out  testdefine1.c  testdefine1.i  test.out
```

④ -S 将 C 代码转换为汇编代码。

```
$ gcc -S testdefine1.c -o testdefine1.s
$ ls
a.out          testdefine1.i  test.out
testdefine1.c  testdefine1.s
```

⑤ 预处理、编译、汇编到目标代码，不进行连接。

```
$ gcc -c testdefine1.c -o testdefine1.o
```

⑥ 将目标代码生成可执行文件。

```
$ gcc testdefine1.o -o testdefine1
$ ./testdefine1
input radius:2
l=12.566400
```

⑦ 多文件编译。

整个程序可能由多个源文件组成,如由 test1.c 和 test2.c 两个源文件组成,使用 gcc 能够同时对这两个文件进行编译,并最终生成可执行文件 test,具体命令如下。

```
$ gcc test1.c test2.c -o test    #将 test1.c 和 test2.c 分别编译后连接成 test 可执行文件
```

上面这条命令大致相当于依次执行如下三条命令。

```
$ gcc-ctest1.c-otest1.o
$ gcc -c test2.c -o test2.o
$ gcctest1.otest2.o-otest
```

2)有参数宏定义

有参数宏的一般形式为

```
#define   标识符(形参表)字符串
```

如果有多个形参,像函数参数一样以逗号隔开。在程序中使用有参数宏的形式是:

```
标识符(实参表)
```

【例 8-2】 演示有参数宏的用法。

```
testdefine2.c 源代码
#include <stdio.h>
#define MAX(x, y) (x>y? x:y)
int main()
{   int a=10,b=30,max;
  max=MAX(a,b);
  printf("the max between (%d,%d) is %d\n",a,b,max);
  return 0;
}
$ gcc testdefine2.c -o testdefine2.out        #编译生成可执行文件
$ ./testdefine2.out                           #执行可执行文件
the max between (10,30) is 30
```

2. 文件包含

文件包含是将指定源文件的全部内容包括到当前源程序文件中。

文件包含命令的一般形式为

```
#include"文件名"或#include<文件名>
```

　　文件包含预处理命令的作用是一个程序文件可以将另外一个源文件的全部内容包含进来,把指定的源文件插入该文件包含预处理命令行位置取代该命令行,从而把指定的源文件和当前的程序文件连成一个程序文件。

hello.c 源代码:

```
#include <stdio.h>
int main(){
    printf("hello world!\n");
    return 0;
}
```

　　预处理器(cpp)根据以字符♯开头的命令,修改原始的 C 程序。例如 hello.c 中♯include <stdio.h>指令告诉预处理器读系统头文件 stdio.h 的内容,并把它直接插入程序文本中。结果就得到另外一个 C 程序,通常以".i"作为文件扩展名。

　　用户可以使用 gcc 的选项"-E"对源代码程序文件 hello.c 进行预处理,该选项的作用是让 gcc 在预处理结束后停止编译过程,从而生成一个预处理文件。

```
$ gcc -E hello.c -o hello.i
```

　　上述命令中,-E 是让编译器在预处理之后就退出,不进行后续编译过程;-o 指定输出文件名,将输出放在文件 hello.i 中。

```
$ cat hello.i                          #查看 hello.i 文件的内容,这里仅列出部分内容
#1 "hello.c"
#1 "<built-in>"
#1 "<command-line>"
#1 "/usr/include/stdc-predef.h" 1 3 4
#1 "<command-line>" 2
#1 "hello.c"
#1 "/usr/include/stdio.h" 1 3 4
#27 "/usr/include/stdio.h" 3 4
#1 "/usr/include/features.h" 1 3 4
#1 "hello.c"
#1 "<built-in>"
#1 "<command-line>"
#1 "/usr/include/stdc-predef.h" 1 3 4
…
#2 "hello.c" 2
#2 "hello.c"
int main(){
    printf("hello world!\n");
    return 0;
}
```

　　由此可见,gcc -E 确实进行了预处理,它把 stdio.h 的内容插入 hello.i 文件中。

3. 条件编译指令

一般情况下,源程序中所有的行都被编译,有时希望其中一部分内容只在某个条件成立

或不成立时才去编译,也就是对一部分内容指定编译的条件,这就是条件编译。

条件编译命令有以下几种模式。

模式一:

```
#ifndef 标识符
  程序段 1
#endif
```

其含义是:如果没有定义标识符,则编译程序段 1。

模式二:

```
#ifndef 标识符
  程序段 1
#else
  程序段 2
#endif
```

其含义是:如果没有定义标识符,就编译程序段 1,否则编译程序段 2。

模式三:

```
#ifdef 标识符
  程序段 1
#endif
```

其含义是:如果定义标识符,就编译程序段 1,否则不编译该程序段。

【例 8-3】 演示 ifdef 的使用方法。

ifdeftest.c 源代码:

```
#define TWO
#include <stdio.h>
int main()
{
  #ifdef ONE
    printf("1\n");
  #elif defined TWO
    printf("2\n");
  #else
    printf("3\n");
  #endif
}
$ gcc ifdeftest.c-o testdefine2.out        #编译生成可执行文件
$ ./testdefine2.out                        #执行可执行文件
2
```

8.2.2　编译阶段

在这个阶段中,编译器对预处理之后的输出文件进行词法分析和语法分析,检查代码的规范性、是否有语法错误等，并根据出现的问题大小给出错误信息，或终止编译，或给出警告。在检查无误后，gcc 把代码翻译成汇编语言。

```
$ gcc -S hello.i -o hello.s
```

上述命令中，"-S"选项让编译器在编译之后停止，不进行后续过程。编译过程完成后，将生成程序的汇编代码 hello.s。

下面查看 hello.s 文件的内容，可见 gcc 已经将其转换为汇编代码了。

```
$ cat hello.s                          #查看 hello.s 文件的内容
    .file      "hello.c"
    .section    .rodata
.LC0:
    .string    "hello world!"
    .text
    .globl    main
    .typemain, @function
main:
.LFB0:
    .cfi_startproc
    pushq    %rbp
    .cfi_def_cfa_offset 16
    .cfi_offset 6, -16
    movq    %rsp, %rbp
    .cfi_def_cfa_register 6
    movl    $.LC0, %edi
    call    puts
    movl    $0, %eax
    popq    %rbp
    .cfi_def_cfa 7, 8
    ret
    .cfi_endproc
.LFE0:
    .size    main, .-main
    .ident    "GCC: (Ubuntu 5.4.0-6ubuntu1~16.04.12) 5.4.0 20160609"
    .section  .note.GNU-stack,"",@progbits
```

使用命令选项-v 可以查看程序的编译过程和显示已经调用的库。输入下面的命令，在编译程序时输出编译过程，这里仅列出部分内容。

```
$ gcc -v hello.c
Using built-in specs.
COLLECT_GCC=gcc
COLLECT_LTO_WRAPPER=/usr/lib/gcc/x86_64-linux-gnu/5/lto-wrapper
Target: x86_64-linux-gnu
Configured with: ../src/configure -v --with-pkgversion='Ubuntu 5.4.0-6ubuntu1
~16.04.12' --with-bugurl=file:///usr/share/doc/gcc-5/README.Bugs --enable-
languages=c,ada,c++,java,go,d,fortran,objc,obj-c++ --prefix=/usr --program
-suffix=-5 --enable-shared --enable-linker-build-id --libexecdir=/usr/lib
--without-included-gettext
```

```
...
Thread model: posix
gcc version 5.4.0 20160609 (Ubuntu 5.4.0-6ubuntu1~16.04.12)
COLLECT_GCC_OPTIONS='-v' '-mtune=generic' '-march=x86-64'
/usr/lib/gcc/x86_64-linux-gnu/5/cc1 -quiet -v -imultiarch x86_64-linux-gnu
hello.c -quiet -dumpbase hello.c -mtune=generic -march=x86-64 -auxbase hello
-version -fstack-protector-strong -Wformat -Wformat-security -o /tmp/
cc3YIGyT.s
...
ignoring nonexistent directory "/usr/local/include/x86_64-linux-gnu"
ignoring nonexistent directory "/usr/lib/gcc/x86_64-linux-gnu/5/../../../../
x86_64-linux-gnu/include"
#include "..." search starts here:
#include <...> search starts here:
/usr/lib/gcc/x86_64-linux-gnu/5/include
/usr/local/include
/usr/lib/gcc/x86_64-linux-gnu/5/include-fixed
/usr/include/x86_64-linux-gnu
/usr/include
End of search list.
GNU C11 (Ubuntu 5.4.0-6ubuntu1~16.04.12) version 5.4.0 20160609 (x86_64-linux-
gnu)
    compiled by GNU C version 5.4.0 20160609, GMP version 6.1.0, MPFR version 3.1.4,
MPC version 1.0.3
GGC heuristics: --param ggc-min-expand=100 --param ggc-min-heapsize=131072
Compiler executable checksum: 8087146d2ee737d238113fb57fabb1f2
COLLECT_GCC_OPTIONS='-v' '-mtune=generic' '-march=x86-64'
as -v --64 -o /tmp/ccg7Sm0x.o /tmp/cc3YIGyT.s
GNU 汇编版本 2.26.1 (x86_64-linux-gnu) 使用 BFD 版本 (GNU Binutils for Ubuntu)
2.26.1
COMPILER_PATH=/usr/lib/gcc/x86_64-linux-gnu/5/:/usr/lib/gcc/x86_64-linux-
gnu/5/:/usr/lib/gcc/x86_64-linux-gnu/:/usr/lib/gcc/x86_64-linux-gnu/5/:/usr/
lib/gcc/x86_64-linux-gnu/
LIBRARY_PATH=/usr/lib/gcc/x86_64-linux-gnu/5/:/usr/lib/gcc/x86_64-linux-gnu/
5/../../../x86_64-linux-gnu/:/usr/lib/gcc/x86_64-linux-gnu/5/../../../../
lib/:/lib/x86_64-linux-gnu/:/lib/../lib/:/usr/lib/x86_64-linux-gnu/:/usr/
lib/../lib/:/usr/lib/gcc/x86_64-linux-gnu/5/../../../:/lib/:/usr/lib/
...
```

8.2.3 汇编阶段

汇编阶段是把编译阶段生成的".s"文件转换成目标文件,目标文件由机器码构成。在该阶段,使用命令选项"-c"让编译器在汇编之后停止,不进行后续过程。汇编过程完成后,将生成程序的目标代码 hello.o。

```
$ gcc -c hello.s -o hello.o          #将 hello.s 文件转换成目标文件 hello.o
```

查看 hello.o 文件,其内容如图 8-2 所示,可见 gcc 已经将其转换为目标代码了。

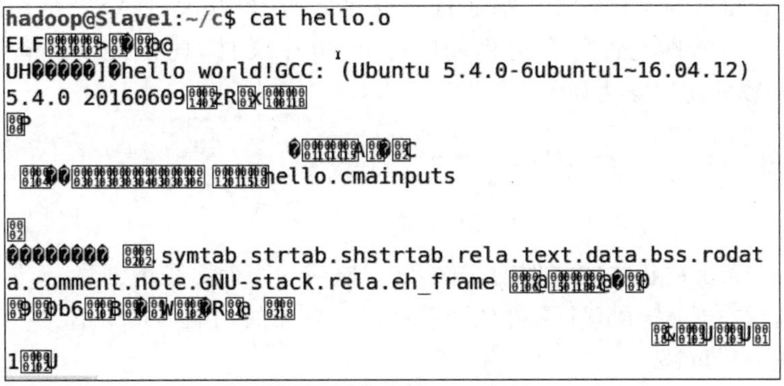

图 8-2　hello.o 文件的内容

8.2.4　连接阶段

在成功编译之后,就进入了连接阶段。在这里涉及一个重要的概念:函数库。

查看 hello.c 程序,在这个程序中并没有定义 printf 的函数实现,且在预编译中包含的 stdio.h 中也只有该函数的声明,而没有定义函数的实现,那么是在哪里实现 printf 函数的呢?最后的答案是:系统把这些函数实现都放进名为 libc.so(标准 C 语言函数库)的库文件中了,在没有特别指定时,gcc 会到系统默认的搜索路径“/usr/lib”下进行查找,也就是连接到 libc.so 库函数中,这样就能实现函数 printf 了,这就是连接的作用。

函数库分为静态库和动态库两种。静态库是指编译连接时,把库文件的代码全部加入到可执行文件中,因此生成的文件比较大,但在运行时也就不再需要库文件了。静态库的扩展名一般为“.a”。动态库与之相反,在编译连接时并没有把库文件的代码加入可执行文件中,而是在程序执行时才把函数代码从动态连接库中找出,连入可执行文件中,这样可以节省系统的开销。动态库的扩展名为“.so”,如前面所述的 libc.so 就是动态库。gcc 在编译时默认使用动态库。

完成了连接之后,gcc 就生成了可执行文件,如下。

```
$ gcc hello.o -o hello.exe    #将汇编输出文件 hello.o 连接成最终可执行文件 hello.exe
$ ./hello.exe                 #执行可执行文件 hello.exe
hello world!
```

◆ 8.3　文 件 操 作

Linux 的文件操作包括创建、打开、读写和关闭文件。

8.3.1　文件的创建、打开与关闭

1. 使用 creat 函数创建文件

函数 creat 的作用是在目录中建立一个空文件,文件创建成功时返回创建文件的描述符,即一个非负整数,否则返回−1。在 Linux 系统中,所有打开的文件都对应一个文件描述符。当文件打开或者创建新文件时,就会返回一个文件描述符,当读写文件时,也需要使用

文件描述符来指定待写文件。文件描述符的范围是 0～OPEN_MAX。早期的 UNIX 版本 OPEN_MAX = 19,即允许每个进程同时打开 20 个文件,现在很多系统都将其增加至 1024。creat 函数的使用方法如下。

```
int creat(const char * pathname, mode);
```

参数说明:

pathname:表示欲建立的文件的文件名,省略时为当前路径下创建。

mode:创建模式,表示这个文件的访问权限。常见的创建模式如下。

S_IRUSR——可读。

S_IWUSR——可写。

S_IXUSR——可执行。

S_IRWXU——可读、可写、可执行。

除了可以使用上述宏以外,还可以直接使用数字来表示文件的访问权限。

可执行(X)——1。

可写(W)——2。

可读(R)——4。

例如:可写、可读——6,无任何权限——0。

使用这个函数时,需要在程序文件的前面包含下面三个头文件。

```
#include<sys/types.h>
#include<sys/stat.h>
#include<fcntl.h>
```

【例 8-4】 使用 creat 函数在/home/hadoop 目录下面建立一个文件 tmp.txt。 使用 gedit 文本编辑器创建一个脚本文件 creat_test.c,文件内容如下。

```
#include<stdio.h>
#include <sys/types.h>
#include <sys/stat.h>
#include <fcntl.h>
int main()
{
  if(creat("/home/hadoop/tmp.txt",S_IRWXU)<0)        //用 creat 函数创建一个文件
{  printf("文件创建失败!\n");  }
  else {
printf("文件创建成功!\n");
  }
return 0;
}
$ gcc creat_test.c -o creat_test.out               #编译成可执行程序文件
$ ./creat_test.out                                 #执行 creat_test.out 文件
文件创建成功!
```

2. 使用 open 函数打开已经存在的文件或者创建一个新文件

open 函数的使用方法如下。

```
int open(const char * pathname,int flags[, mode]);
```

参数说明：

pathname：是待打开/创建文件的路径名。

mode：仅当创建新文件时才使用，用于指定文件的访问权限。

flags：用于指定文件的打开/创建模式，具体取值如下。

- O_RDONLY，只读方式打开文件。
- O_WRONLY，只写方式打开文件。
- O_RDWR，读写方式打开文件。
- O_CREAT，如果文件不存在，则创建该文件。
- O_TRUNC，如果文件已经存在，则删除文件中原有数据。
- O_APPEND，以追加方式打开文件。

3. 使用 fopen 函数打开已经存在的文件

fopen 是 C 下的标准 I/O 库函数，带输入/输出缓冲。

open 对应的文件操作有 close、read、write 等。

fopen 对应的文件操作有 fclose、fread、fwrite、freopen、fseek、ftell、rewind 等。

open 和 fopen 的区别如下。

(1) fopen 是标准 C 里定义的，open 是 POSIX 中定义的。

(2) fopen 不能指定要创建文件的权限，open 可以指定权限。

(3) fopen 返回文件指针，open 返回文件描述符（整数）。

函数 fopen 的作用是打开一个文件，这个函数的使用方法如下。

```
FILE * fopen(char * path,char * mode);
```

其中，如果文件被正常打开，会返回一个 FILE 类型的文件指针，打开失败则返回的内容为 NULL，可用 errno 捕获所发生的错误；path 表示需要打开的文件路径及文件名字符串；mode 表示文件打开形态的字符串。mode 有下列几种形态字符串。

- "r"：以只读方式打开文件，该文件必须存在。
- "w"：以写方式打开文件，并把文件长度截短为零。
- "a"：以追加的方式打开只写文件，若文件不存在，则会建立该文件；如果文件存在，写入的数据会被加到文件末尾。
- "r+"：以读写方式打开文件，该文件必须存在。
- "w+"：打开可读写文件。若文件存在，则文件长度清为零，即该文件内容全部删除；若文件不存在，则建立该文件。
- "a+"：以追加方式打开可读写的文件。若文件不存在，则建立该文件。如果文件存在，写入的数据会被加到文件末尾。

【例 8-5】　fopen 函数使用示例。

使用 gedit 文本编辑器创建一个脚本文件 test_fopen.c，文件内容如下。

```
#include <stdio.h>
```

```
int main()
{
  FILE * fp;                                    //定义一个文件指针
  int i;
  fp=fopen("/home/hadoop/c/gushi.txt", "r");    //以只读的方式打开 gushi.txt 文件
  if(fp==NULL)                                   //判断文件是否打开成功
    puts("文件打开不成功! \n");                    //提示打开不成功
  i=fclose(fp);                                  //关闭打开的文件
  if(i==0)                                       //判断文件是否关闭成功
    printf("文件关闭成功!\n");                     //提示关闭成功
  else
    puts("文件关闭不成功!\n");                     //提示关闭不成功
return 0;
}
$ gcc test_fopen.c -o test_fopen.out            #编译成可执行程序文件
$ ./test_fopen.out#执行 test_fopen.out 文件
文件关闭成功!
```

fclose()函数用来关闭一个由 fopen()函数打开的文件,其调用格式为

```
int fclose(FILE * stream);
```

该函数返回一个整数,当文件关闭成功时,返回 0;否则,返回一个非 0 值。可以根据函数的返回值判断文件是否关闭成功。在打开和访问文件以后,需要及时地关闭打开的文件,以释放系统资源。

8.3.2 文件的读与写

1. 读文件

(1) fread 函数从指定文件读取若干数据块,返回值为成功读取的数据块个数,失败返回 0。fread 函数的用法如下。

```
int fread(void * buffer, int size, int count, FILE * stream);
```

参数说明:

buffer:是一个指向用于存放读取出来的数据的缓冲区指针,可以是数组,也可以是新开辟的空间。

size:数据块的大小。

count:数据块个数。

stream:即将被读取数据的文件指针。

返回值:若成功,为读取的数据块个数,等于 count;返回值小于 count 时,文件 stream 可能已达末尾,或者遇到错误。

(2) fgetc 函数从文件中读取一个字符,返回读取到的字符,若返回 EOF 则表示到了文件尾。fgetc 函数的用法如下。

```
int fgetc(FILE * stream);
```

【例 8-6】　fgetc 函数使用举例。

使用 gedit 命令创建 testfgetc.c 文件,在文件里面输入如下程序代码。

```
#include<stdio.h>
int main()
{
  FILE * fp;
  int c;
  fp=fopen("/home/hadoop/c/gushi.txt","r");
  while((c=fgetc(fp))!=EOF)
    printf("%c",c);
  fclose(fp);
}
$ gcc testfgetc.c -o testfgetc.out      #编译成可执行程序文件
$ ./testfgetc.out#执行 testfgetc.out 文件
客舟系缆柳阴旁,湖影侵篷夜气凉。
万顷波光摇月碎,一天风露藕花香。
```

(3) fgets 函数从文件中读取字符串。fgets 函数的用法如下。

```
char * fgets(char * s, int size, FILE * stream);
```

功能:从参数 stream 所指的文件内读入字符并存到参数 s 所指的内存空间,直到出现换行字符、读到文件尾或是已读了 size-1 个字符为止,最后会加上 NULL 作为字符串结束。

返回值:若成功,则返回 s 指针;返回 NULL,则表示有错误发生。

【例 8-7】　fgets 函数使用举例。

使用 gedit 命令创建 testfgets.c 文件,在文件里面输入如下程序代码。

```
#include<stdio.h>
int main()
{
  char s[80];
  FILE * fp;
  fp=fopen("/home/hadoop/c/gushi.txt","r");
  fgets(s,80,fp);
  printf("%s",s);
  fclose(fp);
}
$ gcc testfgets.c -o testfgets.out      #编译成可执行程序文件
$ ./testfgets.out                       #执行 testfgetc.out 文件
客舟系缆柳阴旁,湖影侵篷夜气凉。
```

2. 写文件

fputc 的作用是将一个字符写入文本文件中,其用法如下。

```
int fputc(int c,FILE * stream);
```

在参数列表中,c 表示需要写入的字符,stream 表示已经打开的文件指针。如果写入成功,则返回这个字符,返回 EOF 则表示写入失败。

函数 fputs 的作用是将一个字符串写入文件中,其用法如下。

```
int fputs(char * string,FILE * stream);
```

在参数列表中,string 表示需要写入的字符串,stream 表示已经打开的文件指针。如果写入成功,则会返回实际写入字符的个数,写入不成功则会返回 EOF。

函数 fprintf 的作用是将一个变量的值按指定的格式写入文件中,其用法如下。

```
int fprintf(FILE * stream, char * format, <变量列表>);
```

fprintf()函数中格式化的规定与 printf()函数相同,所不同的只是 fprintf()函数是向文件中写入,而 printf()是向屏幕输出。

【例 8-8】 fputc、fputs 与 fprintf 函数使用示例。

使用 gedit 命令创建一个脚本文件 file_write.c,文件内容如下。

```
#include <stdio.h>
int main()
{ char * string="I like Linux!";              //定义字符串指针并初始化
  int i=101;
  FILE * fp;                                   //定义文件指针
  fp=fopen("file.txt","w");                    //建立一个文本文件,只写
  fputs("野火烧不尽,春风吹又生",fp);           //向所建文件写入一个字符串
  fputc('!',fp);                               //向所建文件写入一个字符
  fprintf(fp, "%d/n", i);                      //向所建文件写入一个整数
  fprintf(fp, "%s", string);                   //向所建文件写入一个字符串
  fclose(fp);
  return 0;
}
$ gcc file_write.c -o file_write.out           #编译成可执行程序文件
$ ./file_write.out                             #执行 file_write.out 文件
$ cat file.txt                                 #查看创建的 file.txt 的内容
野火烧不尽,春风吹又生!101/nI like Linux!
```

fwrite 函数用来向文件写入一个数据块,其用法如下。

```
fwrite(const void* buffer, int size, int count, FILE * stream);
```

参数说明如下。

buffer:是一个指针,对 fwrite 来说,是要获取数据的地址。

size:数据块的大小。

count:数据块个数。

stream:将被写入数据的文件指针。

【例 8-9】 fwrite 与 fread 函数使用示例。

使用 gedit 命令创建一个脚本文件 file_wr.c,文件内容如下。

```
#include<stdio.h>
#include<string.h>
int main()
{
  const char * msg="hello fwritehellofread";
FILE * file_fd;
file_fd = fopen("/home/hadoop/c/file1.txt","w+");
  fwrite(msg,12, 2,file_fd);
fclose(file_fd);
file_fd = fopen("/home/hadoop/c/file1.txt","r");
  char buf[50]={0};
  fread(buf,strlen(msg),1,file_fd);
  printf("数组 buf 的内容:\n");
printf("%s",buf);
fclose(file_fd);
  return 0;
}
$ gcc file_wr.c -o file_wr.out                    #编译成可执行程序文件
$ ./file_wr.out #执行 file_wr.out 文件
数组 buf 的内容:
hello fwrite hello fread
```

◇ 习　　题

1. gcc 的编译过程分为哪几个阶段？各阶段的主要工作是什么？

2. 编写脚本文件,使用 creat 函数在指定目录下建立一个文件 hello.txt。

3. 编写脚本文件,使用 fgetc 函数读取指定目录下的文件的内容。

第 9 章

Linux 下 C 语言进程和线程编程

Linux 就是一种支持多任务的操作系统,它支持多进程、多线程等多任务处理和任务之间的多种通信机制。本章主要介绍进程概述、进程编程和线程编程。

◈ 9.1 进 程 概 述

9.1.1 进程概念

进程是程序在一个数据集合上运行的过程,它是操作系统进行资源分配和调度的一个基本单位。

进程的特征:动态性,进程是程序的执行,进程有生命周期;并发性特征,多个进程可同存于内存中,能在一段时间内同时执行;独立性特征,资源分配和调度的基本单位;制约性特征,并发进程间存在制约关系,造成程序执行速度不可预测性,必须对进程的并发执行次序、相对执行速度加以协调;结构特征,进程由程序、数据和进程控制块三部分组成。

像 Linux 这样的多任务操作系统可以同时运行多个程序,每个运行着的程序实例就构成一个进程。作为多用户系统,Linux 允许许多用户同时访问系统,每个用户可以同时运行多个程序。在 Linux 操作系统中,向命令行输入一条命令,按 Enter 键,便会有一个进程被启动付诸运行,结合操作系统为其分配的资源完成程序的运行。

进程与程序的联系与区别如下。

(1) 程序是指令的有序集合,其本身没有任何运行的含义,是一个静态的概念。而进程是程序在处理机上的一次执行过程,它是一个动态的概念。

(2) 程序可以作为一种软件资料长期存在,而进程是有一定生命期的。程序是永久的,进程是暂时的。

(3) 进程和程序组成不同。进程是由程序、数据和进程控制块三部分组成的。

(4) 进程与程序的对应关系:通过多次执行,一个程序可对应多个进程;通过调用关系,一个进程可包括多个程序。

9.1.2 进程属性

当运行一个程序使它成为一个进程时,系统会开辟一段内存空间存放与此进程相关的数据信息,而这个数据信息是通过结构体 task_struct 来存放,把这个存放进程相关数据信息的结构体称为进程控制块(Process Control Block,PCB)。操作系统就是通过这个进程控制块来操作、控制进程的。进程控制块记录了用于描述进程进展情况及控制进程运行所需的全部信息,它是进程存在的唯一标志。通常,PCB 应包含如下一些属性信息。

进程标识符:每个进程都会被分配一个唯一的数字编号,称为进程标识符或 PID。

进程当前状态:为方便管理,相同状态的进程会组成一个队列,如就绪进程队列;等待进程则要根据等待的事件不同组成多个等待队列,如等待打印机队列、等待磁盘 I/O 完成队列等。进程的基本状态有运行态、就绪态和阻塞态(或等待态)三种。

进程相应的程序和数据地址:以便把 PCB 与其程序和数据联系起来。

进程资源清单:列出所有除 CPU 外的资源记录,如拥有的 I/O 设备、打开的文件列表等。

进程优先级:反映进程的紧迫程度,通常由用户指定和系统设置。

CPU 现场保护区:当进程因某种原因不能继续占用 CPU 时,释放 CPU,需要将 CPU 的各种状态信息保护起来。

进程同步与通信机制:用于实现进程间互斥、同步和通信所需的信号量等。

进程所在队列 PCB 的链接字:根据进程所处的现行状态,进程相应的 PCB 参加到不同队列中,PCB 链接字指出该进程所在队列中下一进程 PCB 的首地址。

与进程有关的其他信息:如进程记账信息,进程占用 CPU 的时间等。

◆ 9.2　进　程　编　程

实际上,当计算机开机的时候,操作系统内核只建立了一个 init 进程,新的进程要通过老的进程复制自身得到。进程存活于内存中。每个进程都在内存中分配有属于自己的一片空间。当进程调用 fork()函数的时候,Linux 在内存中开辟出一片新的内存空间给新的进程,并将老的进程空间中的内容复制到新的空间中,此后两个进程同时运行。

老进程成为新进程的父进程(parent process),而相应的,新进程就是老进程的子进程(child process)。一个进程除了有一个 PID 之外,还会有一个 PPID(parent PID)来存储父进程 PID。如果循着 PPID 不断向上追溯,总会发现其源头是 init 进程。所以说,所有的进程构成一个以 init 为根的树状结构。

Linux 主要提供了 fork()方法、vfork()方法、clone()方法三个创建进程的方法。

9.2.1　fork()方法创建进程

fork()方法
创建进程

一个进程调用 fork()方法将创建一个与原来进程几乎完全相同的进程,从父进程到子进程的过程可以理解为将原代码复制了一份,也就是两个进程可以做完全相同的事,但如果初始参数或者传入的变量不同,两个进程也可以做不同的事。调用 fork 的进程称为父进程,新生成的进程称为子进程。

fork()函数的语法格式如下。

```
pid_t fork( void);
```

pid_t 是一个宏定义，本质就是 int 类型。

函数返回值：在父进程中返回子进程的 Pid，在子进程中返回的是 0，如果父进程创建子进程失败，返回—1。

一般来说，调用 fork() 后是父进程先执行还是子进程先执行是不确定的，取决于内核所使用的调度算法。

【例 9-1】 fork() 用法举例。

创建 fork_test.c 文件，文件中的代码如下。

```c
#include <unistd.h>
#include <stdio.h>
#include <assert.h>
int main()
{
    pid_t pid = fork();
    assert(pid != -1);
    if(pid == 0)
    {
    printf("hello 子进程:%d\n",getpid());      //getpid()方法获取当前进程的 PID
        int i = 0;
        for(i;i<5;++i)
        {
            printf("子进程\n");
        }
    }
    else
    {
        printf("hello 父进程:%d\n",getpid());
        int i = 0;
        for(i;i<5;++i)
        {
            printf("父进程\n");
        }
    }
}

$ gcc fork_test.c -o fork_test.out            #编译生成可执行文件
$ ./fork_test.out                             #执行可执行文件
hello 父进程:9372
父进程
父进程
父进程
父进程
父进程
hello 子进程:9373
子进程
子进程
子进程
子进程
子进程
```

在语句"fpid = fork();"执行之前,只有一个进程在执行程序代码,但在该语句之后,如果创建新进程成功,则出现两个进程,一个是子进程,另一个是父进程。这时候有两个进程开始执行调用 fork()方法之后的代码,根据 fpid 的不同执行不同的语句。可以通过 fork 返回的值来判断当前进程是子进程还是父进程。

9.2.2　vfork()方法创建进程

vfork()方法不同于 fork()方法,用 vfork()方法创建的子进程与父进程共享地址空间,也就是说,子进程完全运行在父进程的地址空间上,如果这时子进程修改了某个变量,这将影响到父进程。vfork 也是在父进程中返回子进程的进程号,在子进程中返回 0。

注意:用 vfork()创建的子进程必须显式调用 exit()来结束,否则子进程将不能结束,而 fork()则不存在这个情况。

用 vfork()方法创建子进程后,父进程会被阻塞直到子进程调用 exec(将一个新的可执行文件载入地址空间并执行)或退出。vfork()方法的好处是在子进程被创建后仅是为了调用 exec 执行另一个程序,而不会对父进程的地址空间有任何引用,所以对地址空间的复制是多余的。因此,通过 vfork()共享内存可以减少不必要的开销。

【例 9-2】　vfork()用法举例。

创建 vfork_test.c 文件,文件中的代码如下。

```c
#include<stdio.h>
#include <sys/types.h>
#include <unistd.h>
#include<stdlib.h>

int main()
{
    pid_t pid;
    int count = 0;
    pid = vfork();                          //当子进程调用 exit 退出后,父进程才执行
    if(pid > 0){
        while(1){
            printf("这里是父进程,PID=%d\n",getpid());
            sleep(1);
            printf("count = %d\n",count);
                }}
    else if(pid == 0){
    while(1){
//getppid()用于得到当前进程的父进程的 id
            printf("这里是子进程 PID=%d, 其父进程 PID=%d\n",getpid(), getppid());
            sleep(1);
            count++;
            if(count == 3){
    exit(0);                                //结束进程
            }
        }
    }
```

```
return 0;
}
$ gcc vfork_test.c -o vfork_test.out          #编译生成可执行文件
$ ./vfork_test.out                            #执行可执行文件
这里是子进程 PID=10387, 其父进程 PID=10386
这里是子进程 PID=10387, 其父进程 PID=10386
这里是子进程 PID=10387, 其父进程 PID=10386
这里是父进程, PID=10386
count = 3
这里是父进程, PID=10386
count = 3
这里是父进程, PID=10386
count = 3
这里是父进程, PID=10386
```

9.2.3 clone()方法创建进程

clone 函数允许用户指定子进程继承或者复制父进程的某些特定资源，如信号量、文件描述符、文件系统、内存等内容。

```
int clone(int (*fn)(void *), void * child_stack, int flags, void * arg, pid_t *
ctid);
```

返回值：成功返回子进程的 ID，失败返回−1。使用 clone()创建子进程时，它将执行函数 fn(arg)。

函数参数含义如下。

fn：指向子进程在执行开始时调用的函数的指针。

clid_stack：指定子进程使用的堆栈的起始地址。

flags：指定需要从父进程继承哪些资源。flags 可以取的值有：CLONE_FS，子进程与父进程共享相同的文件系统；CLONE_FILES，子进程与父进程共享相同的文件描述符（file descriptor）表；CLONE_SIGHAND，子进程与父进程共享相同的信号处理（signal handler）表；CLONE_VM，子进程与父进程运行于相同的内存空间；CLONE_VFORK，父进程会一直挂起，直到子进程结束。

arg：指定传递给 fn 函数的参数。

【例 9-3】 clone()用法举例。

创建 clone_test.c 文件，文件中的代码如下。

```
#define _GNU_SOURCE                           //这个宏必须在最前面,否则编译会报错
#include <sched.h>
#include <unistd.h>
#include <stdio.h>
#include <sys/types.h>
#include <sys/select.h>
#include <stdlib.h>
```

```
int value = 0;

int child_progressFun(void * arg)
{
    while(1)
    {
        printf("在子进程中,value = %d\n",value);
        value ++;
        sleep(1);
        if(value == 3)break;
    }
    return 0;
}
void main(int argc,char * argv[])
{
    int childID = -1;
    char * stack = NULL;
    pid_t tid = 0;

    stack = malloc(4096);
    if(stack == NULL)
    {
        printf("栈空间分配失败\n");
        return;
    }
    //子进程继承父进程的数据空间/在子进程结束后运行/将子进程的 ID 存储到 tid 变量中
    int mask = CLONE_VM|CLONE_VFORK|CLONE_CHILD_SETTID;
//栈地址向下增长,因此起始地址为 stack+4096
    childID = clone(child_progressFun,stack+4096,mask,NULL,NULL,NULL,&tid);
    if(childID < 0)
    {
        printf("clone error\n");
        return;
    }
    printf("clone 成功,当前进程 PID=%d,子进程 PID=%d,tid=%d\n",getpid(),
childID,tid);
    while(1)
    {
        printf("在父进程中,value = %d\n",value);
        value ++;
        sleep(1);
        if(value == 6)break;
    }
}
$ gcc clone_test.c -o clone_test.out              #编译生成可执行文件
$ ./clone_test.out
在子进程中,value = 0
在子进程中,value = 1
在子进程中,value = 2
clone 成功,当前进程 PID=4586,子进程 PID=4587,tid=4587
```

```
在父进程中,value = 3
在父进程中,value = 4
在父进程中,value = 5
```

9.2.4 查看进程状态

1. ps 查看进程状态

ps(process status)命令用于查看当前系统的进程状态(属性),类似于 Windows 的任务管理器。ps 命令是最基本的进程查看命令,使用该命令可以确定有哪些进程正在运行和运行的状态、进程是否结束、进程有没有僵死、哪些进程占用了过多的资源等。ps 命令的语法格式如下。

```
ps [命令选项]
```

常用的命令选项如下。

a:显示当前终端下的所有进程信息,包括其他用户的进程信息。

u:使用以用户为主的格式输出进程信息。

x:显示当前用户在所有终端下的进程。

```
$ ps aux        #以简单列表的形式显示出进程信息
USER      PID  %CPU  %MEM    VSZ   RSS  TTY   STAT  START   TIME COMMAND
root        1   0.0   0.4  167724  9396  ?     Ss    09:36   0:02 /sbin/init s
root        2   0.0   0.0       0     0  ?     S     09:36   0:00 [kthread]
hadoop   1403   0.0   0.3   19100  7336  ?     Ss    09:37   0:00 /lib/systemd
hadoop   1404   0.0   0.0  103596  1728  ?     S     09:37   0:00 (sd-pam)
...
```

上述输出各字段的含义如下。

USER:启动该进程的用户账号名称。

PID:该进程的 ID,在当前系统中是唯一的。

%CPU:CPU 占用的百分比。

%MEM:内存占用的百分比。

VSZ:占用虚拟内存(swap 空间)的大小。

RSS:占用常驻内存(物理内存)的大小。

TTY:该进程在哪个终端上运行,"?"表未知或不需要终端。

STAT:显示进程当前的状态,如 S(休眠)、R(运行)、Z(僵死)、<(高优先级)、N(低优先级)、s(父进程)、+(前台进程)。

START:启动该进程的时间。

TIME:该进程占用 CPU 时间。

COMMAND:启动该进程的命令的名称。

在需要查看特定用户进程的情况下,可以使用 -u 参数,这个命令的结果或许会很长,为了便于查看,可以结合 less 命令和管道|来使用。

```
$ ps -u hadoop | less                          #查看 hadoop 用户的进程状态信息
PID TTY           TIME CMD
  1403 ?          00:00:00 systemd
  1404 ?          00:00:00 (sd-pam)
:
```

2. top 动态查看进程状态

ps 命令一次性给出当前系统中的进程状态，如果管理员需要实时监控进程运行情况，就必须不停地执行 ps 命令。top 命令可以动态地持续监听进程的运行状态，与此同时，该命令还提供了一个交互界面，用户可以根据需要，人性化地定制自己的输出，进而更清楚地了解进程的运行状态。top 命令的基本格式如下。

```
top [命令选项]
```

选项：

-d 秒数：指定 top 命令每隔几秒更新。默认是 3s。

-b：使用批处理模式输出。一般和"-n"选项配合使用，用于把 top 命令重定向到文件中。

-n 次数：指定 top 命令执行的次数。一般和"-"选项配合使用。

-p 进程 PID：仅查看指定 ID 的进程。

-u 用户名：只监听某个用户的进程。

在 top 命令的显示窗口中，还可以使用如下按键，进行以下交互操作。

? 或 h：显示交互模式的帮助。

P：按照 CPU 的使用率排序，默认就是此选项。

M：按照内存的使用率排序。

N：按照 PID 排序。

T：按照 CPU 的累积运算时间排序，也就是按照 TIME+ 项排序。

k：按照 PID 给予某个进程一个信号。一般用于中止某个进程，信号 9 是强制中止的信号。

r：按照 PID 给某个进程重设优先级（Nice）值。

q：退出 top 命令。

例如：

```
$ top
top - 12:00:55 up  2:24,  1 user,  load average: 0.18, 0.19, 0.15
任务: 200 total,   1 running, 199 sleeping,  0 stopped,  0 zombie
%Cpu(s):  7.1 us,  4.3 sy,  0.0 ni, 88.4 id,  0.0 wa,  0.0 hi,  0.2 si,  0.0 st
MiB Mem :   1977.5 total,    161.7 free,   1136.5 used,    679.3 buff/cache
MiB Swap:    487.0 total,    264.6 free,    222.4 used.    660.6 avail Mem

进程号 USER      PR  NI    VIRT    RES    SHR    %CPU  %MEM    TIME+ COMMAND
1677 hadoop    20   0 4248248 279752  82188 S   9.9  13.8   1:40.30 gnome-+
  1457 hadoop    20   0  268932  51944  22968 S   7.9   2.6   0:45.69 Xorg
```

命令的输出主要分为以下两部分。

第一部分是前 5 行,显示的是整个系统的资源使用状况,我们就是通过这些输出来判断服务器的资源使用状态的。

top 行:从左到右依次为当前系统时间,系统运行的时间,当前登录系统的用户数,系统在之前 1min、5min 和 15min 内 CPU 的平均负载值。如果 CPU 是单核的,则这个数值超过 1 就是高负载;如果 CPU 是四核的,则这个数值超过 4 就是高负载。

任务行:该行给出进程整体的统计信息,包括统计周期内进程总数、运行状态进程数、休眠状态进程数、停止状态进程数和僵死状态进程数。

%Cpu(s)行:CPU 整体统计信息,包括用户态下进程、系统态下进程占用 CPU 时间比,nice 值大于 0 的进程在用户态下占用 CPU 时间比,CPU 处于 idle 状态、wait 状态的时间比,以及处理硬中断、软中断的时间比。

MiB Mem 行:该行提供了内存统计信息,包括物理内存总量、已用内存、空闲内存以及用作缓冲区的内存。

MiB Swap 行:交换分区(swap)信息,包括交换空间总量、已用交换区大小、空闲交换区大小以及用作缓存的交换空间大小。

第二部分从第 6 行开始,显示的是系统中进程的信息,这部分和 ps 命令的输出比较类似。

3. pstree 以树状图查看进程状态

pstree(display a tree of processes)命令将所有进程以树状图显示。pstree 命令是用于查看进程之间的关系,即哪个进程是父进程,哪个进程是子进程,以树状展示,可以清楚地看出来是谁创建了谁。pstree 命令的语法格式如下。

```
pstree [命令选项] [PID 或用户名]
```

常用命令选项如下。

-a:显示启动每个进程对应的完整指令,包括启动进程的路径、参数等。
-c:不使用精简法显示进程信息,即显示的进程中包含子进程和父进程。
-n:根据进程 PID 来排序输出,默认是以程序名排序输出的。
-p:显示进程的 PID。
-u:显示进程对应的用户名称。

注意,在使用 pstree 命令时,如果不指定进程的 PID,也不指定用户名称,则会以 init 进程为根进程,显示系统中所有程序和进程的信息;反之,若指定 PID 或用户名,则将以 PID 或指定命令为根进程,显示 PID 或用户对应的所有程序和进程。init 进程是系统启动的第一个进程,进程的 PID 是 1,也是系统中所有进程的父进程。

单独执行 pstree 命令,将以树状图显示进程的名字,且相同进程合并显示。

```
$ pstree
systemd─┬─ModemManager───2*[{ModemManager}]
 ├─NetworkManager───2*[{NetworkManager}]
$ pstree -p                      #显示进程并显示 PID,每个进程括号里的是 PID
systemd(1)─┬─ModemManager(700)─┬─{ModemManager}(719)
```

```
|   └─{ModemManager}(722)
├─NetworkManager(569)─┬─{NetworkManager}(644)
|   └─{NetworkManager}(661)
$ pstree -p 569                          #查看 PID 为 569 的进程与子进程
NetworkManager(569)─┬─{NetworkManager}(644)
 └─{NetworkManager}(661)
```

9.2.5　终止进程

当一个进程执行到一半需要停止或已经消耗大量资源想要停止时,可以考虑结束这个进程。

1. kill 终止进程

通常,终止(杀死)一个前台进程可以使用 Ctrl+C 组合键,但是对于一个后台进程,如果知道进程 PID,就可以用 kill 命令来终止进程。kill 命令是通过向进程发送指定的信号来结束相应进程的。kill 命令的语法格式如下。

```
kill [信号] PID
```

常用信号及其含义如表 9-1 所示。

表 9-1　kill 命令常用信号及其含义

信号编号	信号名	含　　义
0	EXIT	程序退出时收到该信息
1	HUP	终端断线,也会造成某些进程在没有终止的情况下重新初始化
2	INT	结束进程,但并不是强制性的
3	QUIT	退出
9	KILL	强制结束进程
15	TERM	正常结束进程,是 kill 命令的默认信号
18	CONT	继续(与 STOP 相反)
19	STOP	暂停(同 Ctrl + Z 组合键)

```
# kill -9 3872                          #强制结束进程 3872
#已杀死
```

2. killall 终止指定名字的所有进程

kill 命令是按照 PID 来确定进程的,所以 kill 命令只能识别 PID,而不能识别进程名。killall 也是用于关闭进程的一个命令,但和 kill 不同的是,killall 命令不再依靠 PID 来杀死单个进程,而是通过程序名来杀死一类进程,也正是由于这一点,该命令常与 ps、pstree 等命令配合使用。

killall 命令的语法格式如下。

```
killall [命令选项] 进程名
```

常用的命令选项如下。

-e(exact)：对长名字要求严格匹配。

-I(ignore-case)：匹配进程名时忽略大小写。

-g(process-group)：终止进程组而不是进程。

-y(younger-than)：终止小于指定＜运行时长＞的进程。

-o(older-than)：终止大于指定＜运行时长＞的进程。

-i(interactive)：在终止进程前要求确认，即交互式终止进程。

-l(list)：列出所有的信号名。

-q(quiet)：不输出警告信息。

-r(regexp)：将"进程名"视为扩展正则表达式。

-u(user)用户：仅杀死指定"用户"的进程。

-v(verbose)：报告信号是否成功送出。

-w(wait)：等待进程终止。

-Z 正则表达式：杀死含有指定上下文的进程。

例如：

```
$ killall -9 hello*              #模糊匹配,终止所有以 hello 开头的进程
$ killall -u hadoop             #终止 hadoop 用户所运行的所有进程
$ killall -o 6h                 #终止运行时间超过 6h 的进程
$ killall -i bash               #交互式杀死进程
杀死 bash(14404) ?(y/N)
```

9.2.6 at 定时执行命令

at 命令允许指定 Linux 系统何时运行脚本，at 命令会将作业提交到队列中，指定 Shell 在何时运行该作业。at 的守护进程 atd 会以后台模式运行，检查作业队列来运行作业。atd 守护进程会检查系统上的一个特殊目录来获取 at 命令提交的作业。默认情况下，atd 守护进程每 60s 检查一次目录。有作业时，会检查作业运行时间，如果时间与当前时间匹配，则运行此作业。

若系统未安装 at 软件包，可使用如下命令进行安装。

```
$ sudo apt install at
```

at 命令的语法格式如下。

```
at [命令选项] [参数]
```

常用的命令选项如下。

-m：当指定的任务被完成之后，将给用户发送邮件，即使没有标准输出。

-M：不发送邮件。

　　-l：atq 命令的别名,atq 命令可以查看系统中等待的作业。

　　-d：atrm 命令的别名,atrm 命令可以删除系统中的等待作业,后面加上要删除的作业 ID。

　　-v：显示任务将被执行的时间,显示的时间格式为 Thu Feb 20 14:50:00 2022。

　　-c：打印任务的内容到标准输出。

　　-V：显示版本信息。

　　-q<队列>：使用指定的队列。

　　-f<文件>：从指定文件读入任务而不是从标准输入读入。

　　-t<时间参数>：以时间参数的形式提交要运行的任务。

　　at 命令示例如下。

　　【例 9-4】　三天后的下午 5 点钟执行/bin/ls。

```
$ at 5pm+3 days                        #执行后提示符由"$"变为"at>"
at> /bin/ls
at><EOT>                               #按 Ctrl+D 组合键结束 at 命令的输入
job 1 at Thu Oct 13 17:00:00 2022
```

　　at 能够接受在当天的 hh:mm(小时:分钟)式的时间指定,若该时间已过去,就会放在第二天执行。另外,还可以使用 midnight(深夜)、noon(中午)、teatime(饮茶时间,一般是下午 4 点)等比较模糊的词语来指定时间。用户能够采用 12h 计时制,即在时间后面加上 AM(上午)或 PM(下午)来说明是上午还是下午。用户还能够指定命令执行的具体日期,指定格式为 month day(月日)或 mm/dd/yy(月/日/年)或 dd.mm.yy(日.月.年),指定的日期必须跟在指定时间的后面。

　　上面介绍的都是绝对计时法,其实还能够使用相对计时法,这对于安排不久就要执行的命令是很有好处的。指定格式为 now ＋ count time-units,now 就是当前时间,time-units 是时间单位,这里能够是 minutes(分钟)、hours(小时)、days(天)、weeks(星期)。count 是时间的数量,究竟是几天还是几小时,等等。还有一种计时方法就是直接使用 today(今天)、tomorrow(明天)来指定完成命令的时间。

　　实现下午 4 点添加日期到 at.txt 文件的命令如下。

```
$ at 4:00PM
at> date >> at.txt
at><EOT>
job 2 at Tue Oct 11 16:00:00 2022
```

　　可以使用 atq(at queue)命令来查看 at 作业队列。

```
$ atq
1  Thu Oct 13 17:00:00 2022 a hadoop
2  Tue Oct 11 16:00:00 2022 a hadoop
```

　　可以使用"atrm 作业 id"删除已经设置的作业。

```
$ atrm 1                    #删除 1 号作业
$ atq                       #查看 at 作业队列
2    Tue Oct 11 16:00:00 2022 a hadoop
```

◆ 9.3 线 程 编 程

9.3.1 线程概念

线程是操作系统能够进行运算调度的最小单位。它被包含在进程之中,是进程中的实际运作单位。一条线程指的是进程中一个单一顺序的控制流,一个进程中可以并发多个线程,每条线程并行执行不同的任务。

在多核或多 CPU 上使用多线程程序设计的好处是能够提高程序的执行吞吐率。在单 CPU 单核的计算机上,使用多线程技术,也可以把进程中负责 I/O 处理、人机交互而常被阻塞的部分与密集计算的部分分开来执行,编写专门的线程执行密集计算,从而提高程序的执行效率。

进程和线程的区别如下。

(1) 进程是资源分配的最小单位,线程是程序执行的最小单位(资源调度的最小单位)。

(2) 进程有自己的独立地址空间,每启动一个进程,系统就会为它分配地址空间,建立数据表来维护代码段、堆栈段和数据段,创建一个进程的开销很大。而线程是共享进程中的数据的,使用相同的地址空间,因此 CPU 切换一个线程的花费远比进程要小很多,同时创建一个线程的开销也比进程要小很多。

(3) 线程之间的通信更方便,同一进程下的线程共享全局变量、静态变量等数据,而进程之间的通信需要以通信的方式进行。

(4) 多进程程序更健壮。多线程程序只要有一个线程死掉,整个进程也死掉了,而一个进程死掉并不会对另外一个进程造成影响,因为进程有自己独立的地址空间。

Linux 中,线程又叫作轻量级进程(Light-Weight Process,LWP),也有 PCB。Linux 下没有真正意义的线程,因为 Linux 下没有给线程设计专有的结构体,它的线程是用进程模拟的,而它是由多个进程共享一块地址空间而模拟得到的。

9.3.2 线程创建

pthread_create()函数用来创建一个新线程,其功能类似于 fork()进程创建函数,语法格式如下。

```
int pthread_create(pthread_t * thread, const pthread_attr_t * attr, void * ( *
start_routine) (void *), void * arg);
```

返回值:创建成功返回 0,创建失败返回错误号。

参数含义如下。

thread:用来接收一个 pthread_t 类型(在 Linux 下为无符号整数)的变量的地址,传出参数,保存系统分配的线程 ID。

attr:设置线程的属性,通常为 NULL,表示使用线程默认属性。

start_routine：函数指针，保存函数地址，指向线程要执行的主函数（线程体），该函数运行结束，则线程结束。

arg：线程主函数执行期间所使用的参数，如要传多个参数，可以用结构封装。

【例 9-5】　pthread_create()函数使用举例。

创建 pthread_create_test.c 文件，文件中的代码如下。

```
#include <stdio.h>
#include <pthread.h>
#include <unistd.h>

void * fun(void * arg)
{
//pthread_self()用来获取线程 ID
    printf("这里是被创建的线程, 线程 ID = %lu\n", pthread_self());
    return NULL;
}


int main(void)
{
    pthread_t tid;
    pthread_create(&tid, NULL, fun, NULL);
    sleep(1);                       //在多线程环境中,父线程终止,全部子线程被迫终止
    printf("这里是进程, 进程 ID = %d\n", getpid());
    return 0;
}

$ gcc pthread_create_test.c -o pthread_create_test.out  -lpthread
                                               #编译生成可执行文件
$ ./pthread_create_test.out
这里是被创建的线程, 线程 ID = 140357890725632
这里是进程, 进程 ID = 19865
```

在一个进程中调用 pthread_create()创建新的线程后，当前进程从 pthread_create()返回继续往下执行，而新的线程执行函数指针 start_routine 所指的函数。start_routine()函数接收的参数是通过 pthread_create()函数的 arg 参数传递过去的，该参数的类型为 void ＊，start_routine 所指的函数的返回值类型也是 void ＊。start_routine 所指的函数返回时，这个线程就退出了，其他线程可以调用 pthread_join()函数得到 start_routine 所指的函数的返回值。

pthread_create()成功返回后，新创建的线程的 ID 被填写到 thread 参数所指向的内存单元。进程 ID 的类型是 pid_t，每个进程的 ID 在整个系统中是唯一的，调用 getpid()函数可以获得当前进程的 ID，是一个正整数值。线程 ID 的类型是 thread_t，它只在当前进程中保证是唯一的，它可能是一个整数值，也可能是一个结构体。

9.3.3　线程终止

终止线程执行的方式有三种，分别如下。

(1) 线程执行完成后,自行终止。

(2) 线程执行过程中执行了 pthread_exit()函数或者 return 语句,也会终止执行。

(3) 线程执行过程中,接收到其他线程发送的"终止执行"的信号,然后终止执行。

1. pthread_exit 函数

pthread_exit 函数的语法格式如下。

```
void pthread_exit(void * retval);
```

参数 retval 是 void * 类型的指针,可以指向任何类型的数据,它指向的数据将作为线程退出的返回值。如果线程不需要返回任何数据,将 retval 参数置为 NULL。

注意:retval 指针不能指向函数内部的局部数据(如局部变量),否则很可能使程序运行结果出错,甚至崩溃。

2. pthread_join 函数

创建好一个线程后,在进程中调用 pthread_join()可以使进程等待线程执行完毕,这个函数是一个线程阻塞函数,调用它的进程将一直等待到线程执行完毕为止,而且当函数返回时,线程的资源将被收回。

```
int pthread_join(pthread_t thread, void **rval_ptr);
```

返回值:等待 thread 所表示的线程执行完成,成功则返回 0,否则返回错误编号。

thread:线程 ID,创建线程的时候传出的第一个参数。

rval_ptr:接收 thread 所表示的线程执行的函数的返回值。

【例 9-6】 pthread_exit 函数和 pthread_join 函数使用举例。

创建 pthread_exit_test.c 文件,文件中的代码如下。

```c
#include <stdio.h>
#include <pthread.h>
#include <unistd.h>
//创建的线程要执行的函数
void * threadFun(void * arg)
{
    //终止线程的执行,将"创建线程执行的函数调用 pthread_exit 函数终止所创建线程的执
    //行"返回
    pthread_exit("创建线程执行的函数调用 pthread_exit 函数终止所创建线程的执行");
}
int main()
{
    int res;
    //创建一个空指针
    void * thread_result;
    //定义一个线程类型的变量,保存系统分配的线程 ID
    pthread_t myThread;
    res = pthread_create(&myThread, NULL, threadFun, NULL);
    if (res != 0) {
        printf("线程创建失败");
        return 0;
```

```
    }
    //线程创建成功,等待 myThread 线程执行完成,用 thread_result 接收线程的返回值
    res = pthread_join(myThread, &thread_result);
    if (res != 0) {
        printf("等待线程失败");
    }
    printf("调用 pthread_exit 函数终止进程退出的返回值:\n%s\n", (char *) thread_
result);
    return 0;
}
$ gcc pthread_exit_test.c -o pthread_exit_test.out -lpthread
                                                    #编译生成可执行文件
$ ./pthread_exit_test.out                           #执行可执行文件
调用 pthread_exit 函数终止进程退出的返回值:
创建线程执行的函数调用 pthread_exit 函数终止所创建线程的执行
```

3. pthread_cancel 函数

多线程程序中,一个线程可以调用 pthread_cancel() 函数向另一个线程发送"终止执行"的信号(即 Cancel 信号)终止线程的执行。函数的语法格式如下。

```
int pthread_cancel(pthread_t thread);
```

返回值:如果 pthread_cancel() 函数成功地发送了 Cancel 信号,返回数字 0,否则返回非零数。对于因"未找到目标线程"导致的信号发送失败,函数返回 ESRCH 宏(定义在 <errno.h> 头文件中,该宏的值为整数 3)。

参数说明如下。

thread:用于接收 Cancel 信号的目标线程。

【例 9-7】　pthread_cancel 函数使用举例。

创建 pthread_cancel_test.c 文件,文件中的代码如下。

```
#include <stdio.h>
#include <pthread.h>
#include <stdlib.h>
#include <unistd.h>
//线程执行的函数
void * thread_Fun(void * arg) {
    printf("新建线程 myThread 开始执行\n");
    while(1){
        printf("进程 PID=%d, 线程 tid=%lu\n", getpid(), pthread_self());
        sleep(1);
    }
}


int main()
{
    pthread_t myThread;
    void * thread_result;
```

```
    int res;
    //创建 myThread 线程
    res = pthread_create(&myThread, NULL, thread_Fun, NULL);
    if (res != 0) {
        printf("线程创建失败\n");
        return 0;
    }
    sleep(1);
    //向 myThread 线程发送 Cancel 信号
    res = pthread_cancel(myThread);
    if (res != 0) {
        printf("终止 myThread 线程失败\n");
        return 0;
    }
    //thread_result 获取已终止线程的返回值
    res = pthread_join(myThread, &thread_result);
    if (res != 0) {
        printf("等待线程失败\n");
        return 0;
    }
    //如果线程被强制终止,其返回值为 PTHREAD_CANCELED
    if (thread_result == PTHREAD_CANCELED) {
        printf("myThread 线程被强制终止\n");
    }
    else {
        printf("error\n");
    }
    return 0;
}
$ gcc pthread_cancel_test.c -o pthread_cancel_test.out -lpthread
                                        #编译生成可执行文件
$ ./pthread_cancel_test.out             #执行可执行文件
新建线程 myThread 开始执行
进程 PID=3607, 线程 tid=139869941643008
进程 PID=3607, 线程 tid=139869941643008
myThread 线程被强制终止
```

习　　题

1. 概述三个创建进程的方法 fork()方法、vfork()方法和 clone()方法。

2. 使用进程调度启动,指定三天后的下午 5 点钟将/home/stu 目录里的文件备份并压缩为 stu.tar.gz,放到/home/temp 目录里(当前/home/temp 目录并不存在)。

3. 编写一个程序,开启三个线程,这三个线程的 ID 分别为 A、B、C,每个线程将自己的 ID 在屏幕上打印 10 遍,要求输出结果必须按 ABC 的顺序显示,如 ABCABC…。

Linux 下 C 语言网络编程

不管是在 Windows 平台下还是在 Linux 平台下,网络编程都是少不了的。无论什么编程语言都需要支持网络编程,只不过在接口实现方式上,会根据自身编程语言的特性,对套接字进行封装。本章主要介绍套接字、IP 地址的转换、域名 IP 地址转换和套接字编程。

◆ 10.1 套 接 字

套接字

10.1.1 套接字概念

套接字(Socket)的原意是“插座”,在计算机通信领域,它是计算机之间进行通信的一种约定或一种方式。通过 Socket 这种约定,一台计算机可以接收其他计算机传送的数据,也可以向其他计算机发送数据。正如把插头插到插座上就能从电网获得电力供应一样,为了与远程计算机进行数据传输,必须先连接到 Internet,而 Socket 就是用来连接到 Internet 的工具。

Socket 的典型应用就是 Web 服务器和浏览器:浏览器获取用户输入的网址,向服务器发起请求,服务器分析接收到的网址,将对应的网页内容返回给浏览器,浏览器再经过解析和渲染,将文字、图片、视频等元素呈现给用户。

通常用一个 Socket 表示“打开一个网络连接”。网络通信,归根到底还是进程间的通信,不同计算机上的进程间通信。在网络中,每一个结点都有一个网络地址,也就是 IP 地址。两个进程通信时,首先要确定各自所在的网络结点的网络地址。但是,网络地址只能确定进程所在的计算机,而一台计算机上很可能同时执行多个进程,所以仅凭网络地址还不能确定到底是和网络中的哪一个进程进行通信,因此套接字中还需要包括端口号(PORT)。在一台计算机中,一个端口号一次只能分配给一个进程,端口号和进程之间是一一对应的关系。Socket 使用(IP 地址、协议、端口号)来唯一地标识一个网络中的一个网络进程。协议有很多种,经常用到的就是 TCP、IP、UDP。端口号的范围为 0~65 535,0~1024 范围的端口号已经被系统使用或保留,用户端口号一般大于 1024。

10.1.2 套接字存储

C 语言进行套接字编程时,常会使用 sockaddr 结构体或 sockaddr_in 结构体存储套接字的信息，用来处理网络通信的地址。

sockaddr 用来存储一个套接字的信息，其结构体结构如下。

```
struct sockaddr
{
  unsigned shortint sa_family;
  char sa_data[14];
}
```

sockaddr 结构体中，两个成员的含义如下。

sa_family：指定通信的地址类型。如果是 TCP/IP 通信，则该值为 AF_INET。

sa_data：最多使用 14 个字符长度，用来保存该 Socket 的 IP 地址和端口号。

sockaddr 的缺陷是 sa_data 把目标 IP 地址和端口信息混在一起了。

结构体 sockaddr_in 解决了 sockaddr 的缺陷，把 IP 地址和端口号分开存储在两个变量中，该结构体的结构如下。

```
struct sockaddr_in
{
  short int sin_family;
  unsigned short int    sin_port;
  struct in_addr        sin_addr;
  unsigned char         sin_zero[8];
}
```

sockaddr_in 结构体中，4 个成员的含义如下。

sin_family：与 sockaddr 结构体中的 sa_family 相同。

sin_port：存储套接字要监听的端口号。

sin_addr：存储需要访问的 IP 地址。

sin_zero[8]：为了让 sockaddr 与 sockaddr_in 两个数据结构保持大小相同而保留的空字符，填充 0。

在这一结构体中，in_addr 也是一个结构体，作用是保存一个 IP 地址，其结构如下。

```
struct in_addr
{
  unsigned long int   s_addr;
};
```

10.1.3　套接字类型

套接字类型指的是在网络通信中不同的数据传输方式，常用的套接字类型有下面三种。

1. 流套接字

流套接字用 SOCK_STREAM 表示，使用了面向连接的可靠的数据通信方式，即 TCP（Transmission Control Protocol）。SOCK_STREAM 是一种可靠的、双向的通信数据流，数据可以准确无误地到达另一台计算机，如果损坏或丢失，可以重新发送。SOCK_STREAM

有以下特征：数据在传输过程中不会消失；数据是按照顺序传输的；数据的发送和接收不是同步的。

2. 数据报套接字

数据报套接字用 SOCK_DGRAM 表示，使用无连接的数据传输方式，即 UDP（User Datagram Protocol），这种协议在数据发送出去以后，就完成通信的任务，后面完全依靠网络来完成数据传输，不能完全保证数据正确传输，也不能保证数据按顺序接收。因而，数据报套接字不能保证数据传输的可靠性。

3. 原始套接字

原始套接字用 SOCK_RAW 表示，用于新的网络协议实现的测试等，普通的套接字无法处理 ICMP、IGMP 等网络报文，而 SOCK_RAW 可以；其次，SOCK_RAW 也可以处理特殊的 IPv4 报文；此外，利用原始套接字，用户可以通过 IP_HDRINCL 套接字选项构造 IP 头。原始套接字可以用来自行组装数据包，以接收本机网卡上所有的数据帧（数据包），对于监听网络流量和分析网络数据很有用。原始套接字与流套接字、数据报套接字的区别在于，原始套接字直接用于操作系统网络核心，而流套接字、数据报套接字则作用于 TCP 和 UDP 的外围。

◇ 10.2　IP 地址的转换

网络 IP 地址本是用 32 位二进制来表示的，为了记忆方便，可以用点分十进制来表示 IP 地址。同时，网络 IP 地址在网络传输与计算机内部的字符存储的方式是不同的，需要用相关函数将网络 IP 地址进行转换。

10.2.1　将网络地址转换成长整型

函数 inet_addr 可以将一个网络 IP 地址字符串转换成一个十进制长整型数。函数用到的头文件及语法格式如下。

```
#include <sys/socket.h>
#include <netinet/in.h>
#include <arpa/inet.h>
long inet_addr(char * cp);
```

参数 cp 表示一个 IP 地址字符串，函数会将这个 IP 地址转换成一个长整型数。

【例 10-1】　将一个 IP 地址转换成一个长整型数。

创建 inet_addr_test.c 文件，文件中的代码如下。

```
#include <stdio.h>
#include <stdlib.h>
#include <sys/socket.h>
#include <netinet/in.h>
#include <arpa/inet.h>
int main (int argc, char * argv[])
{
    char * ptr;
```

```
    //检测命令行中的参数是否存在
    if (argc !=2) {
      //如果没有参数,则给出使用方法
      printf ("执行程序文件时需提供 IP 地址字符串\n");
      //退出
      exit(1);
    }

    ptr = argv[1];
    printf("IP:%s\n", ptr);

    printf("IP 的长整型地址:%ld\n",(long)inet_addr(ptr));  //转换成长整型 IP 地址
    return 0;
}
$ gcc inet_addr_test.c -o inet_addr_test.out
$ ./inet_addr_test.out 110.242.68.3
IP:110.242.68.3
IP 的长整型地址:54850158
```

10.2.2　将长整型 IP 地址转换成网络地址

函数 inet_ntoa 可以将一个长整型 IP 地址转换成一个点分十进制网络地址,该函数用到的头文件及语法格式如下。

```
#include <sys/socket.h>
#include <netinet/in.h>
#include <arpa/inet.h>
char * inet_ntoa(struct in_addr in);
```

函数的参数 in 是一个 in_addr 类型的结构体,这个结构体的定义方法如下。
而 struct in_addr 结构体定义如下。

```
struct in_addr
{
  in_addr_t s_addr;
};
```

其中,in_addr_t 一般为 32 位的 unsigned int,用来存储一个长整型的 IP 地址,打印的时候可以调用 inet_ntoa()函数将其转换为 char * 类型。

【例 10-2】 将例 10-1 中 IP 地址转换生成的长整型数转换成一个 IP 地址。
创建 inet_ntoa_test.c 文件,文件中的代码如下。

```
#include <stdio.h>
#include <sys/socket.h>
#include <netinet/in.h>
#include <arpa/inet.h>
int main()
```

```
{
struct in_addr ip;                                      //定义一个地址结构体变量
ip.s_addr=54850158;                                     //长整型的 IP 地址
printf("长整型 54850158 的字符串 IP 地址是%s\n",inet_ntoa(ip));   //转换后输出
}

$ gcc inet_ntoa_test.c -o inet_ntoa_test.out            #编译生成可执行文件
$ ./inet_ntoa_test.out                                  #执行可执行文件
长整型 54850158 的字符串 IP 地址是 110.242.68.3
```

◈ 10.3　域名 IP 地址转换

人们在使用网络时通常都不愿意记忆冗长的 IP 地址,尤其到 IPv6 时,地址长度多达 128b。因此,使用主机名或域名将会是很好的选择。主机名与域名的区别:主机名通常在局域网里面使用,可通过/etc/hosts 文件将主机名解析为对应的 IP 地址;域名通常是在 Internet 上使用,如网址 www.baidu.com。下面介绍 C 程序中的 IP 地址与域名的转换问题。

网址只是为了方便人类的阅读和记忆,计算机并不能直接处理,需要把域名转换为对应的 IP 地址才能处理。因此,人们直接在网络浏览器的地址栏中输入相应的 IP 地址也是可以访问网络的。

打开一个终端窗口,可以利用 ping www.baidu.com 命令得到 www.baidu.com 域名对应的 IP 地址网址,www.baidu.com 对应的 IP 地址为 110.242.68.4。

```
$ ping www.baidu.com
PING www.a.shifen.com (110.242.68.4) 56(84) bytes of data.
64 比特,来自 110.242.68.4 (110.242.68.4):icmp_seq=1 ttl=53 时间=22.4 毫秒
64 比特,来自 110.242.68.4 (110.242.68.4):icmp_seq=2 ttl=53 时间=21.2 毫秒
-- www.a.shifen.com ping 统计 ---
已发送 2 个包,已接收 2 个包, 0% 包丢失, 耗时 1010 毫秒
```

把 IP 地址 110.242.68.4 直接输入网络浏览器的地址栏中,按 Enter 键后就可以访问百度网站。

在 Linux 中,gethostbyname()、gethostbyaddr()等函数可以实现主机名和 IP 地址的转换,它们都可以实现 IPv4 和 IPv6 的地址和主机名之间的转换。其中,gethostbyname()是将主机名或域名转换为 IP 地址,gethostbyaddr()则是逆操作,是将 IP 地址转换为主机名。

10.3.1　通过主机名或域名获取 IP 地址

域名仅仅是 IP 地址的一个助记符,目的是方便记忆,通过域名并不能找到目标计算机,通信之前必须要将域名转换成 IP 地址。gethostbyname()函数可以完成这种转换,其语法格式如下。

```
#include <netdb.h>
struct hostent * gethostbyname(const char * hostname);
```

其中,这个函数的传入值是域名或者主机名,hostname 为主机名或域名。使用该函数时,传递域名字符串,返回一个 hostent 结构体类型指针,如果函数调用失败,将返回 NULL。hostent 结构体的定义如下。

```
struct hostent
{
char * h_name;              //官方域名,www.baidu.com 的 h_name 是 www.a.shifen.com
    char **h_aliases;               //别名,同一 IP 地址可以绑定多个域名
    int h_addrtype;                 //主机 IP 地址类型,IPv4 为 AF_INET
    int h_length;                   //保存 IP 地址长度,IPv4 为 4B,IPv6 为 16B
        char **h_addr_list; //以网络字节序存储主机 IP 地址族,对于用户较多的服务器,
        //可能会分配多个 IP 地址给同一域名,利用多个服务器进行均衡负载
}
```

h_addr_list 表示的是主机的 IP 地址,是以网络字节序存储的,是一个字符指针的指针。这个指针指向的是一个名为 in_addr 的结构体的地址,可以通过强制类型转换(struct in_addr *) host->h_addr 得到该结构体,其中,host=host=gethostbyname()。而 struct in_addr 结构体定义如下。

```
struct in_addr
{
in_addr_t s_addr;
};
```

其中,in_addr_t 一般为 32 位的 unsigned int,用来存储一个长整型的 IP 地址,打印的时候可以调用 inet_ntoa()函数将其转换为 char * 类型。

【例 10-3】 gethostbyname()用法举例。

创建 gethostbyname_test.c 文件,文件中的代码如下。

```
#include <stdio.h>
#include <stdlib.h>
#include <errno.h>
#include <netdb.h>
#include <sys/types.h>
#include <netinet/in.h>
#include <arpa/inet.h>
int main (int argc, char * argv[])
{
    char **pptr;
    struct hostent * host;
    /* 检测命令行中的参数是否存在 */
    if (argc != 2) {
      /* 如果没有参数,则给出使用方法 */
      printf ("执行程序文件时需提供域名\n");
      //退出
      exit(1);
    }
```

```
    /*取得主机信息*/
    if ((host=gethostbyname(argv[1])) == NULL){
        //如果 gethostbyname()调用失败,则给出错误信息
        herror("gethostbyname");
        exit(1);
    }
    //打印 gethostbyname()的返回值的相关信息
    printf("h_name 所存储的官方域名:%s\n",host->h_name); //输出域名的官方域名
    //同一 IP 地址可能多个域名,将所有域名分别打印出来
    for (pptr = host->h_aliases; * pptr != NULL; pptr++)
        printf("域名别名:%s\n", * pptr)
    printf("h_addrtype 所存储的地址类型:%s \n", (host->h_addrtype == AF_INET) ?
"AF_INET" : "AF_INET6");
    printf("h_length 所存储的地址长度:%d\n", host->h_length);
    struct in_addr * inaddr;
    inaddr = (struct in_addr * )host->h_addr;
    printf("整数形式的 IP 地址:%x\n",inaddr->s_addr);
    for (int i = 0; host->h_addr_list[i]; i ++) {
        printf("常规形式的 IP 地址:%s \n", inet_ntoa( * ((struct in_addr * )host->
h_addr_list[i])));
    }

    return 0;
}
$ gcc gethostbyname_test.c -o gethostbyname_test.out
$ ./gethostbyname_test.out www.baidu.com
h_name 所存储的官方域名:www.a.shifen.com
域名别名:www.baidu.com
h_addrtype 所存储的地址类型:AF_INET
h_length 所存储的地址长度:4
整数形式的 IP 地址:344f26e
常规形式的 IP 地址:110.242.68.3
常规形式的 IP 地址:110.242.68.4
```

10.3.2　通过 IP 地址获取域名或主机名

函数 gethostbyaddr()用于将 IP 地址转换为域名或主机名,该函数的调用格式如下。

```
#include <netdb.h>
struct hostent * gethostbyaddr(const char * addr, size_t len, int family);
```

其中,参数 addr 是网络字节序的 IP 地址,此时这个 IP 地址不是普通的字符串,而是要通过函数 inet_aton()转换;参数 len 是 IP 地址的长度,参数 type 是 IP 地址的类型(可以是 AF_INET 或 AF_INET6)。函数的返回值是 hostent 结构体类型指针。

【例 10-4】　gethostbyaddr()用法举例。

创建 gethostbyaddr_test.c 文件,文件中的代码如下。

```
#include <sys/socket.h>
#include <netinet/in.h>
#include <arpa/inet.h>
#include <unistd.h>
#include <stdio.h>
#include <errno.h>
#include <string.h>
#include <netdb.h>
#include <stdlib.h>

int main(int argc, char **argv)
{
    char * ptr, **pptr;
    struct in_addr addr;
    struct hostent * phost;
    //检测命令行中的参数是否存在
    if (argc != 2) {
        //如果没有参数,则给出使用方法
        printf ("执行程序文件时需提供 IP 地址 \n");
        //退出
        exit(1);
    }

    ptr = argv[1];
    printf("ip:%s\n", ptr);

    if (inet_pton(AF_INET, ptr, &addr) <= 0) {
        printf("inet_pton error:%s\n", strerror(errno));
        return -1;
    }

    phost = gethostbyaddr((const char * ) &addr, sizeof(addr), AF_INET);
    if (phost == NULL) {
        printf("按地址获取域名或主机名出现错误:%s\n", strerror(h_errno));
        return -1;
    }
    printf("官方域名:%s\n", phost->h_name);

    return 0;
}
$ gcc gethostbyaddr_test.c - o gethostbyaddr_test.out
$ ./gethostbyaddr_test.out 192.168.1.126
ip:192.168.1.126
官方域名:bogon
./gethostbyaddr_test.out 127.0.0.1
ip:127.0.0.1
官方域名:localhost
$ ./gethostbyaddr_test.out 180.97.33.108
ip:180.97.33.108
按地址获取域名或主机名出现错误:Operation not permitted
```

◇ 10.4　套接字编程

网络程序分为服务端程序和客户端程序。服务端即提供服务的一方,客户端为请求服务的一方。很多情况下,网络程序的客户端、服务器端角色区分并不明显,即互为客户端和服务端。

网络通信一般是基于 TCP 或者 UDP 进行的。

TCP(Transfer Control Protocol,传输控制协议)是一种面向连接的协议,网络程序使用该协议可以保证客户端和服务器端之间的传输是可靠的。

UDP(User Datagram Protocol,用户数据报协议)是一种非面向连接的协议,网络程序使用该协议并不能保证网络程序的连接是可靠的。

网络程序具体采用哪类协议,要视具体情况而定。例如,如果是大数据量的通信,而且对数据的完整性要求不是特别高,则可以采用 UDP,可以得到更快的传输速率。如果要实现一些诸如文件传输、社交通信之类的功能,就需要采用 TCP 通信,以保证传输的可靠性。

Linux 系统中常用的套接字编程函数有 socket()、bind()、listen()、accept()、connect()、send()、recv()、close()。

TCP 通信流程如图 10-1 所示。

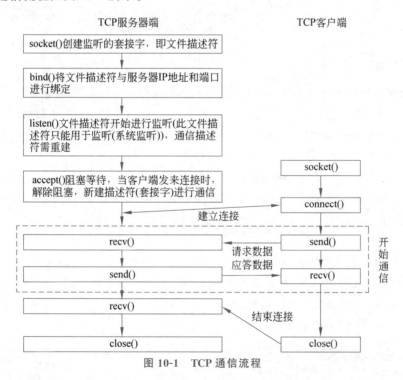

图 10-1　TCP 通信流程

10.4.1　创建套接字

socket()函数用于创建套接字,打开网络通信端口。该函数类似文件操作中的 open()函数,socket()函数完成正确的操作后返回一个文件描述符,是一个大于 0 的数,当返回值小于 0 时,操作错误。socket()函数位于函数库 sys/socket.h 中,该函数的语法格式如下。

```
int socket(int af, int type,int protocol)
```

参数说明。

af:为地址族(Address Family),也就是 IP 地址类型,常用的有 AF_INET 和 AF_INET6。AF 是 Address Family 的简写,INET 是 Internet 的简写。AF_INET 表示 IPv4 地址,例如 127.0.0.1(一个特殊 IP 地址,表示本机地址);AF_INET6 表示 IPv6 地址,例如 1030::C9B4:FF12:48AA:1A2B。

type:套接字类型,可以是 SOCK_STREAM(流套接字)、SOCK_DGRAM(数据报套接字)等。

protocol:表示传输协议,常用的有 IPPROTO_TCP 和 IPPTOTO_UDP,分别表示 TCP 和 UDP。可以将 protocol 的值设为 0,系统会自动推断应该使用什么协议。

使用 IPv4 地址类型、SOCK_STREAM 传输数据、TCP 创建套接字的命令如下。

```
int tcp_socket = socket(AF_INET, SOCK_STREAM, IPPROTO_TCP);
```

使用 IPv4 地址类型、SOCK_DGRAM 传输数据、UDP 创建套接字的命令如下。

```
int udp_socket = socket(AF_INET, SOCK_DGRAM, IPPROTO_UDP);
```

10.4.2　绑定端口

bind()函数用于将本地的 IP 地址和端口(IP 和端口就是服务器的地址信息)绑定到一个已经建立的套接字上,bind()函数用于服务器端。服务器的 IP 地址和端口通常固定不变,客户端得知服务器的地址和服务端口后,可主动向服务器请求连接。因此,服务器需要调用 bind()函数将一个服务端口绑定到套接字上。

函数 bind()的头文件以及函数语法格式如下。

```
#include<sys/socket.h>
int bind(int sockfd, const struct sockaddr * addr, int addrlen);
```

其中,sockfd 是使用 socket()函数创建的套接字对应的套接字描述符;addr 是需要绑定的 socket 地址,这个地址封装了服务器的 IP 地址和端口信息;addrlen 为 sockaddr 结构体的长度。如果 bind()函数执行成功,则返回 0,否则返回-1。

sockaddr 结构体的定义如下。

```
struct sockaddr
{
  unsigned short int sa_family;
  char sa_data[14];
};
```

该结构体的成员的含义如下。

sa_family：调用 socket()时的 af 参数。

sa_data：最多使用 14 个字符长度，含有 IP 地址与端口的信息。

由于 sockaddr 结构类型不方便设置，一般不用 sockaddr 结构，而使用另外一个结构 sockaddr_in 来进行设置，然后强制类型转换成 sockaddr 类型的数据。

【例 10-5】　使用 bind()函数绑定套接字示例。

下面的实例代码使用 bind()函数在一个打开的 Socket 上面绑定 IP 地址与端口号。

使用 gedit 编辑器创建一个脚本文件 bind.c，文件内容如下。

```c
#include <sys/types.h>
#include <sys/socket.h>
#include <netinet/in.h>
#include <arpa/inet.h>
#include <unistd.h>
#include <stdio.h>
#include <string.h>
#define PORT 5555                                  //定义一个表示端口的常量
int main()
{
int sockfd;                                        //定义套接口描述符
struct sockaddr_in addr;                           //定义套接口地址数据结构变量
int addr_len = sizeof(struct sockaddr_in);
if ((sockfd = socket(AF_INET, SOCK_STREAM,0)) < 0) //建立一个 Socket
{
printf("创建套接字失败!\n");
return 1;
}
else /*建立成功。*/
{
printf("创建套接字成功!\n");
printf("socked id: %d \n", sockfd);
}
bzero(&addr, sizeof(addr));                         //清空表示地址的结构体变量
addr.sin_family = AF_INET;                          //设置地址类型为 AF_INET
addr.sin_port = htons(PORT);
        //htons 函数将一个 16 位数从字节顺序转换成网络字节顺序
addr.sin_addr.s_addr = htonl(INADDR_ANY);
        //htonl 函数将一个 32 位数从字节顺序转换成网络字节顺序
if(bind(sockfd, (struct sockaddr *) &addr, sizeof(addr))<0) //bind绑定端口
{
printf("绑定端口失败!");
return 1;
}
else
{
printf("绑定端口成功!\n");
printf("local port:%d\n",PORT) ;
}
        return 0;
```

```
}
$ gcc bind.c -o bind.out                                    #编译成可执行程序文件
$ ./bind.out#执行可执行程序文件
创建套接字成功!
创建套接字成功!
socked id: 3
绑定端口成功!
local port:5555
```

10.4.3 监听与接收连接

对于服务器,它是被动连接的,服务器必须监听等待客户端的连接请求。

1. 服务器监听函数 listen()

listen()函数用于实现服务器监听等待功能。listen()函数的 Linux 头文件以及函数定义如下。

```
#include <sys/socket.h>
int listen(int sockfd, int backlog);
```

参数说明。

sockfd:Socket 文件描述符。

backlog:设置请求队列的最大长度。

如果调用成功,函数的返回值为 0,否则返回-1。

listen()函数的主要作用是将套接字(sockfd)变成被动的连接监听套接字(被动等待客户端的连接)。注意,listen()函数并未真正地接收连接,只是设置 Socket 的状态为 listen 模式,真正接收客户端连接的是 accept()函数。通常情况下,作为一个服务器,在调用 socket()、bind()之后就会调用 listen()来监听这个 Socket,如果客户端这时调用 connect()发出连接请求,服务器就会接收这个请求。

2. 服务器接收连接函数 accept()

服务器处于监听状态时,如果获得客户机的连接请求,会将这个连接请求放在连接请求等待队列中,当系统空闲时将处理客户机的连接请求。

accept()函数功能是从连接请求等待队列头部取出一个连接请求并处理,如果这个队列没有已经完成的连接,accept()函数就会阻塞,直到取出队列中已完成的用户连接为止。

accept()函数的 Linux 头文件以及函数定义如下。

```
#include <sys/types.h>
#include <sys/socket.h>
int accept(int sockfd, struct sockaddr * addr, int * addrlen);
```

函数参数说明如下。

sockfd:listen 函数指定的监听 Socket。

addr:请求连接方(即客户端)地址。

addrlen:客户端地址长度。

如果 accept() 函数执行成功,返回值为一个新的连接 Socket(也称为已连接套接字),该 Socket 唯一标识了接收的新连接,后续双方可以利用已连接套接字进行通信。如果 accept() 函数执行失败,返回值为 -1。

10.4.4 请求连接

客户端的流程比较简单,创建套接字,然后调用 connect() 函数向服务器发起连接请求。connect() 函数的 Linux 头文件以及函数定义如下。

```
#include <sys/types.h>
#include <sys/socket.h>
int connect (int sockfd, struct sockaddr * serv_addr, int addrlen)
```

参数 sockfd 为客户端的 Socket 描述字;参数 serv_addr 是一个结构体指针,指向一个 sockaddr 结构体,这个结构体存储着远程服务器的 IP 与端口信息;参数 addrlen 为结构体 sockaddr 的长度。

函数会将本地的 Socket 连接到 serv_addr 所指定的服务器 IP 与端口。如果连接成功,返回值为 0,否则返回 -1。

10.4.5 数据的发送与接收

建立套接字并完成网络连接以后,可以把信息传送到远程主机上,这个过程就是信息的发送。对于远程主机发送来的信息,本地主机需要进行接收处理。

1. 数据的发送

用 connect 函数连接到远程计算机以后,可以用 send 函数将信息发送到远程计算机。send() 函数的头文件以及函数定义如下。

```
#include <sys/socket.h>
int send(int sockfd, const void * buff, int len, int flags);
```

函数的参数说明如下。

sockfd:指定发送端套接字描述符。

buff:为存放发送数据的缓冲区指针。

len:表示缓冲区 buf 中数据的长度,这个长度可以用 sizeof 函数来取得。

flags:表示调用的执行方式(阻塞/非阻塞),一般设置为 0。

send() 函数如果发送数据成功,函数会返回已经传送的字符个数,否则会返回 -1。

2. 数据的接收

recv() 函数用于从已连接的套接字中接收信息,接收远程主机发送来的数据,并把这些数据保存到一个数组中。recv() 函数的头文件以及函数定义如下。

```
#include <sys/socket.h>
int recv(int sockfd, void * buff,int len, int flags);
```

该函数的参数列表与 send() 函数的参数列表形式相同,代表的含义基本对应,只是该函数的 sockfd 为接收端套接字描述符。

10.4.6 关闭套接字

close()函数用于释放系统分配给套接字的资源,该函数的头文件以及函数定义如下。

```
#include <unistd.h>
int close(int sockfd);
```

函数中的参数 sockfd 是待关闭的 Socket。

【例 10-6】 面向连接套接字通信实例。

使用 gedit 编辑器服务器端程序文件 tcpserver.c,文件内容如下。

```
#include <sys/types.h>
#include <sys/socket.h>
#include <stdio.h>
#include <netinet/in.h>
#include <arpa/inet.h>
#include <unistd.h>
#include <string.h>
#include <stdlib.h>
#include <fcntl.h>
#include <sys/shm.h>
#define SERVERPORT   8001
#define QUEUE    10
#define BUFFER_SIZE 1024

int main()
{
    int server_sockfd;                              //定义套接口描述符
    if ((server_sockfd = socket(AF_INET, SOCK_STREAM,0)) < 0)  //建立一个 Socket
    {
      printf("创建套接字失败!\n");
      return 1;
    }

    struct sockaddr_in server_sockaddr;          //定义服务器端套接口地址数据结构变量
    server_sockaddr.sin_family = AF_INET;
    server_sockaddr.sin_port = htons(SERVERPORT);
    //htons 函数将一个 16 位数从字节顺序转换成网络字节顺序
    server_sockaddr.sin_addr.s_addr = htonl(INADDR_ANY);
    //htonl 函数将一个 32 位数从字节顺序转换成网络字节顺序
    //INADDR_ANY 表示让服务器端计算机上的所有网卡的 IP 地址都可以作为服务器 IP 地址

    //bind,成功返回 0,出错返回-1
    if(bind(server_sockfd,(struct sockaddr * )&server_sockaddr,sizeof(server_
sockaddr))==-1)
    {
        printf("绑定端口失败!");
```

```
        exit(1);
    }

    //listen,成功返回 0,出错返回-1
    if(listen(server_sockfd,QUEUE) == -1)
    {
        printf("监听失败!");
        exit(1);
    }

    //客户端套接字
    char buffer[BUFFER_SIZE];
    struct sockaddr_in client_sockaddr;      //定义客户端套接口地址数据结构变量
    socklen_t length = sizeof(client_sockaddr);

    //成功返回非负描述字,出错返回-1
    int conn = accept(server_sockfd, (struct sockaddr *) &client_sockaddr,
&length);
    if(conn<0)
    {
        printf("连接客户端失败!");
        exit(1);
    }

    while(1)
    {
        memset(buffer,0,BUFFER_SIZE);
        int len = recv(conn, buffer, BUFFER_SIZE,0);
        if(strcmp(buffer,"exit\n")==0)
            break;
        fputs(buffer, stdout);
        send(conn, buffer, len, 0);
    }
    close(conn);
    close(server_sockfd);
    return 0;
}
```

使用 gedit 编辑器客户端程序文件 tcpclient.c,文件内容如下。

```
#include <sys/types.h>
#include <sys/socket.h>
#include <stdio.h>
#include <netinet/in.h>
#include <arpa/inet.h>
#include <unistd.h>
#include <string.h>
#include <stdlib.h>
#include <fcntl.h>
```

```
#include <sys/shm.h>

#define MYPORT   8001
#define BUFFER_SIZE 1024

int main()
{
    int client_sockfd;                                        //定义套接口描述符
    if ((client_sockfd = socket(AF_INET, SOCK_STREAM,0)) < 0)  //建立一个 Socket
    {
      printf("创建套接字失败!\n");
      return 1;
    }

    struct sockaddr_in server_sockaddr;          //定义服务器端套接口地址数据结构变量
    memset(&server_sockaddr, 0, sizeof(server_sockaddr));
    server_sockaddr.sin_family = AF_INET;
    server_sockaddr.sin_port = htons(MYPORT);                  //服务器端口
    server_sockaddr.sin_addr.s_addr = inet_addr("127.0.0.1"); ///服务器 IP

    //连接服务器,成功返回 0,错误返回-1
    if (connect(client_sockfd, (struct sockaddr * ) &server_sockaddr, sizeof
(server_sockaddr)) < 0)
    {
        printf("连接服务器失败!");
        exit(1);
    }

    char sendbuf[BUFFER_SIZE];
    char recvbuf[BUFFER_SIZE];
    while (fgets(sendbuf, sizeof(sendbuf), stdin) != NULL)
    {
        send(client_sockfd, sendbuf, strlen(sendbuf),0);       //发送
        if(strcmp(sendbuf,"exit\n")==0)
            break;
        recv(client_sockfd, recvbuf, sizeof(recvbuf),0);       //接收
        fputs(recvbuf, stdout);

        memset(sendbuf, 0, sizeof(sendbuf));
        memset(recvbuf, 0, sizeof(recvbuf));
    }

    close(client_sockfd);
    return 0;
}
```

运行时,先在一个终端运行服务器程序文件,然后在另一个终端运行客户端程序文件,具体运行过程及输出结果如下。

```
服务器端:
$ gcc tcpserver.c -o tcpserver.out
$ ./tcpserver.out
Hello
World
客户端:
$ gcc tcpclient.c -o tcpclient.out
$ ./tcpclient.out
Hello
Hello
World
World
```

 习　　题

1. 概述套接字类型。
2. 概述 TCP 通信流程。

第 11 章

Linux 下 Python 进程和线程编程

Python 3 提供了两个进行多线程的模块,分别是_thread 和 threading,一个多进程编程模块 multiprocessing。本章介绍编写和运行 Python 代码、安装 Python 开发工具 VS Code、安装 Python 开发工具 Anaconda、线程编程、线程同步和进程编程。

◇ 11.1　编写和运行 Python 代码

Ubuntu 20.04 已经默认安装了 Python 3.8.10,可使用"python3 --version"查看系统默认的 Python 版本。

```
$ python3 --version
Python 3.8.10
```

每次使用 Python 都需要输入"python3"打开 Python 交互式编程模式,可设置输入"python"默认打开 Python 3,命令如下。

```
$ sudo ln - s /usr/bin/python3 /usr/bin/python
$ python                            #打开 Python 3 交互式编程模式
Python 3.8.10 (default, Nov 26 2021, 20:14:08)
[GCC 9.3.0] on linux
Type "help", "copyright", "credits" or "license" for more information.
>>>
```

1. 安装 Python 软件包的工具 pip3

pip 是一个用来安装 Python 软件包的工具,打开一个终端,可以使用下述命令安装 pip 工具。

```
$ sudo apt-get install python3-pip
```

由于每次使用 pip 都需要输入 pip3,设置 pip 默认打开 pip3:

```
$ sudo ln - s /usr/bin/pip3 /usr/bin/pip
```

使用 pip 安装 Python 所需的扩展库(也称软件包),具体用法如下。

```
$ pip install package_name              #安装最新版本的扩展库 package_name
$ pip install package_name==version     #安装指定版本扩展库 package_name
```

pip 升级软件包的命令如下。

```
$ pip install --upgrade package_name
```

pip 卸载软件包的命令如下。

```
$ pip uninstall package_name
```

pip 列出已安装的软件包的命令如下。

```
$ pip list
```

2. 运行 Python 程序文件

用 gedit 编写一个 Python 程序脚本文件 hello.py，文件的内容如下。

```
print("Hello World!")
```

运行编写的 Python 程序脚本文件 hello.py 的命令如下。

```
$ python hello.py               #下面是运行程序文件得到的输出结果
Hello World!
```

3. 更换 pip 源

pip 默认使用境外源，下载速度较慢且时而报错，可以更换为国内的 pip 源，具体步骤如下。

```
$ mkdir ~/.pip/
$ cd ~/.pip/
$ sudo gedit pip.conf            #编辑 pip.conf 文件，输入以下内容，然后保存退出文件
[global]
index-url=http://mirrors.aliyun.com/pypi/simple/
[install]
trusted-host=mirrors.aliyun.com
```

查看当前源的命令如下。

```
$ pip config list
global.index-url='http://mirrors.aliyun.com/pypi/simple/'
install.trusted-host='mirrors.aliyun.com'
```

◆ 11.2　安装 Python 开发工具 VS Code

Visual Studio Code(简称 VS Code)是一款由微软开发且跨平台的免费源代码编辑器。该软件支持语法高亮、代码自动补全(又称 IntelliSense)、代码重构、查看定义功能，并且内

置了命令行工具和 Git 版本控制系统。用户可以通过更改主题和键盘快捷方式实现个性化设置，也可以通过内置的扩展程序商店安装扩展以拓展软件功能。

1. 安装 VS Code

VS Code 下载地址：https://code.visualstudio.com/。

并将其保存到 Ubuntu 的下载文件夹中。直接双击安装包进行安装。

2. 启动 VS Code

单击 Ubuntu 界面左下角的显示应用程序，在搜索栏中输入"Visual Studio Code"，在出现的搜索结果中单击 Visual Studio Code 图标，启动应用。

第一次启动 Visual Studio Code 时，会出现如图 11-1 所示的界面。

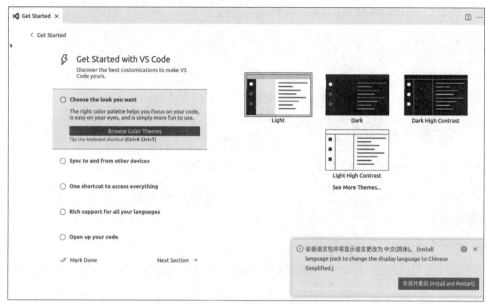

图 11-1　启动 Visual Studio Code 的界面

单击图 11-1 右下角的安装语言包按钮，重启后的界面如图 11-2 所示。

3. 在 VS Code 中安装 Python 相关插件

在图 11-2 中，单击左上角最下边的扩展图标，打开扩展面板，搜索 Python，找到微软出品的 Python 插件（通常是搜索结果的第 1 个），如图 11-3 所示，单击"安装"按钮即可。

4. 选择 Python 解释器

Python 插件安装完成后，在出现的界面中选择 Select a Python Interpreter，选择推荐的就可以。

5. 编辑代码

按 Ctrl＋N 组合键新建一个文件，然后选择语言，选择 Python 语言后进入代码编辑界面，如图 11-4 所示，输入一行代码"print("hello world")"。

代码输入完成后需要保存文件才能运行，按 Ctrl＋S 组合键保存，重新命名文件名为"hello.py"并保存，出现的界面如图 11-5 所示，文件名右侧的圆点会消失，右侧出现三角形运行符号。

单击三角形运行符号运行代码，就可以在下部终端窗口中看到输出结果"hello world"了。

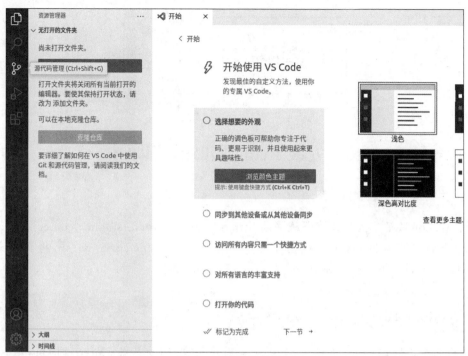

图 11-2　重启后的界面

图 11-3　安装 Python 插件

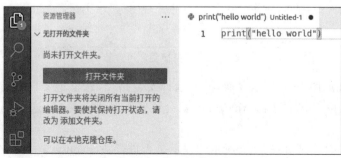

图 11-4　代码编辑界面

图 11-5　"hello.py"保存后的界面

◇ 11.3　安装 Python 开发工具 Anaconda

11.3.1　安装 Anaconda

到 Anaconda 清华大学镜像下载网站 https://mirrors.tuna.tsinghua.edu.cn/anaconda/archive/下载安装文件,这里下载的是 Anaconda3-5.3.1-Linux-x86_64.sh,将其下载到/home/hadoop 目录下。执行如下命令开始安装 Anaconda。

```
$ cd /home/hadoop
$ bash Anaconda3-5.3.1-Linux-x86_64.sh
```

执行命令以后,如图 11-6 所示,会提示查看许可文件,直接按 Enter 键即可,然后会显示软件许可文件,可以不断按 Enter 键,直到文件的末尾。

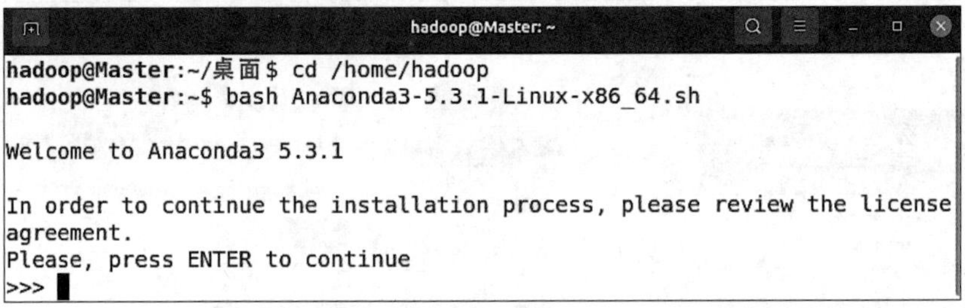

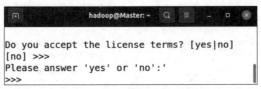

图 11-6　执行 bash Anaconda3-5.3.1-Linux-x86_64.sh 命令后的界面

到许可文件末尾以后,会出现提示"是否接受许可条款",输入"yes"后按 Enter 键即可,如图 11-7 所示。

```
Do you accept the license terms? [yes|no]
[no] >>>
Please answer 'yes' or 'no':'
>>>
```

图 11-7　是否接受许可条款

然后,会出现如图 11-8 所示界面,提醒选择安装路径,这里不要自己指定路径,直接按 Enter 键就可以(按 Enter 键后 Anaconda 就会被安装到默认路径,这里是/home/hadoop/anaconda3)。

安装过程中,会出现如图 11-9 所示的提示是否进行 Anaconda 3 初始化,也就是设置一些环境变量,这里输入"yes",然后按 Enter 键。

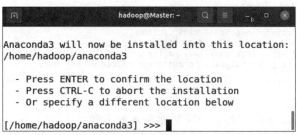

图 11-8　选择安装路径

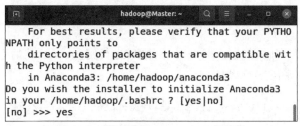

图 11-9　是否进行 Anaconda 3 初始化

安装成功以后，可以看到如图 11-10 所示的信息。

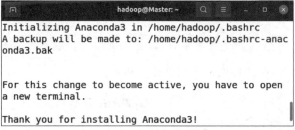

图 11-10　安装成功的界面

安装结束后，关闭当前终端，然后重新打开一个终端，输入命令：anaconda -V，可以查看 Anaconda 3 的版本信息，如下所示。

```
$ anaconda -V
anaconda Command line client (version 1.7.2)
```

11.3.2　配置 Jupyter Notebook

安装了 Anaconda 后，默认自动安装了 Jupyter Notebook。下面开始配置 Jupyter Notebook，在终端中执行如下命令。

```
$ jupyter notebook --generate-config
Writing default config to: /home/hadoop/.jupyter/jupyter_notebook_config.py
```

然后，在终端中执行如下命令。

```
$ cd /home/hadoop/anaconda3/bin
$ ./python
```

执行效果如图 11-11 所示。

```
hadoop@Master:~/anaconda3/bin$ ./python
Python 3.7.0 (default, Jun 28 2018, 13:15:42)
[GCC 7.2.0] :: Anaconda, Inc. on linux
Type "help", "copyright", "credits" or "license" for more information.
>>>
```

图 11-11 执行效果

然后,在 Python 命令提示符>>>后面输入如下命令。

```
>>> from notebook.auth import passwd
>>> passwd()
Enter password:
```

执行后,提示输入密码,如输入"123456",之后进行密码确认,然后系统会生成一个密码字符串。这里生成的密码字符串是:

```
'sha1:73db209e7633:571704e7158e5dbda476c2cb086a5862ee34da94'
```

需要记录该字符串,后面用于配置密码。

然后,在 Python 命令提示符>>>后面输入"exit()",退出 Python。

在终端输入如下命令开始配置文件。

```
$ sudo gedit ~/.jupyter/jupyter_notebook_config.py
```

进入配置文件页面,在文件的开头增加以下内容。

```
c.NotebookApp.ip='*'                    #设置所有 IP 皆可访问
c.NotebookApp.password = 'sha1:73db209e7633:571704e7158e5dbda476c2cb086a5862ee34da94'
#这是前面生成的密码字符串
c.NotebookApp.open_browser = False      #禁止自动打开浏览器
c.NotebookApp.port =8888                #端口
c.NotebookApp.notebook_dir = '/home/hadoop/jupyternotebook'
                                        #设置 Notebook 启动后进入的目录
```

然后保存文件并关闭文件。

c.NotebookApp.notebook_dir = '/home/hadoop/jupyternotebook'用于设置 Jupyter Notebook 启动后进入的目录,由于该目录不存在,可使用如下命令创建。

```
$ mkdir /home/hadoop/jupyternotebook
```

11.3.3 运行 Jupyter Notebook

在终端输入如下命令运行 Jupyter Notebook。

```
$ jupyter notebook
```

执行命令后的界面如图 11-12 所示。

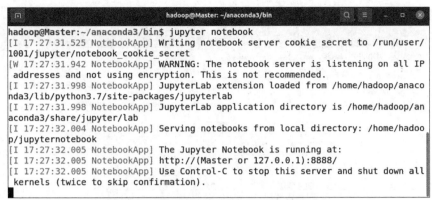

图 11-12　执行 jupyter notebook 命令后的界面

打开浏览器，输入"http：//localhost：8888"，会弹出对话框，输入前面生成密码字符串的密码"123456"，单击 Log in 按钮，如图 11-13 所示。

图 11-13　Log in 界面

登录后的界面如图 11-14 所示，这时，Jupyter Notebook 的工作目录是/home/hadoop/jupyternotebook，该目录下面没有任何文件。

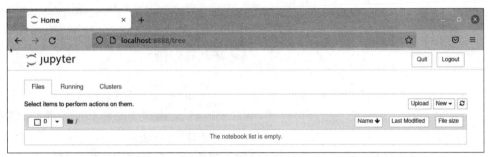

图 11-14　登录后的界面

在图 11-14 界面中单击 New 按钮，在弹出的子菜单中单击 Python 3，打开编写 Python 代码网页界面，如图 11-15 所示。在文本框中输入 Python 代码，如 print("Hello Jupyter Notebook!")，然后单击 Run 按钮，就可以执行文本框中的代码。

单击图 11-15 上方的"Untitled"，可重新设置代码文件的名称，如"HelloJupyter"，然后单击 Rename 按钮可实现重命名。重命名后的界面如图 11-16 所示。

单击图 11-16 中的 图标可保存编写的代码文件。

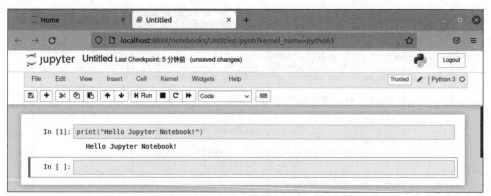

图 11-15　编写 Python 代码网页界面

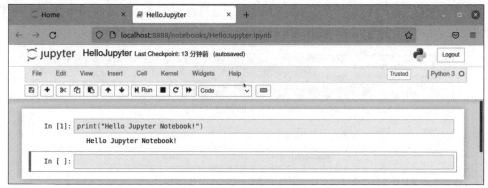

图 11-16　重命名后的界面

11.3.4　为 Anaconda 安装扩展库

可通过 conda install 扩展库名(或 pip install 扩展库名)安装 Anaconda 所需的扩展库。

◆ 11.4　线 程 编 程

Python 3 中常用的两个线程模块为_thread 和 threading。在 Python 2 中使用 thread 模块,而在 Python 3 中该模块已经被废弃,使用_thread 来兼容。在 Python 3 中,推荐使用 threading 模块。

Python 创建线程对象的方式有两种:使用函数或者用类来创建线程对象。

11.4.1　使用 start_new_thread()函数创建线程

调用_thread 模块中的 start_new_thread()函数来创建新线程,该函数的语法格式如下。

```
_thread.start_new_thread ( function, args[, kwargs] )
```

参数说明:

function:线程运行的函数。

args：传递给线程函数的参数，必须是 tuple 类型。

kwargs：可选参数。

函数的功能：创建一个线程并运行指定的函数，当函数执行完返回时，线程自动结束。

【例 11-1】　start_new_thread()创建线程举例。

用 Python 开发工具创建如下程序代码文件。

```python
import _thread
import time
#为线程定义一个函数
def print_time(threadName, delay):
    count = 0
    while count < 3:
        time.sleep(delay)                #推迟调用线程的运行,delay 表示推迟执行的秒数
        count += 1
        print("%s start at %s" % (threadName,time.ctime()))
#创建两个线程
try:
    _thread.start_new_thread( print_time, ("Thread-1", 2, ) )
    _thread.start_new_thread( print_time, ("Thread-2", 4, ) )
except:
    print ("Error: 无法启动线程")
while True:
    pass
```

执行上述程序得到的输出结果如下。

```
Thread-1 start at Mon Oct  3 17:25:30 2022
Thread-2 start at Mon Oct  3 17:25:32 2022
Thread-1 start at Mon Oct  3 17:25:32 2022
Thread-1 start at Mon Oct  3 17:25:34 2022
Thread-2 start at Mon Oct  3 17:25:36 2022
Thread-2 start at Mon Oct  3 17:25:40 2022
```

11.4.2　使用 threading 模块的 Thread 类创建线程

Python 3 的标准库_thread 和 threading 都提供了对线程的支持。只不过_thread 提供
的是低级别的、原始的线程以及一个简单的锁，_thread 模块的功能比较有限。threading 模
块除了包含 _thread 模块中的所有方法外，还提供了其他的方法，因此在 Python 3 中一般
建议使用 threading 模块的 Thread 类来创建和处理线程。其语法格式如下。

```
mthread = threading.Thread(target=function_name, args=(function_parameter1,
function_parameterN))
```

函数功能：创建一个线程对象 mthread。

参数说明：

target：指定需要线程执行的函数名 function_name。

args：传递给线程执行函数的参数，该参数是一个元组，如果只有一个参数，也需要在末尾加逗号。

Thread 类支持两种方式来创建线程：一种就是上述的 threading.Thread()方法；另一种是通过继承 Thread 类并在派生类中重写__init__()和 run()方法。

创建线程对象后，可以调用线程对象的 start()方法来启动线程，该方法自动调用对象的 run()方法，此时线程处于 alive 状态，直至线程的 run()方法运行结束。

Thread 类还定义了以下常用方法与属性。

Thread.getName()：返回线程名。

Thread.setName()：设置线程名。

Thread.name：用于获取和设置线程的名称。

Thread.ident：获取线程的标识符。线程标识符是一个非零整数，只有在调用了 start()方法之后该属性才有效，否则它只返回 None。

Thread.isAlive()：返回线程是否活动的。

Thread.join([timeout])：调用 Thread.join()将会使主调线程堵塞，直到被调用线程运行结束或超时。

Thread.setDaemon(True)：将主调线程设置为守护线程，它必须在 start()调用之前被调用。

threading 模块提供的其他方法如下。

(1) threading.currentThread()：返回当前的线程变量。

(2) threading.enumerate()：返回一个包含正在运行的线程的 list。

(3) threading.activeCount()：返回正在运行的线程数量。

11.4.3　Thread.join()方法

Thread.join([timeout])：调用 Thread.join()将会使主调线程堵塞，直到被调用线程运行结束或超时。参数 timeout 是一个数值类型，表示超时时间，如果未提供该参数，那么主调线程将一直堵塞到被调线程结束。主线程 A 中创建了子线程 B，并且在主线程 A 中调用了 B.join()，那么，主线程 A 会在调用的地方等待，直到子线程 B 完成操作后，才可以接着往下执行。下面举个例子说明 join()的使用。

【例 11-2】 join()使用举例。

(1) 没有 join()时。

用 Python 开发工具创建如下程序代码文件。

```python
import threading
import time
class MyThread(threading.Thread):
    def __init__(self,id):
        threading.Thread.__init__(self)
        self.id = id
    def run(self):
        x = 0
        time.sleep(8)
```

```
        print(self.id)
if __name__ == "__main__":
    t1=MyThread(168)
    t1.start()
    for i in range(3):
        print(i)
```

执行上述代码得到的输出结果如下。

```
0
1
2
168
```

输出时,2 和 168 之间有明显的停顿,这是因为线程 t1 执行 start()后,主线程(或主程序)并没有等线程 t1 运行结束后再执行,而是先把三次循环打印执行完毕(打印到 2),然后 sleep(8)后,线程 t1 才把传进去的 168 打印出来。

以上论述不适用于 IDLE 中的交互模式或脚本运行模式,因为在该环境中的主线程只有在退出 Python IDLE 时才终止。

(2) 加入 join()时。

用 Python 开发工具创建如下程序代码文件。

```
import threading
import time
class MyThread(threading.Thread):
    def __init__(self,id):
        threading.Thread.__init__(self)
        self.id = id
    def run(self):
        x = 0
        time.sleep(8)
        print(self.id)
if __name__ == "__main__":
    t1=MyThread(168)
    t1.start()
    t1.join()
    for i in range(3):
        print(i)
```

执行上述代码得到的输出结果如下。

```
168
0
1
2
```

输出 168 之前有明显的停顿,这是因为线程 t1 执行 start()后,主线程停在了 t1.join()

方法处,等 sleep(8)后,线程 t1 操作结束,接着主线程继续循环输出。

11.4.4 Thread.setDaemon()方法

Thread.setDaemon(True)将主调线程设置为守护线程,它必须在 start()调用之前被调用。当某子线程的 daemon 属性为 False 时,主线程结束时会检测该子线程是否结束,如果该子线程尚未完成,则主线程会等待它完成后再退出;当某子线程的 daemon 属性为 True 时,主线程运行结束时不对该子线程进行检查而直接退出,同时所有 daemon 值为 True 的子线程将随主线程一起结束,而不论是否运行完成。daemon 属性的默认值为 False,如果需要修改,则必须在调用 start()方法启动线程之前修改。主线程 A 中,创建了子线程 B,并且在主线程 A 中调用了 B.setDaemon(True),其含义是把主线程 A 设置为守护线程,这时,如果主线程 A 执行结束了,那么就不管子线程 B 是否完成,子线程 B 和主线程 A 一并退出。

【例 11-3】 setDaemon()使用举例 1。

用 Python 开发工具创建如下程序代码文件。

```python
import threading
import time
class MyThread(threading.Thread):
    def __init__(self,id):
        threading.Thread.__init__(self)
    def run(self):
        time.sleep(8)
        print("This is "+self.getName())
if __name__ == "__main__":
    t1=MyThread(168)
    t1.setDaemon(True)
    t1.start()
    print("I am the father thread.")
```

执行上述代码得到的输出结果如下。

```
I am the father thread.
```

可以看出,子线程 t1 中的内容并未打出,这是因为 t1.setDaemon(True)操作将父线程设置为守护线程。根据 setDaemon(True)方法的含义,父线程打印"I am the father thread."后便结束了,不管子线程是否执行完毕。

【例 11-4】 setDaemon()使用举例 2。

用 Python 开发工具创建如下程序代码文件。

```python
import threading
import time
def runThread1():
    time1 = time.time()
    print("runThread1 starting")
    time.sleep(8)
    print("runThread1 ending")
```

```
    time2 = time.time()
    print("runThread1 time : ",(time2 - time1))        #计算程序运行时间,理论值 8

def runThread2():
    flag = 3
    time1 = time.time()
    print("runThread2 starting")
    while flag:
        print("Hello")
        flag -= 1
        time.sleep(2)
    print("runThread2 ending")
    time2 = time.time()
    print("runThread2 time : ",(time2 - time1))        #计算程序运行时间,理论值 6
if __name__ == '__main__':
    runThread1 = threading.Thread(target = runThread1)
    runThread2 = threading.Thread(target = runThread2)
    runThread1.setDaemon(True)
    runThread1.start()
    runThread2.start()
    print("main end")
```

执行上述代码得到的输出结果如下。

```
runThread1 starting
runThread2 starting
Hello
main end
Hello
Hello
runThread2 ending
runThread2 time :   6.010448932647705
```

可以看出,Thread1 本该运行 8s 后结束,但通过设置 setDaemon()方法后,在 Thread2 运行 6s 并结束后,Thread1 也立刻随之结束。

【例 11-5】　setDaemon()使用举例 3。

用 Python 开发工具创建如下程序代码文件。

```
import threading
import time
def runThread1():
    time1 = time.time()
    print("runThread1 starting")
    time.sleep(8)
    print("runThread1 ending")
    time2 = time.time()
    print("runThread1 time : ",(time2 - time1))        #计算程序运行时间,理论值 8

def runThread2():
```

```
        flag = 3
        time1 = time.time()
        print("runThread2 starting")
        while flag:
            print("Hello")
            flag -= 1
            time.sleep(2)
        print("runThread2 ending")
        time2 = time.time()
        print("runThread2 time : ",(time2 - time1))        #计算程序运行时间,理论值 6

    if __name__ == '__main__':
        runThread1 = threading.Thread(target = runThread1)
        runThread2 = threading.Thread(target = runThread2)
        runThread1.setDaemon(True)
        runThread2.setDaemon(True)
        runThread2.start() # 6
        runThread1.start() # 8
        print("main end")
```

执行上述代码得到的输出结果如下。

```
runThread2 starting
Hello
runThread1 starting
main end
```

可以看出，将 Thread1、Thread2 都设置 setDaemon（True）后，在主程序输出 main end 后结束时，Thread1 和 Thread2 也都被强行结束。

◆ 11.5 线 程 同 步

运行多线程是为了充分利用硬件资源，尤其是利用 CPU 资源来提高任务处理速度和效率。将任务拆分成多个部分，交给多个线程互相同时处理，那么处理同一个任务的多个线程之间必然会有交互和同步，以便相互协作地完成任务。如果多个线程共同对某个数据修改，则可能出现不可预料的结果，为了保证数据的正确性，需要对多个线程进行同步，即各个线程之间修改数据时要有先后顺序。线程同步的真实意思和字面意思恰好相反，线程同步的真实意思其实是"排队"：几个线程之间排队，一个一个对共享资源进行操作，而不是同时进行操作。

threading 模块提供了 Lock/RLock、Condition、Queue、Event 等对象来实现线程同步。

11.5.1 Lock/RLock 对象

互斥锁 Lock 对象是比较低级的同步原语，当被锁定以后不属于特定的线程。一个锁有两种状态：locked（已锁定）和 unlocked（未锁定）。互斥锁 Lock 对象的方法 acquire（）和 release（）用于修改锁的状态，具体使用方法如表 11-1 所示。

表 11-1　互斥锁 Lock 对象的方法 acquire( )和 release( )

方　　法	描　　述
acquire(blocking＝True, timeout＝－1)	上锁操作,请求对 Lock 对象加锁,默认为 True 阻塞。其中,timeout 参数指定加锁多少秒。如果锁处于 unlocked 状态,acquire( )方法将其修改为 locked 状态并立即返回;如果锁处于 locked 状态,则堵塞当前线程并等待其他线程释放解锁,然后将其修改为 locked 状态并立即返回
release( )	解锁操作。release( )方法用来将锁的状态由 locked 修改为 unlocked 状态并立即返回。如果锁的状态本身是 unlocked 状态,调用该方法会抛出异常

Lock 对象的 acquire( )和 release( )两个方法必须是成对出现的,acquire( )后面必须 release( )后,才能再 acquire( ),否则会造成死锁。

鉴于 Lock 可能会造成死锁的情况,RLock(可重入锁)对 Lock 进行了改进,可被一个线程 acquire( )多次,即上锁多次,且不会堵塞,避免发生死锁现象。RLock 可以在同一个线程里面连续调用多次 acquire( ),但必须再执行相同次数的 release( )。

【例 11-6】　用互斥锁 Lock 实现由 5 个工人生产 1000 个杯子。

用 Python 开发工具创建如下程序代码文件。

```
import threading
import time
cups=[]
lock=threading.Lock()                #创建互斥锁对象 lock,初始状态为未锁定
def worker(count):
    print("我是%s, 我开始生产杯子了"%threading.current_thread().name)
    flag=False
    while True:
        lock.acquire()
        if len(cups)>=count:
            flag=True
            time.sleep(1)
        if not flag:
            cups.append(1)
        lock.release()
        if flag:
            break
    print("%d个杯子生产任务,已经生产%d个"%(count, len(cups)))
for k in range(5):
    threading.Thread(target=worker,args=(1000,)).start()
```

执行上述代码得到的输出结果如下。

```
我是 Thread-1, 我开始生产杯子了
我是 Thread-2, 我开始生产杯子了
我是 Thread-3, 我开始生产杯子了
我是 Thread-4, 我开始生产杯子了
我是 Thread-5, 我开始生产杯子了
1000 个杯子生产任务,已经生产 1000 个
```

```
1000 个杯子生产任务,已经生产 1000 个
1000 个杯子生产任务,已经生产 1000 个
1000 个杯子生产任务,已经生产 1000 个
1000 个杯子生产任务,已经生产 1000 个
```

使用锁的注意事项如下。

(1) 少用锁,除非有必要。多线程访问加锁的资源时,由于锁的存在,实际就变成了串行。

(2) 加锁时间越短越好,不需要就立即释放锁。

(3) 一定要避免死锁,可使用 with 或者 try…finally 来避免。

可重入锁 RLock 与互斥锁 Lock 的区别如下。

(1) 当处于 locked 状态时,某线程拥有该锁。

(2) 当处于 unlocked 状态时,该锁不属于任何线程。

(3) RLock 对象的 acquire()/release()调用对可以嵌套,仅当最后一个或者最外层的 release()执行结束后,锁才会被设置为 unlocked 状态。

11.5.2 Condition 对象

使用 Condition 对象可以在某些事件触发后才处理数据,用于不同线程之间的通信或通知,以实现更高级别的同步。Condition 对象除了具有 acquire()方法和 release()方法之外,还有 wait()方法、notify()方法和 notify_all()等方法。

wait(timeout=None):线程挂起,等待被唤醒(其他线程的 notify()方法)或者发生超时。调用该方法的线程必须先获得锁,否则引发 RuntimeError 异常。

notify(n=1)方法:默认情况下,唤醒等待此条件变量的一个线程(如果有)。调用该方法的线程必须先获得锁,否则引发 RuntimeError 异常。注意:要被唤醒的线程实际上不会马上从 wait()方法返回(唤醒),而是等到它重新获取锁。这是因为 notify()并不会释放锁,需要线程本身来释放(通过 wait()或者 release())。

notify_all()方法:此方法类似于 notify(),但唤醒的是所有等待的线程。

【例 11-7】 使用 Condition 对象实现生产者与消费者同步。

用 Python 开发工具创建如下程序代码文件。

```python
import threading
import time
num = 0
total_production=5
class Producer(threading.Thread):              #定义生产者类
    def __init__(self, cont):
        self.cont = cont
        super().__init__(name="producer")
    def run(self):
        global num
        self.cont.acquire()                    #上锁
        while True:                            #进行生产
```

```
                    num += 1
                    print("生产了一个,已经生产了%s 个" % str(num))
                    if num >= total_production:
                        print("生产已经达到%d 个,不再生产。"%total_production)
                        self.cont.notify(n=1)          #唤醒一个消费者
                        self.cont.wait()               #生产者线程挂起,等待被唤醒
                self.cont.release()                    #解锁

class Customer(threading.Thread):                      #定义消费者类
    def __init__(self, cont, name):
        self.cont = cont
        self.money = 3                                 #一个消费者拥有的货币数
        super().__init__(name=name)

    def run(self):
        global num
        while self.money > 0:
            self.cont.acquire()                        #上锁
            if num <= 0:
                print("没货了,%s 通知生产者" % str(threading.currentThread().
name))
                self.cont.notify(n=1)                  #唤醒一个生产者
                self.cont.wait()                       #消费者线程挂起,等待被唤醒
            self.money -= 1
            num -= 1
            print(str(threading.currentThread().name) + "消费了一个,目前剩余产
品" + str(num) + "个,%s 剩余" %threading.currentThread().name+ str(self.money) +
"块钱")
            self.cont.release()                        #解锁,以便其他消费者可以消费
            time.sleep(1)
        print("%s 没钱了" % str(threading.currentThread().name))

if __name__ == "__main__":
    cont = threading.Condition()
    p = Producer(cont)
    c1 = Customer(cont, "customer1")
    c2 = Customer(cont, "customer2")
    p.start()
    c1.start()
    c2.start()
    c1.join()
    c2.join()
```

执行上述代码得到的输出结果如下。

```
生产了一个,已经生产了 1 个
生产了一个,已经生产了 2 个
生产了一个,已经生产了 3 个
生产了一个,已经生产了 4 个
```

```
生产了一个,已经生产了 5 个
生产已经达到 5 个,不再生产。
customer1 消费了一个,目前剩余产品 4 个,customer1 剩余 2 块钱
customer2 消费了一个,目前剩余产品 3 个,customer2 剩余 2 块钱
customer1 消费了一个,目前剩余产品 2 个,customer1 剩余 1 块钱
customer2 消费了一个,目前剩余产品 1 个,customer2 剩余 1 块钱
customer1 消费了一个,目前剩余产品 0 个,customer1 剩余 0 块钱
没货了,customer2 通知生产者
生产了一个,已经生产了 1 个
生产了一个,已经生产了 2 个
生产了一个,已经生产了 3 个
生产了一个,已经生产了 4 个
生产了一个,已经生产了 5 个
生产已经达到 5 个,不再生产。
customer2 消费了一个,目前剩余产品 4 个,customer2 剩余 0 块钱
customer1 没钱了
customer2 没钱了
```

11.5.3 Queue 对象

Python 的 Queue 模块提供了用于线程同步的队列类,包括 FIFO(先进先出)队列 Queue、LIFO(后进先出)队列 LifoQueue,以及优先级队列 PriorityQueue,可以使用这些队列来实现线程间的同步。下面简单介绍这三个队列类。

queue.Queue(maxsize=0):代表 FIFO(先进先出)的常规队列,maxsize 用于指定队列的大小。如果队列的大小达到队列的上限,就会加锁,再次加入元素时就会被阻塞,直到队列中的元素被消费。如果将 maxsize 设置为 0 或负数,则该队列的大小就是无限制的。

queue.LifoQueue(maxsize=0):代表 LIFO(后进先出)的队列,与 Queue 的区别就是出队列的顺序不同。

queue.PriorityQueue(maxsize=0):代表优先级队列,优先级最小的元素先出队列。

这三个队列类的属性和方法基本相同,它们都提供了如下属性和方法。

qsize():返回队列的实际大小,也就是该队列中包含几个元素。

empty():判断队列是否为空。

full():判断队列是否已满。

put(item, block=True, timeout=None):向队列中放入元素。item,入队的数据(任何数据类型都可以);block,bool 型,默认为 True,当 block 为默认值时,如果队列已经处于"满队"状态,还要继续往队列插入数据,这时 timeout 的值就是程序抛异常的时间(timeout=None 时,程序永远处于"堵塞"状态,除非有数据"出队"),当 block=False 时,不论 timeout 是什么,只要队列"堵塞"就马上抛异常;timeout,超时时间,默认为 None。

put_nowait(item):向队列中放入元素,不阻塞。相当于在上一个方法中将 block 参数设置为 False。

get(item, block=True, timeout=None):从队列中取出元素(消费元素)。当 block 为默认值时(True),如果队列已经处于"空"状态,还要继续"出队",这时 timeout 的值就是程序抛异常的时间(timeout=None 时,程序永远处于"空转"状态(无限循环),除非有数据

"入队"），当 block＝False 时，不论 timeout 是什么，只要队列"空"就马上抛异常。

get_nowait(item)：从队列中取出元素，不阻塞。

join()：实际上意味着等到队列为空，再执行别的操作。

【例 11-8】　利用 Queue 来实现线程通信。

用 Python 开发工具创建如下程序代码文件。

```python
import threading
import time
import queue
def product(bq):
    str_tuple = ("Python", "C", "Java")
    for i in range(3):
        print(threading.current_thread().name + "生产者准备生产元组元素!")
        time.sleep(0.5);
        #尝试放入元素,如果队列已满,则线程被阻塞
        bq.put(str_tuple[i % 3])
        print(threading.current_thread().name \
            + "生产者生产元组元素完成!")
def consume(bq):
    while True:
        print(threading.current_thread().name + "消费者准备消费元组元素!")
        time.sleep(0.5)
        #尝试取出元素,如果队列已空,则线程被阻塞
        t = bq.get()
        print(threading.current_thread().name \
            + "消费者消费[ % s ]元素完成!" % t)
#创建一个容量为 1 的 Queue 对象 bq
bq = queue.Queue(maxsize=1)
#启动三个生产者线程
threading.Thread(target=product, args=(bq, )).start()
threading.Thread(target=product, args=(bq, )).start()
threading.Thread(target=product, args=(bq, )).start()
#启动一个消费者线程
threading.Thread(target=consume, args=(bq, )).start()
```

上面的程序启动了三个生产者线程向 Queue 队列中放入元素，启动了三个消费者线程从 Queue 队列中取出元素。本程序中 Queue 队列的大小为 1，因此三个生产者线程无法连续放入元素，必须等待消费者线程取出一个元素后，其中的一个生产者线程才能放入一个元素。

执行上述代码得到的输出结果如下。

```
Thread-1 生产者准备生产元组元素!
Thread-2 生产者准备生产元组元素!
Thread-3 生产者准备生产元组元素!
Thread-4 消费者准备消费元组元素!
Thread-2 生产者生产元组元素完成!
Thread-2 生产者准备生产元组元素!
```

```
Thread-4 消费者消费[ Python ]元素完成!
Thread-4 消费者准备消费元组元素!
Thread-1 生产者生产元组元素完成!
Thread-1 生产者准备生产元组元素!
Thread-4 消费者消费[ Python ]元素完成!
Thread-4 消费者准备消费元组元素!
Thread-3 生产者生产元组元素完成!
Thread-3 生产者准备生产元组元素!
Thread-4 消费者消费[ Python ]元素完成!
Thread-4 消费者准备消费元组元素!
Thread-1 生产者生产元组元素完成!
Thread-1 生产者准备生产元组元素!
Thread-4 消费者消费[ C ]元素完成!
Thread-4 消费者准备消费元组元素!
Thread-2 生产者生产元组元素完成!
Thread-2 生产者准备生产元组元素!
Thread-4 消费者消费[ C ]元素完成!
Thread-4 消费者准备消费元组元素!
Thread-3 生产者生产元组元素完成!
Thread-3 生产者准备生产元组元素!
Thread-4 消费者消费[ C ]元素完成!
Thread-1 生产者生产元组元素完成!
Thread-4 消费者准备消费元组元素!
Thread-4 消费者消费[ Java ]元素完成!
Thread-4 消费者准备消费元组元素!
Thread-2 生产者生产元组元素完成!
Thread-4 消费者消费[ Java ]元素完成!
Thread-4 消费者准备消费元组元素!
Thread-3 生产者生产元组元素完成!
Thread-4 消费者消费[ Java ]元素完成!
Thread-4 消费者准备消费元组元素!
```

从上面的输出结果可以看出,三个生产者线程都想向 Queue 队列中放入元素,但只要其中一个生产者线程向该队列中放入元素之后,其他生产者线程就必须等待,等待消费者线程取出 Queue 队列中的元素。

【例 11-9】 利用 Queue 对象先进先出的特性,将每个生产者的数据依次存入队列,而每个消费者将依次从队列中取出数据。

用 Python 开发工具创建如下程序代码文件。

```python
import threading                        #导入 threading 模块
import queue                            #导入 queue 模块
class Producer(threading.Thread):       #定义生产者类
  def __init__(self,threadname):
    threading.Thread.__init__(self,name = threadname)
  def run(self):
    global myqueue                      #声明 myqueue 为全局变量
    myqueue.put(self.getName())         #调用 put 方法,将线程名添加到队列中
    print(self.getName(),'put ',self.getName(),' to queue')
```

```
class Consumer(threading.Thread):                    #定义消费者类
  def __init__(self,threadname):
    threading.Thread.__init__(self,name = threadname)
  def run(self):
    global myqueue
    print (self.getName(),'get ',myqueue.get(),'from queue')
                                                     #调用 get 方法获取队列中内容
myqueue = queue.Queue()                              #生成队列对象
plist = []                                           #生成者对象列表
clist = []                                           #消费者对象列表
for i in range(10):
  p = Producer('Producer' + str(i))
  plist.append(p)                                    #添加到生产者对象列表
for i in range(10):
  c = Consumer('Consumer' + str(i))
  clist.append(c)                                    #添加到消费者对象列表
for i in plist:
  i.start()                                          #启动生产者线程
  i.join()
for i in clist:
  i.start()                                          #启动消费者线程
  i.join()
```

执行上述代码得到的输出结果如下。

```
Producer0 put   Producer0  to queue
Producer1 put   Producer1  to queue
Producer2 put   Producer2  to queue
Producer3 put   Producer3  to queue
Producer4 put   Producer4  to queue
Producer5 put   Producer5  to queue
Producer6 put   Producer6  to queue
Producer7 put   Producer7  to queue
Producer8 put   Producer8  to queue
Producer9 put   Producer9  to queue
Consumer0 get   Producer0 from queue
Consumer1 get   Producer1 from queue
Consumer2 get   Producer2 from queue
Consumer3 get   Producer3 from queue
Consumer4 get   Producer4 from queue
Consumer5 get   Producer5 from queue
Consumer6 get   Producer6 from queue
Consumer7 get   Producer7 from queue
Consumer8 get   Producer8 from queue
Consumer9 get   Producer9 from queue
```

◆ 11.6　进程编程

Python 中的多线程其实并不是真正的多线程,如果想要充分地使用多核 CPU 的资源,在 Python 中大部分情况需要使用多进程。multiprocessing 多进程库支持子进程、通信和共享数据、执行不同形式的同步,提供了 Process、Pipe、Queue、Lock 等编程类。

11.6.1　进程创建

可通过 multiprocessing 中的 Process 类来创建一个进程,其语法格式如下。

```
Process([group [, target [, name [, args [, kwargs]]]]])
```

参数说明如下。

group:指定进程组,目前只能使用 None。

target:进程执行的任务名,即子进程要执行的函数,传入函数的名字。

name:给创建的进程取的名字。

args:以元组方式给执行任务传参。

kwargs:以字典方式给执行任务传参。

注意:需要使用关键字的方式来指定参数。

Process 创建的实例对象(命名为 p)的常用方法如下。

p.start():启动进程,并调用该进程中的 p.run()方法。

p.run():进程启动时运行的方法,正是它调用 target 指定的函数。

p.terminate():强制终止进程 p,不会进行任何清理操作,如果 p 创建了子进程,该子进程就成了僵尸进程,使用该方法需要特别小心这种情况。如果 p 还保存了一个锁,那么也将不会被释放,进而导致死锁。

p.is_alive():如果 p 仍然运行,返回 True。

p.join([timeout]):主进程等待 p 终止(说明,是主进程处于等的状态,而 p 处于运行的状态)。timeout 是可选的等待时间,需要强调的是,p.join 只能 join 住 start 开启的进程,而不能 join 住 run 开启的进程。

Process 创建的实例对象(命名为 p)的常用属性如下。

p.daemon:默认值为 False,如果设为 True,代表 p 为后台运行的守护进程,当 p 的父进程终止时,p 也随之终止,并且设为 True 后,p 不能创建自己的新进程,必须在 p.start()之前设置。

p.name:当前进程的别名,默认为 Process-N,N 为从 1 开始递增的整数。

p.pid:进程的 PID(进程号)。如果进程还没有 start(),则 PID 为 None。

【例 11-10】　Process 简单举例。

用 Python 开发工具创建如下程序代码文件。

```
import multiprocessing as mp
```

```
def job(a,b):
    print("子进程执行函数输出 a,b:",a,b)

if __name__=='__main__':
    #创建进程,被调用的函数没有括号,被调用的函数的参数放在 args(…)中
    p1 = mp.Process(target=job,args=(1,2))
    #查看 CPU 核数
    print("cpu 核数:",mp.cpu_count())
    #启动进程
    p1.start()
    #连接进程
    p1.join()
    print("子进程 PID:",p1.pid)
    print("子进程名字:",p1.name)
    print("子进程是否仍然运行:",p1.is_alive())
```

运行上述程序代码,得到的输出结果如下。

```
CPU 核数: 3
子进程执行函数输出 a,b: 1 2
子进程 PID: 100944
子进程名字: Process-1
子进程是否仍然运行: False
```

【例 11-11】　使用 multiprocessing 实现多进程。
用 Python 开发工具创建如下程序代码文件。

```
from multiprocessing import Process
import time

def worker(task):
    """子进程要执行的代码"""
    for i in range(3):
        print("{}执行".format(task), end=' | ')
        time.sleep(1)

if __name__ == '__main__':
    #单进程
    start = time.time()
    worker('主进程调用函数')
    for i in range(3):
        print("主进程执行循环", end=' | ')
        time.sleep(1)
    end = time.time()
    print('\n一个进程运行当前运行的时长:', end - start)

    #多进程
    multi_start = time.time()
    p = Process(target=worker, args=('子进程调用函数', ))
```

```
    p.start()
    for i in range(3):
        print("主进程执行循环", end=' | ')
        time.sleep(1)
    multi_end = time.time()
    print('\n 两个进程运行当前运行的时长:', multi_end - multi_start)
```

运行上述程序代码,得到的输出结果如下。

```
主进程调用函数执行 | 主进程调用函数执行 | 主进程调用函数执行 | 主进程执行循环 | 主进程执
行循环 | 主进程执行循环 |
一个进程运行当前运行的时长: 6.004586935043335
主进程执行循环 | 主进程执行循环 | 主进程执行循环 |
两个进程运行当前运行的时长: 3.020253896713257
子进程调用函数执行 | 子进程调用函数执行 | 子进程调用函数执行 |
```

在上面的代码中,定义了一个 worker 函数,实现多进程时,实例化了一个 Process 类的进程对象 p,这里称为子进程,将需要执行的函数传给 target 参数,将 worker 函数需要的参数以元组的形式传给 args 参数(必须是一个元组),用 p 对象的 start()方法开启创建的子进程。

worker 函数是一个需要执行的任务,在主进程中需要执行的代码是另一个任务,这时候有两个任务。两个任务都在主进程中执行时,需要 6s 多的时间,创建一个子进程来执行 worker 函数时,需要 3s 多的时间。创建子进程之后,主进程和子进程同时处理任务,这说明实现了多进程处理多任务,即多个任务是"同时"执行的。

11.6.2　进程间通信

Process 之间通常是需要通信的,操作系统提供了很多机制来实现进程间的通信。Python 的 multiprocessing 模块提供了 Queue(队列)等多种方式来实现多进程之间的数据传递。

队列可以简单地理解为一种特殊的列表,可以设置固定的长度,从左边插入数据,从右边获取数据,并满足先进先出。同一时刻只有一个进程能够对队列进行操作。multiprocessing 模块 Queue 类创建 Queue 对象的语法格式如下。

```
q = multiprocessing.Queue(maxsize)        #得到一个队列对象 q
```

其中,参数 maxsize 用来设置队列长度。

队列对象的常用方法如下。

qsize():得到当前队列的元素总数。

empty():判断当前队列中是否还有值,如果队列为空,则返回 True。

full():判断当前队列是否满了,如果队列满了,则返回 True。

put(obj[, block[, timeout]]):将值 obj 放入队列。block=True,队列如果满了,再往队列里放值,程序就会等待,程序不会结束;timeout=None,是在 block 这个参数的基础上,当 block 的值为 True 时,timeout 表示等待多少秒,如果在这个时间里,队列一直是满的,那么程序就会报错并结束。

get([block[，timeout]])：从队列中取值并返回该值。block＝True，从队列对象里面取值，如果取不到值，程序不会结束；timeout＝None，是在 block 这个参数的基础上，当 block 的值为 True 时，timeout 表示等待多少秒，如果在这个时间里，get 取不到队列里面的值，那么程序就会报错并结束。

close()：关闭队列，防止队列中加入更多数据。

【例 11-12】　在父进程中创建两个子进程，一个往 Queue 里写数据，一个从 Queue 里读数据。

用 Python 开发工具创建如下程序代码文件。

```python
from multiprocessing import Process, Queue
import os, time

#写数据进程执行的代码
def write(q):
    print('写进程的 PID: %s' % os.getpid())
    print('写进程向队列里写数据:')
    for value in ['A', 'B', 'C']:
        print('将 %s 写入队列...' % value)
        q.put(value)
        time.sleep(1)

#读数据进程执行的代码
def read(q):
    print('读进程的 PID: %s' % os.getpid())
    while True:
        value = q.get(True)
        print('读进程从队列里读数据,读到的数据是: %s' % value)

if __name__ == '__main__':
    #父进程创建 Queue,并传给各个子进程
    q = Queue()
    pw = Process(target=write, args=(q,))
    pr = Process(target=read, args=(q,))
    #启动子进程 pw,写入
    pw.start()
    #启动子进程 pr,读取
    pr.start()
    #等待 pw 结束
    pw.join()
    #pr 进程里是死循环,无法等待其结束,只能 pw 结束后强行终止
    pr.terminate()
```

运行上述程序代码,得到的输出结果如下。

```
写进程的 PID: 4565
写进程向队列里写数据:
```

```
将 A 写入队列...
读进程的 PID: 4566
读进程从队列里读数据,读到的数据是:A
将 B 写入队列...
读进程从队列里读数据,读到的数据是:B
将 C 写入队列...
读进程从队列里读数据,读到的数据是:C
```

11.6.3 进程池

在利用 Python 同时操作多个文件,或者远程控制多台主机时,并行操作可以节约大量的时间。当被操作对象数目不大时,可以直接利用 multiprocessing 中的 Process 动态成生多个进程,但如果是上百个,手动限制进程数量却又太过烦琐,此时可以发挥进程池的功效。进程池中是可以执行很多任务的进程,进程池大小一般不要超过 CPU 核心数量。当池子中的进程执行完毕空闲一个位置之后,再向池子放一个进程进来。

multiprocessing 模块的 Pool 类用来创建进程池,其创建进程池的语法格式如下。

```
multiprocessing.Pool(processes=None, initializer=None)
```

参数说明。

processes:设置进程池要使用的进程数量,如果 processes 为 None,则使用 os.cpu_count()返回的值,即 CPU 核心数量。

initializer:每个工作进程启动时要执行的可调用对象,默认为 None。

Pool 实例对象为进程池中的进程分派任务的方式。

apply(func[, args[, kwds]]):是阻塞式为进程分派任务,意味着当前的进程没有执行完的话,后续的进程需要等待该进程执行结束才能执行,实际上该方法是串行。不建议使用,并且 Python 3.x 以后不再出现。参数 func 指定进程执行的任务名,即进程池中的进程要执行的函数,传入函数的名字;参数 args 以元组方式给执行任务传参;参数 kwds 以字典方式给执行任务传参。

apply_async(func[, args[, kwds]]):是异步非阻塞的,不用等待当前进程执行完成,即可根据系统的调度切换进程,该方法是并行的。

map(func, iterable[, chunksize]):将 iterable 对象分成一些块,作为单独的任务提交给进程池,这些块的(近似)大小可以通过将 chunksize 设置为正整数来指定,该方法是阻塞的。

map_async(func, iterable[, chunksize]):是 map 的变种,是非阻塞的。

imap(func, iterable[, chunksize]):和 map 方法一样,该方法适用于对大量数据的遍历,返回的结果顺序和输入相同。

imap_unordered(func, iterable[, chunksize]):和 map 方法一样,只不过返回的结果顺序是任意的。

Pool 实例对象的其他方法还有如下三个。

close():关闭进程池,使其不再接受新的任务。

terminal():结束工作进程,不再处理未处理的任务。

join()：主进程阻塞等待子进程的退出，join()方法要在 close()或 terminate()之后使用。

【例 11-13】　Pool 进程池举例。

用 Python 开发工具创建如下程序代码文件。

```
from multiprocessing import Pool
import os, time, random

def worker(name):
    print('进程池中的进程运行任务%s (该进程 PID=%s)...' % (name, os.getpid()))
    start = time.time()
    time.sleep(random.random() * 3)
    end = time.time()
    print('任务 %s 运行了 %0.2f 秒.' % (name, (end - start)))

if __name__ == '__main__':
    print('父进程 PID= %s.' % os.getpid())
    p = Pool(3)
    for i in range(5):
        p.apply_async(worker, args=(i,))
    print('等待进程池中的所有子进程运行结束!')
    p.close()
    p.join()
    print('进程池中的所有子进程运行结束!')
```

运行上述程序代码，得到的输出结果如下。

```
父进程 PID= 4063.
等待进程池中的所有子进程运行结束!
进程池中的进程运行任务 0 (该进程 PID=4069)...
进程池中的进程运行任务 1 (该进程 PID=4071)...
进程池中的进程运行任务 2 (该进程 PID=4070)...
任务 1 运行了 0.55 秒.
进程池中的进程运行任务 3 (该进程 PID=4071)...
任务 0 运行了 0.66 秒.
进程池中的进程运行任务 4 (该进程 PID=4069)...
任务 4 运行了 1.76 秒.
任务 2 运行了 2.68 秒.
任务 3 运行了 2.49 秒.
进程池中的所有子进程运行结束!
```

◇ 习　　题

1. 简述创建线程的方法。

2. 简述 Thread 对象的方法。

3. 介绍线程同步的方法。

4. 编写使用_thread 模块中的 start_new_thread()函数创建线程的程序。

Linux 下 Python 网络编程

Socket(套接字)是计算机之间进行网络通信的一套程序接口,可以实现跨平台的数据传输。Socket 是网络通信的基础,相当于在发送端和接收端之间建立了一个管道来实现数据和命令的相互传递。Python 提供了 socket 模块,支持对 Socket 接口的访问,大幅度简化了网络程序的开发步骤。本章介绍套接字模块、TCP 编程、UDP 编程和 HTTP 编程。

 12.1　套接字模块

套接字模块

根据给定的通信地址类型、套接字类型、协议类型(默认为 0),可使用 socket 模块提供的套接字函数 socket()来创建套接字。socket()函数的语法格式如下。

```
socket.socket([family[, type[,protocol]]])
```

参数说明如下。

family:指定应用程序使用的通信地址类型,其参数取值有 socket.AF_INET (默认,使用 IPv4 地址通信)、socket.AF_INET6(使用 IPv6 地址通信)和 socket. AF_UNIX(用于 UNIX 系统进程间通信)。

type:要创建套接字的类型,其参数取值有 socket.SOCK_STREAM(流式套接字,用于 TCP 通信)、socket.SOCK_DGRAM(数据报套接字,用于 UDP 通信)和 socket.SOCK_RAW(原始套接字,用于处理 ICMP、IGMP 等网络报文)。

protocol:指定通信协议,常用协议有 IPPROTO_TCP、IPPROTO_UDP、IPPROTO_STCP、IPPROTO_TIPC 等,分别对应 TCP、UDP、STCP、TIPC 传输协议。默认值为 0,表示会自动选择 type 类型对应的默认协议。

如果 socket 创建失败会抛出一个 socket.error 异常。

创建 TCP Socket 的示例如下。

```
s=socket.socket(socket.AF_INET,socket.SOCK_STREAM)
```

创建 UDP Socket 的示例如下。

```
s=socket.socket(socket.AF_INET,socket.SOCK_DGRAM)
```

　　下面是利用 Socket 进行通信连接的过程框图,其中,图 12-1 是面向 TCP 连接的时序图,图 12-2 是面向 UDP 连接的时序图。

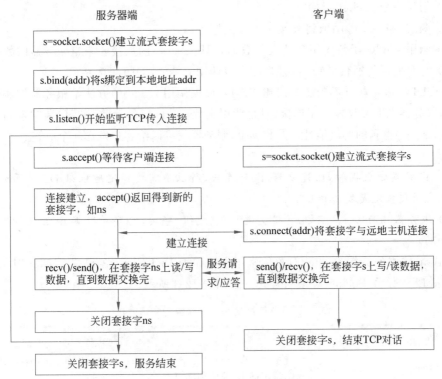

图 12-1　面向 TCP 连接的时序图

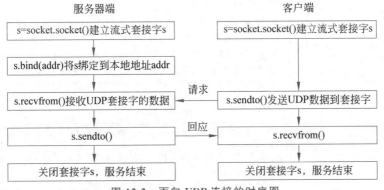

图 12-2　面向 UDP 连接的时序图

对于 TCP,服务器端通信步骤如下。

(1) 调用 socket()函数创建一个 TCP 套接字,返回套接字 s。

(2) 调用 bind()将 s 绑定到已知地址,通常为 IP 地址和端口号。

(3) 调用 listen()将 s 设为监听模式,准备接收来自各客户端的连接请求。

(4) 调用 accept()等待接收客户端连接请求。

(5) 如果接收到客户端请求,则 accept()返回,得到新的连接套接字。

(6) 调用 recv()接收来自客户端的数据,调用 send()向客户端发送数据。

（7）与客户端通信结束，服务器端可以调用 close()关闭套接字。

对于 TCP，客户端通信步骤如下。

（1）创建一个 socket 套接字。

（2）调用 connect()函数将套接字连接到服务器。

（3）调用 send()函数向服务器发送数据，调用 recv()函数接收来自服务器的数据。

（4）与服务器的通信结束后，客户端可以调用 close()关闭套接字。

对于 UDP，客户机并不与服务器建立连接，而仅调用 sendto()方法给服务器发送数据报。相似地，服务器也不接收客户端连接，只是调用函数 recvfrom()接收从客户端发来的数据报。依照 recvfrom()得到的协议地址以及数据报，服务器就可以给客户发送一个应答。

注意：

（1）TCP 发送数据时，已建立好 TCP 连接，所以不需要指定地址；UDP 是面向无连接的，每次发送要指定是发给谁。

（2）服务器端与客户端不能直接发送列表、元组、字典，需要对数据 data 进行字符串化 repr(data)。

Python 的服务器端 Socket 对象的常用方法如表 12-1 所示，客户端 Socket 对象的常用方法如表 12-2 所示，Socket 对象的公共方法如表 12-3 所示。

表 12-1　服务器端 Socket 对象的常用方法

服务器端 Socket 对象 s 的方法	描　述
s.bind(address)	将套接字 s 绑定到以元组(host, port)表示的地址 address，即绑定在一个特定的 IP 地址和端口上
s.listen(backlog)	开始监听来自客户端的连接。backlog 指定可以同时接收多少个连接，通常设为 5 就可以了
connection, address = s.accept()	调用 accept()方法后，s 会进入阻塞等待状态。客户请求连接时，accept()方法会建立连接并返回一个二元组(connection, address)。connection 是新的套接字对象，服务器必须通过 connection 与客户接收和发送数据；address 是客户端的网络地址

表 12-2　客户端 Socket 对象的常用方法

客户端 Socket 对象 s 的方法	描　述
s.connect(address)	主动与 TCP 服务器连接，address 的格式为元组(hostname, port)，若连接出错，返回 socket.error 异常
s.connect_ex(address)	功能与 connect(address)相同，但是成功返回 0，失败返回出错码，而不是抛出异常

表 12-3　Socket 对象的公共方法

Socket 对象 s 的公共方法	描　述
s.recv(bufsize[,flag])	接收 TCP 套接字的数据，数据以字符串形式返回，bufsize 指定要接收的最大数据量。flag 提供有关消息的其他信息，通常可以忽略
s.send(string[,flag])	发送 TCP 数据，将 string 中的数据发送到连接的套接字。返回值是要发送的字节数量，该数量可能小于 string 的字节大小

Socket 对象 s 的公共方法	描　　述
s.sendall(string[,flag])	完整发送 TCP 数据。将 string 中的数据发送到连接的套接字,但在返回之前会尝试发送所有数据。成功返回 None,失败则抛出异常
s.recvfrom(bufsize[,flag])	接收 UDP 套接字的数据。与 recv()类似,但返回值是(data,address)。其中,data 是包含接收数据的字符串,address 是发送数据的套接字地址
s.sendto(string[,flag],address)	发送 UDP 数据,将数据发送到套接字,address 是形式为(ipaddr,port)的元组,指定远程地址。返回值是发送的字节数
s.close()	关闭套接字
s.getpeername()	返回连接套接字的远程地址,返回值通常是元组(ipaddr, port)
s.getsockname()	返回套接字自己的地址。通常是一个元组(ipaddr, port)
s.settimeout(timeout)	设置套接字操作的超时时间,timeout 是一个浮点数,单位是 s。值为 None 表示没有超时时间。一般地,超时期应该在刚创建套接字时设置,因为它们可能用于连接的操作
s.gettimeout()	返回当前超时时间的值,单位是 s,如果没有设置超时时间,则返回 None
s.fileno()	返回套接字的文件描述符
s.setblocking(flag)	如果 flag 为 0,则将套接字设为非阻塞模式,否则将套接字设为阻塞模式(默认值)。非阻塞模式下,如果调用 recv()没有发现任何数据,或 send()调用无法立即发送数据,那么将引起 socket.error 异常
s.makefile()	创建一个与该套接字相关联的文件

◈ 12.2　TCP 编程

大多数网络通信连接都是可靠的 TCP 连接。创建 TCP 连接时,主动发起连接的叫客户端,被动响应连接的叫服务器。连接成功后,通信双方都能以流的形式发送数据。对于客户端,要主动连接服务器的 IP 和指定端口;对于服务器,首先要监听指定端口,然后,对于一个新的连接,创建一个线程或进程来处理。

【例 12-1】　TCP 编程举例。

TCP 服务器端实例代码文件 TCP-server.py 的代码如下。

```
import socket
import threading
import time
#定义处理客户端的函数,s 为 socket,addr 为客户端地址
def tcp_server(s, addr):
    print("接收的连接来自于 %s:%s" % addr)
    s.send("请问您来自哪里?".encode(encoding="utf-8"))
    while True:
        data = s.recv(1024)
        time.sleep(1)
        if not data or data.decode("utf-8") == "断开":
```

```
        break
        s.send(('欢迎, %s 是个好地方!' % data.decode('utf-8')).encode('utf-8'))
    s.close()
    print('来自于 %s:%s 连接被关闭.' % addr)


if __name__ == "__main__":
    #创建基于 IPV4 和 TCP 的 socket
    s = socket.socket(socket.AF_INET, socket.SOCK_STREAM)
    '''绑定监听的地址和端口。服务器可能有多块网卡,可以绑定到某一块网卡的 IP 地址上,也
可以用 0.0.0.0 绑定到所有的网络地址,还可以用绑定到表示本机地址的 127.0.0.1 这一特殊的
IP 地址,如果绑定到这个地址,客户端必须同时在本机执行才能连接,也就是说,外部的计算机无
法连接进来'''
    '''端口号需要预先指定,因为写的这个服务不是标准服务,这里用 1688 这个端口号。注意,
小于 1024 的端口号必须要有管理员权限才能绑定'''
    s.bind(("127.0.0.1", 1688))          #绑定地址到 s
    s.listen(5)                          #设置最大连接数,并开始监听
    print("TCP 服务器正在执行!")
    print("等待新的连接")
    while True:
        s_fd, addr = s.accept()          #接收 TCP 客户端连接
        #开启新线程对 TCP 连接进行处理
        thread = threading.Thread(target=tcp_server, args=(s_fd, addr))
        thread.start()
```

TCP 客户端代码文件 TCP-client.py 的代码如下。

```
import socket
if __name__ == "__main__":
    #创建一个基于 IPv4 和 TCP 的 Socket
    s = socket.socket(socket.AF_INET, socket.SOCK_STREAM)
    s.connect(("127.0.0.1", 1688))
    print(s.recv(1024).decode("utf-8"))
    #持续与服务器交互
    while True:
        msg = input('请输入:')          #获取用户输入
        if not msg or msg == '退出':
            break
        s.send(msg.encode('utf-8'))      #发送数据
        #输出服务器返回的消息
        print('来自服务器的信息:', s.recv(1024).decode('utf-8'))
    #发送断开连接的指令
    s.send('断开'.decode("utf-8"))
    #套接字关闭
    s.close()
```

打开两个终端,一个执行 TCP-server.py 程序文件,一个执行 TCP-client.py 程序文件,

两个终端的输出如下。

```
$ python TCP-client.py                    #执行 TCP-client.py 程序文件
请问您来自哪里?
请输入:北京
来自服务器的信息:欢迎,北京是个好地方!
请输入:西安
来自服务器的信息:欢迎,西安是个好地方!
请输入:断开
来自服务器的信息:
请输入:
$ python TCP-server.py                    #执行 TCP-server.py 程序文件
TCP 服务器正在执行!
等待新的连接
接收的连接来自于 127.0.0.1:49450
来自于 127.0.0.1:49450 连接被关闭.
```

◆ 12.3 UDP 编程

TCP 是面向连接的协议,并且通信双方都可以以流的形式发送数据。相对于 TCP,UDP 则是面向无连接的协议。

使用 UDP 时,不需要建立连接,只需要知道对方的 IP 地址和端口号,就可以直接发送数据包。但是,能不能到达就不知道了。虽然用 UDP 传输数据不可靠,但它的优点是速度快,对于不要求可靠到达的数据,就可以使用 UDP。

和 TCP 类似,使用 UDP 的通信双方也分为服务器端和客户端。

【例 12-2】 UDP 编程举例。

UDP 服务器端实例代码文件 UDP-server.py 的代码如下。

```
import socket
from time import ctime
HOST = '127.0.0.1'
PORT = 3366
BUFSIZE = 2048
ADDR = (HOST, PORT)
udpServer = socket.socket(socket.AF_INET, socket.SOCK_DGRAM)
'''创建 Socket 时,SOCK_DGRAM 指定了这个 Socket 的类型是 UDP,绑定地址和 TCP 一样,但是
不需要调用 listen()方法,而是直接接收来自任何客户端的数据'''
udpServer.bind(ADDR)                       #将套接字 udpServer 绑定到地址 ADDR
while True:
    print('等待信息...')
    '''recvfrom()方法返回数据和客户端的地址与端口,这样,服务器收到数据后,直接调用
sendto()就可以把数据用 UDP 发给客户端'''
    data, addr = udpServer.recvfrom(BUFSIZE)
    print(data.decode())
    if not data or data.decode("utf-8") == "断开":
        break
```

```
    buf = '[' + ctime() + ']' + data.decode()
    udpServer.sendto(buf.encode(), addr)
udpServer.close()
print('连接被关闭.')
```

UDP 客户端实例代码文件 UDP-client.py 的代码如下。

```
import socket
HOST = '127.0.0.1'
port = 3366
bufsize = 2048
ADDR = (HOST, port)
'''客户端使用 UDP 时,首先仍然创建基于 UDP 的 Socket,然后,不需要调用 connect(),直接通
过 sendto() 给服务器发数据'''
udpClient = socket.socket(socket.AF_INET,socket.SOCK_DGRAM)
while True:
    data = input('请输入数据: ')
    if not data:
        break
    udpClient.sendto(data.encode(), ADDR)          #发送数据
    data, addr = udpClient.recvfrom(bufsize)       #接收数据
    print(data.decode())
    if not data:
        break
udpClient.close()
```

打开两个终端,一个执行 UDP-server.py 程序文件,一个执行 UDP-client.py 程序文件,
两个终端的输出如下。

```
$ python UDP-client.py                             #执行客户端程序文件
请输入数据:为了记住你的笑容
[Tue Oct  4 11:03:52 2022]为了记住你的笑容
请输入数据:我拼命按下心中的快门
[Tue Oct  4 11:04:05 2022]我拼命按下心中的快门
请输入数据:断开
$ python UDP-server.py                             #执行服务端程序文件
等待信息...
为了记住你的笑容
等待信息...
我拼命按下心中的快门
等待信息...
断开
连接被关闭.
```

◆ 12.4　HTTP 编 程

超文本传输协议（Hypertext Transfer Protocol，HTTP）是用于从 WWW 服务器传输超文本到本地浏览器的传送协议。客户端浏览器通过它从服务器获取所需资源，服务器通过它接收并处理从客户端传来的数据。

当通过浏览器访问指定的 URL 时，需要遵守 HTTP。打开一个网页的过程，就是一次 HTTP 请求的过程。在这个过程中，用户的主机充当着客户机的作用，而充当客户端的是浏览器。输入的 URL 对应着网络中某台服务器上面的资源，服务器接收到客户端发出的 HTTP 请求之后，会给客户端一个响应，响应的内容就是请求的 URL 对应的内容，当客户端接收到服务器的响应时，就可以在浏览器上看见请求的信息了。

12.4.1　HTTP 特性

1. 无连接

HTTP 的无连接性指的是客户端与服务器建立连接并发送 HTTP 请求之后，连接立即关闭。之后，客户端便等待来自服务器的响应。当服务器准备向客户端发送响应时，会重新与客户端建立连接，并将响应发送给客户端。

2. 无状态

HTTP 之所以是无连接的，是因为 HTTP 本身的无状态性，客户端与服务器端只在发送 HTTP 报文的过程中建立连接，发送完毕便断开，在这个过程中并不保存对方的基本信息。换句话说，客户端与服务器端的每次发送与接收 HTTP 报文都如同第一次通信一样，互不相识。

3. 可以传输任意类型的数据

HTTP 支持任意数据类型的传输，前提是客户端与服务器端彼此知晓如何处理这些不同类型的数据。

12.4.2　HTTP 通信过程

由于 HTTP 是应用层协议，所以抽象来看，通信的双方分别是客户端应用程序（通常是浏览器）与服务器端应用程序（服务器后端处理程序）。HTTP 通信过程包括客户端往服务器端发送请求以及服务器端给客户端返回响应两个过程。

用户向客户端主机的浏览器输入 URL（Uniform Resource Locator，统一资源定位符），然后浏览器与服务器端建立连接，并将用户所请求的 URL 变为一个 HTTP 请求发送至服务器端，向服务器请求特定资源。URL 是用于完整地描述 Internet 上网页和网络资源的地址的一种标识方法。

当服务器端对客户端所发送的 HTTP 请求进行处理之后，若存在请求的资源，服务器将会把资源通过 HTTP 报文传送给用户。

12.4.3　HTTP 报文结构

HTTP 交互的信息用 HTTP 报文表示，HTTP 报文是由多行数据构成的字符串文本。

客户端的 HTTP 报文叫作请求报文,服务器端的 HTTP 报文叫作响应报文。

1. HTTP 请求报文

在浏览器中输入一个 URL 时,浏览器将根据要求创建并发送请求报文,该请求报文包含所输入的 URL 以及一些与浏览器本身相关的信息。HTTP 请求报文主要由请求行、请求头部、空白行、请求正文 4 部分组成,其组成结构如图 12-3 所示。

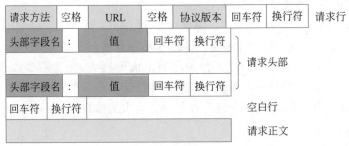

图 12-3   HTTP 请求报文组成结构

一个简单的例子:

```
POST /user HTTP/1.1                              #请求行
Host: www.user.com
Content-Type: application/x-www-form-urlencoded
Connection: Keep-Alive
User-Agent: Mozilla/5.0.                         #以上是请求头部
(此处必须有一空行)                                #空行分隔请求头部和请求内容
name=world                                       #请求正文
```

1) 请求行

请求行由请求方法、URL 以及协议版本三部分组成,之间由空格分隔。常用的请求方法如表 12-4 所示。

表 12-4   常用的请求方法

方　　法	描　　述
GET	请求指定的页面信息,并返回实体主体
HEAD	类似于 GET 请求,只不过返回的响应中没有具体的内容,用于获取报头
POST	向指定资源提交数据进行处理请求(例如,提交表单或者上传文件)。数据被包含在请求主体中。POST 请求可能会导致新的资源的建立和/或已有资源的修改
PUT	从客户端向服务器传送的数据取代指定文档的内容
DELETE	请求服务器删除指定的页面
CONNECT	HTTP/1.1 协议中预留给能够将连接改为管道方式的代理服务器
OPTIONS	允许客户端查看服务器的性能
TRACE	回显服务器收到的请求,主要用于测试或诊断

协议版本的格式为:HTTP/主版本号.次版本号,常用的有 HTTP/1.0 和 HTTP/1.1。

2）请求头部

请求头部就是所有当前需要用到的协议项的集合，协议项就是浏览器在请求服务器的时候事先告诉服务器的一些信息，或者一些事先的约定。请求头部由"关键字/值"对组成，每行一对，关键字和值用英文冒号"："分隔。常见请求头部如下。

User-Agent：用户代理，当前发起请求的浏览器的内核信息。

Accept：表示浏览器可以接收的数据类型，如 Accept：text/xml（application/json）表示希望接收到的是 XML（JSON）类型。

Accept-Charset：通知服务器端可以发送的编码格式。

Accept-Encoding：是浏览器发给服务器，声明浏览器支持的压缩编码类型如 gzip。

Accept_Charset：表示浏览器支持的字符集。

Content-Length：只有 post 提交的时候才会有的请求头，表示请求数据正文的长度。

Accept-Language：客户端可以接收的语言类型，如 cn、en。

Cookie：指某些网站为了辨别用户身份、进行 Session 跟踪而存储在用户本地终端上的数据。如果之前当前请求的服务器在浏览器端设置了 Cookie，那么当前浏览器再次请求该服务器的时候，就会把对应的数据带过去。

Connection：表示是否需要持久连接。

Content-Type：发送端发送的实体数据的数据类型。

Host：接收请求的服务器地址，可以是 IP：端口号，也可以是域名。

Referer：表示此次请求来自哪个网址。

常见的 Content-Type 如表 12-5 所示。

表 12-5 常见的 Content-Type

Content-Type	描　　述
text/html	HTML 格式
text/plain	纯文本格式
text/css	CSS 格式
text/javascript	JS 格式
image/gif	GIF 图片格式
image/jpeg	JPG 图片格式
image/png	PNG 图片格式
application/x-www-form-urlencoded	POST 专用，普通的表单提交默认是通过这种方式。form 表单数据被编码为 key/value 格式发送到服务器
application/json	POST 专用，用来告诉服务器端消息主体是序列化后的 JSON 字符串
text/xml	POST 专用，发送 XML 数据
multipart/form-data	POST 专用，用以支持向服务器发送二进制数据，以便可以在 POST 请求中实现文件上传等功能

3) 空白行

最后一个请求头之后是一个空白行,包含回车符和换行符,通知服务器以下不再有请求头。

4) 请求正文

请求正文包含的就是请求数据。请求正文不在 GET 方法中使用,GET 方法没有请求正文;使用 POST 方法提交的时候,才有请求正文。POST 方法适用于需要客户填写表单的场合。

(1) GET。

最常见的一种请求方法,客户端从服务器中读取文档,单击网页上的链接或者通过在浏览器的地址栏中输入网址来浏览网页的,使用的都是 GET 方法。GET 方法要求服务器将 URL 定位的资源放在响应报文的数据部分,回送给客户端。使用 GET 方法时,请求参数和对应的值附加在 URL 后面,利用一个问号("?")代表 URL 的结尾与请求参数的开始,例如/index.jsp? id=100&op=bind,这样通过 GET 方法传递的数据直接表示在地址中。注意,传递参数长度受限制。

【例 12-3】 www.baidu.com 的 GET 请求。

```
GET / HTTP/1.1
Host: www.baidu.com
User-Agent: Mozilla/5.0 (Windows; U; Windows NT 5.1; en-US; rv:1.7.6)
Gecko/20050225 Firefox/1.0.1
Connection: Keep-Alive
```

第 1 行请求行的第一部分说明了该请求是 GET 请求。该行的第二部分是一个斜杠(/),用来说明请求的是该域名的根目录。该行的最后一部分说明使用的是 HTTP 1.1 版本。

第 2 行用来设定请求发往的目的地。请求头部 Host 将指出请求的目的地。结合 Host 和上一行中的斜杠(/),可以通知服务器请求的是 www.baidu.com/。

第 3 行中包含的是头部 User-Agent,服务器端和客户端脚本都能够访问它,它是浏览器类型检测逻辑的重要基础。该信息由使用的浏览器来定义(在本例中是 Firefox 1.0.1),并且在每个请求中将自动发送。

最后一行是头部 Connection,通常将是否需要持久连接设置为 Keep-Alive。注意,在最后一个头部之后有一个空行。即使不存在请求正文,这个空行也是必需的。

要发送 GET 请求的参数,则必须将这些额外的信息附在 URL 本身的后面,其格式类似于:

```
URL? name1=value1&name2=value2&..&nameN=valueN
```

称"name1=value1&name2=value2&..&nameN=valueN"为查询字符串,它将被复制在 HTTP 请求的请求行中。

【例 12-4】 以用 Google 搜索 domety 为例,给出 GET 请求格式。

```
GET /search? hl=zh-CN&source=hp&q=domety&aq=f&oq= HTTP/1.1
```

```
Accept: image/gif, image/x-xbitmap, image/jpeg, image/pjpeg, application/vnd.
ms-excel, application/vnd.ms-powerpoint,
application/msword, application/x - silverlight, application/x - shockwave -
flash, * / *
Referer: <a href="http://www.google.cn/">http://www.google.cn/</a>  Accept-
Language: zh-cn
Accept-Encoding: gzip, deflate
User-Agent: Mozilla/4.0 (compatible; MSIE 6.0; Windows NT 5.1; SV1; .NET CLR 2.0.
50727; TheWorld)
Host: <a href="http://www.google.cn">www.google.cn</a>  Connection: Keep-Alive
Cookie
PREF= ID = 80a06da87be9ae3c: U = f7167333e2c3b714: NW = 1: TM = 1261551909: LM =
1261551917:S=ybYcq2wpfefs4V9g;
NID=31=ojj8d-IygaEtSxLgaJmqSjVhCspkviJrB6omjamNrSm8lZhKy_yMfO2M4QMRKcH1g0iQv9u-
2hfBW7bUFwVh7pGaRUb0RnHcJU37y-FxlRugatx63JLv7CWMD6UB_O_r
```

可以看到,GET 方法的请求一般不包含"请求正文"部分,请求数据以地址的形式表现在请求行。地址链接如下。

```
<a
href="http://www.google.cn/search? hl=zh-CN&source=hp&q=domety&aq=f&oq=">
http://www.google.cn/search? hl=zh-CN&source=hp&q=domety&aq=f&oq=</a>
```

地址中"?"之后的部分就是通过 GET 发送的请求数据,可以在地址栏中清楚地看到,各个数据之间用"&"符号隔开。显然,这种方式不适合传送私密数据。另外,由于不同的浏览器对地址的字符限制也有所不同,一般最多只能识别 1024 个字符,所以如果需要传送大量数据的时候,也不适合使用 GET 方法。

(2) POST。

对于上面提到的不适合使用 GET 方法的情况,可以考虑使用 POST 方法。由于POST 不是通过 URL 传值,理论上数据不受限,但实际各个 Web 服务器会规定对 POST提交数据大小进行限制。POST 方法将请求参数封装在 HTTP 请求正文中,以名称/值的形式出现。

【例 12-5】　以例 12-4 中的搜索 domety 为例,给出使用 POST 的请求。

```
POST /search HTTP/1.1
Accept: image/gif, image/x-xbitmap, image/jpeg, image/pjpeg, application/vnd.
ms-excel, application/vnd.ms-powerpoint,
application/msword, application/x - silverlight, application/x - shockwave -
flash, * / *
Referer: <a href="http://www.google.cn/">http://www.google.cn/</a>  Accept-
Language: zh-cn
Accept-Encoding: gzip, deflate
User-Agent: Mozilla/4.0 (compatible; MSIE 6.0; Windows NT 5.1; SV1; .NET CLR 2.0.
50727; TheWorld)
Host: <a href="http://www.google.cn">www.google.cn</a>  Connection: Keep-
Alive
Cookie:
PREF= ID = 80a06da87be9ae3c: U = f7167333e2c3b714: NW = 1: TM = 1261551909: LM =
1261551917:S=ybYcq2wpfefs4V9g;
```

```
NID=31=ojj8d-IygaEtSxLgaJmqSjVhCspkviJrB6omjamNrSm8lZhKy_yMfO2M4QMRKcH1g0iQv9u-
2hfBW7bUFwVh7pGaRUb0RnHcJU37y-FxlRugatx63JLv7CWMD6UB_O_r

hl=zh-CN&source=hp&q=domety
```

可以看到,POST 方法请求行中不包含数据字符串,这些数据保存在"请求正文"部分,各数据之间也是使用"&"符号隔开。POST 方法大多用于页面的表单中。由于 POST 也能完成 GET 的功能,因此多数人在设计表单的时候通常都使用 POST 方法。

2. HTTP 响应报文

HTTP 响应报文的格式与请求报文的格式十分类似,HTTP 响应报文主要由状态行、响应头部、空白行、响应正文 4 部分组成,如图 12-4 所示。与请求报文相比,在响应报文中唯一真正的区别在于第一行中用状态信息代替了请求信息。

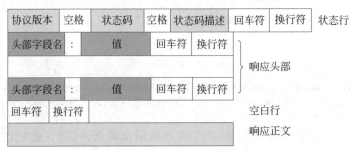

图 12-4　HTTP 响应报文组成结构

1) 状态行

状态行(status line)通过提供一个状态码来说明所请求的资源情况。状态行由三部分组成,分别为协议版本,状态码,状态码描述。各部分之间由空格分隔。

状态码为三位数字,200～299 的状态码表示成功,300～399 的状态码表示资源重定向,400～499 的状态码表示客户端请求出错,500～599 的状态码表示服务器端出错(HTTP/1.1 向协议中引入了信息性状态码,范围为 100～199)。常见的状态码如表 12-6 所示。

表 12-6　常见的状态码

状态码	说　　明
200	(OK): 响应成功
301	永久重定向,搜索引擎将删除源地址,保留重定向地址
302	暂时重定向,重定向地址由响应头中的 Location 属性指定
304	(NOT MODIFIED): 缓存文件并未过期,还可继续使用,无须再次从服务端获取
400	客户端请求有语法错误,不能被服务器识别
403	(FORBIDDEN): 服务器接收到请求,但是拒绝提供服务(认证失败)
404	(NOT FOUND): 请求资源不存在
500	服务器内部错误

2）响应头部

响应头部也是协议的集合，由关键字/值对组成，每行一对，关键字和值用英文冒号"："分隔。常见的响应头如表 12-7 所示。

表 12-7　常见的响应头

响　应　头	说　　　明
Server	服务器主机信息
Date	响应时间
Last-Modified	文件最后修改时间
Content-Type	响应正文的数据类型：text/html,image/png 等
Location	重定向，浏览器遇到这个选项，就立刻跳转(不会解析后面的内容)
Refresh	重定向(刷新)，浏览器遇到这个选项就会准备跳转，刷新一般有时间限制，时间到了才跳转，浏览器会继续向下解析
Content-Length	响应正文长度
Content-Encoding	响应正文使用的编码格式
Content-Language	响应正文使用的语言

3）空白行

最后一个响应头之后是一个空白行，包含回车符和换行符，表示以下不再是响应头的内容。

4）响应正文

响应正文是服务器返回给浏览器的响应信息。

【例 12-6】　HTTP 响应报文举例。

```
HTTP/1.1 200 OK
Accept-Ranges: bytes
Cache-Control: no-cache
Connection: Keep-Alive
Content-Length: 227
Content-Type: text/html
Date: Wed, 02 Oct 2019 02:56:46 GMT
Etag: "5d7f08a7-e3"
Last-Modified: Mon, 16 Sep 2019 03:59:35 GMT
Pragma: no-cache
Server: BWS/1.1
Set-Cookie: BD_NOT_HTTPS=1; path=/; Max-Age=300
Strict-Transport-Security: max-age=0
X-Ua-Compatible: IE=Edge,chrome=1

<html>
<head>
<script>
location.replace(location.href.replace("https://","http://"));
```

```
</script>
</head>
<body>
<noscript><meta http-equiv="refresh" content="0;url=http://www.baidu.com/">
</noscript>
</body>
</html>
```

在本例中,状态行给出的 HTTP 状态代码是 200,以及状态码描述 OK。

在状态行之后是一些响应头部。通常,服务器会返回一个名为 Date 的头部,用来说明响应生成的日期和时间(服务器通常还会返回一些关于其自身的信息,尽管并非是必需的)。下面还有 Content-Length 和 Content-Type 两个头部。

所有响应头部下面是空白行。

空白行下面是响应正文,其所包含的就是所请求资源的 HTML 源文件(尽管还可能包含纯文本或其他资源类型的二进制数据),浏览器将把这些数据显示给用户。

注意,这里并没有指明针对该响应的请求类型,不过这对于服务器并不重要。客户端知道每种类型的请求将返回什么类型的数据,并决定如何使用这些数据。

12.4.4 使用 Requests 库实现 HTTP 请求

Requests 库是第三方库,在使用之前,需要使用 pip install requests 先安装它。Requests 库的 7 个主要方法如表 12-8 所示。

表 12-8　Requests 库的 7 个主要方法

方　　法	说　　明
request(method,url,* *kwargs)	创建一个 Request 请求对象,返回一个 Response 对象。method:创建 Request 对象要使用的 HTTP 方法,包括 GET、POST、PUT、DELETE 等。url:创建 Request 对象的 URL 链接。**kwargs:13 个控制访问的可选参数
get(url)	获取 HTML 网页,对应于 HTTP 的 GET(请求 URL 位置的资源),url 为拟获取页面的 URL 链接
head(url)	获取 HTML 网页头部信息,对应于 HTTP 的 HEAD(请求 URL 位置的资源的头部信息)
post()	向 HTML 网页提交 POST 请求的方法,对应于 HTTP 的 POST(请求向 URL 位置的资源附加新的数据)
put()	向 HTML 网页提交 PUT 请求的方法,对应于 HTTP 的 PUT(请求向 URL 位置存储一个资源,覆盖原来 URL 位置的资源)
patch()	向 HTML 网页提交局部修改的请求,对应于 HTTP 的 PATCH(请求局部更新 URL 位置的资源)
delete()	向 HTML 网页提交删除请求,对应于 HTTP 的 DELETE(请求删除 URL 位置存储的资源)

request()方法有 13 个控制访问的可选参数,其主要参数的用法如表 12-9 所示。

表 12-9　request()方法主要的控制访问的可选参数

可 选 参 数	说　　明
params	将字典或字节序列作为参数添加到 url 中,如 requests.request('GET', 'https://www.baidu.com', params={'key1': 'value1','key2': 'value2'}),相当于访问了'https://www.baidu.com?key1=value1&key2=value2'这个 URL
data	字典、字节序列或者文件对象,作为 Request 的内容
json	JSON 格式的数据,作为 Request 的内容
headers	字典,作为 HTTP 定制头
files	字典类型,传输文件,files={'file': open('data.xls', 'rb')

1. requests.request()方法创建请求对象

函数的语法格式如下。

```
requests.request(method,url,**kwargs)
```

参数说明如下。

method：创建 Request 请求对象要使用的 HTTP 方法,包括 GET、POST、PUT、DELETE 等。

url：创建 Request 对象的 URL 链接。

**kwargs：13 个控制访问的可选参数。

函数功能：创建 Request 请求对象,返回一个 Response 对象。

使用 requests 库的 7 个主要方法后,会返回一个 Response 对象,其存储了服务器响应的内容,Response 对象的主要属性如表 12-10 所示。

表 12-10　Response 对象的主要属性

属　　性	说　　明
status_code	HTTP 请求返回的状态,200 表示成功
text	HTTP 响应内容的字符串形式,即 url 对应的页面内容
encoding	从 HTTP header 中猜测的响应内容编码方式
apparent_encoding	从内容中分析出的响应内容编码方式(备选编码方式)
content	HTTP 响应内容的二进制形式
headers	HTTP 响应内容的头部信息
url	HTTP 响应的 url 地址,str 类型
cookies	获取响应中的 Cookie

【例 12-7】　requests.request()函数使用举例。

```
>>> import requests
>>> kv={'wd':'requests'}
#将字典 kv 作为参数添加到'https://www.baidu.com'中
```

```
>>> r=requests.request('GET', 'https://www.baidu.com', params=kv)
                                        #创建 Request 对象
>>> print(r.url)
https://www.baidu.com/?wd=requests
#将字典 kv 作为 Request 的内容
>>> r1=requests.request('POST', 'https://www.baidu.com', data=kv)
                                        #创建 Request 请求对象
>>> print(r1.encoding)                  #从 HTTP header 中猜测的响应内容编码方式
ISO-8859-1
>>> print(r1.status_code)               #HTTP 请求的返回状态
302
```

2. requests.get()函数获取网页

函数的语法格式如下。

```
requests.get(url, params = None, **kwargs)
```

参数说明如下。

url：拟获取页面的 URL 链接。

params：在 url 中增加的额外参数,格式为字典或者字节流,此参数是可选的。

**kwargs：其他 12 个控制访问的参数,也是可选的。

函数功能：构造了一个向服务器请求资源的 Request 对象,返回一个包含服务器所有相关资源的 Response 响应对象。

【例 12-8】 requests.get()函数使用举例。

```
import requests
param={'wd':'Python'}
r=requests.get('http://www.baidu.com/s',params=param)
print(r.url)
```

运行上述程序代码得到的输出结果如下。

```
http://www.baidu.com/s?wd=Python
```

3. requests.head()获取 HTML 网页的头部信息

函数的语法格式如下。

```
requests.head(url,**kwargs)
```

参数说明如下。

url：拟获取页面的 URL 链接。

**kwargs：12 个控制访问的参数。

```
>>> import requests
>>> r = requests.head("https://www.cnblogs.com/mzc1997/p/7813801.html")
>>> r.headers
```

```
{'Date': 'Wed, 02 Oct 2019 14:21:10 GMT', 'Content-Type': 'text/html; charset=utf
-8', 'Connection': 'keep-alive', 'Allow': 'GET, POST'}
```

4. requests.post()向 HTML 网页提交 POST 请求

函数的语法格式如下。

```
requests.post(url,data=None,json=None,**kwargs)
```

参数说明如下。

url：拟获取页面的 URL 链接。

data：字典、字节序列或文件，Request 的内容。

json：JSON 格式的数据，Request 的内容。

**kwargs：12 个控制访问的参数。

【例 12-9】　requests.post()函数使用举例。

```
import requests
data={"username":"XiaoWang","password":"123456"}
#httpbin.org 这个网站能测试 HTTP 请求和响应的各种信息
r = requests.post(url="http://httpbin.org/post",data=data)        #带数据的 post
print (r.text)
```

运行上述程序代码得到的输出结果如下。

```
{
  "args": {},
  "data": "",
  "files": {},
  "form": {
    "password": "123456",
    "username": "XiaoWang"
  },
  "headers": {
    "Accept": "*/*",
    "Accept-Encoding": "gzip, deflate",
    "Content-Length": "33",
    "Content-Type": "application/x-www-form-urlencoded",
    "Host": "httpbin.org",
    "User-Agent": "python-requests/2.22.0"
  },
  "json": null,
  "origin": "117.156.221.16, 117.156.221.16",
  "url": "https://httpbin.org/post"
}
```

【例 12-10】　带参数的 requests.post()函数使用举例。

```
import requests
```

```
URL = "https://www.baidu.com"
param ={'wd':'requests'}
r = requests.post(url=URL,params=param)
print (r.url)
```

运行上述程序代码得到的输出结果如下。

```
https://www.baidu.com/?wd=requests
```

12.4.5 Cookie

Cookie 和 Session 都是用来保存网络状态信息,都是保存客户端状态的机制,它们都是为了解决 HTTP 无状态的问题所做的努力。对于爬虫开发来说,关注更多的是 Cookie,因为 Cookie 将状态保存在客户端,Session 将状态保存在服务器端。

Cookies 是指某些网站为了辨别用户身份而存储在用户本地终端上的数据。Cookies 是一段键值对形式的字符串,各个 Cookie 之间用分号加空格隔开。用户访问某网站时,浏览器就会通过 HTTP 将本地与该网站相关的 Cookie 发送给网站服务器,从而完成登录验证。

Cookie 存在有效期,默认有效期从 Cookie 生成到浏览器关闭。Cookie 的有效期也可以自行定义,一旦超过规定时间,目标 Cookie 就会被系统清除。

```
>>> import requests
>>> url = "https://fanyi.baidu.com"
>>> res = requests.get(url)
>>> res.cookies
<RequestsCookieJar[Cookie(version=0, name='BAIDUID', value=
'B92A4918BA6DF852AC5F0BB250BE0C34: FG = 1 ', port = None, port_specified = False,
domain='.baidu.com', domain_specified=True, domain_initial_dot=True, path='/
', path_specified = True, secure = False, expires = 1601624698, discard = False,
comment=None, comment_url=None, rest={}, rfc2109=True), Cookie(version=0, name
='locale', value='zh', port=None, port_specified=False, domain='.baidu.com',
domain_specified=True, domain_initial_dot=True, path = '/', path_specified=
True, secure=False, expires=1596008696, discard=False, comment=None, comment_
url=None, rest={}, rfc2109=False)]>
```

12.4.6 使用 Requests 库简单获取网页内容

编写 Requests_test.py 程序文件使用 Requests 库简单获取网页内容,Requests_test.py 中的代码如下。

```
import requests
#请求的首部信息
headers = {'user-agent': 'Mozilla/5.0 (Windows NT 10.0; Win64; x64) AppleWebKit/
537.36 (KHTML, like Gecko) Chrome/65.0.3325.146 Safari/537.36'}
url = 'https://sports.163.com/zc/'                    #网易体育"中超新闻"
```

```
#利用 requests 模块的 get()方法,对指定的 url 发起请求
res = requests.get(url, headers=headers)              #返回一个 Response 对象
#通过 Response 对象的 text 属性获取网页的文本信息
print(res.text)
$ python Requests_test.py                             #运行程序文件,输出如下内容
<!DOCTYPE HTML>
<!--[if IE 6 ]><html class="ne_ua_ie6 ne_ua_ielte8"><![endif]-->
<!--[if IE 7 ]><html class="ne_ua_ie7 ne_ua_ielte8"><![endif]-->
<!--[if IE 8 ]><html class="ne_ua_ie8 ne_ua_ielte8"><![endif]-->
<!--[if IE 9 ]><html class="ne_ua_ie9"><![endif]-->
<!--[if (gte IE 10) |!(IE)]><!--><html><!--<![endif]-->
<head>
<meta http-equiv="Content-Type" content="text/html; charset=gbk">
<meta name="model_url" content="http://sports.163.com/special/00051C89/zc.
html" />
<title>中超滚动新闻_网易体育</title>
<meta name="keywords" content="网易,网易新闻,网易体育,中超,中超联赛,足球,中国足球
超级联赛,广州,恒大,富力,山东,鲁能,上海,绿地,上港,申花,河南,建业,北京,国安,杭州,绿
城,天津,泰达,江苏,舜天,长春,亚泰,辽足,辽宁,宏运,重庆,力帆,石家庄,永昌,延边,长白山,
河北,华夏幸福中超视频,中超直播,中超视频直播,中超比分,中超积分榜,中超赛程" />
<meta name="description" content="中超滚动新闻" />
<script type="text/javascript" _keep="true">
    var matchStr =window.location.href;
    var reURL = /^(https):\/\/.+$/;
    if(!reURL.test(matchStr)){
      window.location.href = window.location.href.replace('http','https');
    }
</script>
```

上面的代码中,向网易的服务器发送了一个 get 请求,获取网易体育中超首页的新闻。headers 参数指定 http 请求的头部信息,请求的 url 对应的资源是网易中超新闻的首页。获取到对应的网页资源之后,就可以从中提取感兴趣的信息。

 习　　题

1. TCP 和 UDP 的主要区别是什么?
2. Socket 有什么用途?
3. 简单描述开发 TCP 程序的过程。
4. 简单描述开发 UDP 程序的过程。
5. 编写获取本机 IP 的程序。

Linux 下操作 MySQL 数据库

MySQL 是一个公开源码的小型关系数据库管理系统,体积小,速度快。在 Linux 下可通过 C 语言和 Python 语言操作 MySQL 数据库。本章主要介绍 Linux 下安装 MySQL,MySQL 基本操作,C 语言操作 MySQL 数据库和 Python 语言操作 MySQL 数据库。

◆ 13.1　Linux 下安装 MySQL

MySQL 是最流行的关系型数据库管理系统,使用标准的 SQL(结构化查询语言),可以处理拥有上千万条记录的大型数据库。MySQL 可以运行于多个系统上,支持多种语言,具体包括 C、C++、Python、Java、Perl、PHP 等。

13.1.1　MySQL 的基本概念

MySQL 数据库的基本概念如下。

数据库:数据库是一些数据表的集合。

数据表:表是数据的矩阵。在一个数据库中的表看起来像一个简单的电子表格。

列:一列(数据元素)包含相同类型的数据,例如,学生学号数据。

行:一行(称元组,或记录)是一组相关的数据,例如,一条学生考试成绩的数据。

冗余:存储两倍数据,冗余降低了性能,但提高了数据的安全性。

主键:主键是唯一的,用来唯一标识一条记录。一个数据表中只能包含一个主键。

外键:外键用于关联两个表。

复合键:复合键(组合键)将多个列作为一个索引键,一般用于复合索引。

索引:使用索引可快速访问数据库表中的特定信息。索引是对数据库表中一列或多列的值进行排序的一种结构。类似于书籍的目录。

13.1.2　安装并配置 MySQL

在 Ubuntu 上,可使用 apt-get install 命令来安装 MySQL 数据库,具体命令如下。

安装并配置
MySQL

```
$ sudo apt-get update                    #更新软件源
$ sudo apt-get install mysql-server      #安装 MySQL 数据库
```

上述命令会安装以下两个包：

```
mysql-client-8.0
mysql-server-8.0
```

因此无须再安装 mysql-client 等。

一旦安装完成，MySQL 服务将会自动启动。想要验证 MySQL 服务器正在运行，输入以下命令来查看 MySQL 服务运行状态。

```
$ service mysql status
● mysql.service - MySQL Community Server
    Loaded: loaded (/lib/systemd/system/mysql.service; enabled; vendor preset:>
    Active: active (running) since Tue 2022-10-04 14:06:52 CST; 24min ago
  Main PID: 3707 (mysqld)
    Status: "Server is operational"
     Tasks: 38 (limit: 2285)
    Memory: 357.6M
    CGroup: /system.slice/mysql.service
  └─3707 /usr/sbin/mysqld

10 月 04 14:06:51 Master systemd[1]: Starting MySQL Community Server...
10 月 04 14:06:52 Master systemd[1]: Started MySQL Community Server.
```

出现上述类似信息，说明 MySQL 已经安装好并运行起来了。

在成功安装 MySQL 后，可以直接使用默认账户 root 登录，这个账户是管理账户，默认没有密码。因此为了数据库的安全，需要第一时间给 root 账户设置密码，下面给出具体实现过程。

```
#下面以 MySQL 的 root 账户登录(连接)本地 MySQL,修改密码后,下次登录就可以不用 sudo 了
$ sudo mysql -u root -p
[sudo] hadoop 的密码:
Enter password:         #随便输入一个密码就能登录,进入 MySQL 以 mysql>为提示符的控制台
mysql>
```

命令提示符变为"mysql>"时，表明已经成功登录 MySQL 了。

```
#密码设为 123456
mysql> alter user 'root'@'localhost' identifiedwith mysql_native_password BY '
123456';
mysql> flush privileges;                #刷新
mysql> exit                             #退出 MySQL
Bye
```

设置密码后，如果再以 root 用户登录就需要输入密码了，例如：

```
$ mysql -u root -p
Enter password:
Welcome to the MySQL monitor.  Commands end with ; or \g.
Type 'help;' or '\h' for help. Type '\c' to clear the current input statement.
mysql>
```

-u 表示选择登录的用户名，这里登录用户选择的是 MySQL 的 root 用户；给出-p 参数但未紧挨着 p 提供密码，系统会提示输入 root 用户的密码，如果没有给出-p 参数，MySQL命令将假设不需要密码。此为，还可加上"-h 主机地址"，用于连接其他服务器。

连接到远程主机上的 MySQL，假设远程主机的 IP 为"110.110.110.110"，用户名为root，密码为 123456。则输入以下命令：

```
$ mysql -h110.110.110.110 -uroot -p123456
```

MySQL 的其他服务管理命令如下。

```
$ systemctl disable mysql          #关闭 MySQL 开机启动
$ systemctl disable mysql          #设置 MySQL 开机启动
$ service mysqld start             #启动 MySQL 服务
$ service mysqld stop              #关闭 MySQL 服务
$ service mysqld restart           #重启 MySQL 服务
```

13.2　MySQL 基本操作

MySQL 基本操作主要涉及用户操作命令、数据库操作命令和数据表操作命令。

13.2.1　用户操作命令

1. 增加新用户

在 MySQL 的 Shell 界面，即"mysql＞"命令提示符状态界面，输入如下命令为 MySQL添加新用户。

```
mysql> create user [username]@[host] identified by [password];
#示例
mysql> create user usera@localhost identified by 'usera';
mysql> create user usera@192.168.1.100 identified by 'usera';
mysql> create user usera@"%" identified by 'usera';
mysql>create user usera@"%";
```

参数说明如下。

username：将创建的用户名。

host：指定该用户在哪个主机上可以登录，如果是本地用户用 localhost，如果想让该用户可以从任意远程主机登录，可以使用通配符％。

password：该用户的登录密码，密码可以为空，如果为空则该用户可以不需要密码登录

MySQL 服务器。

创建的用户信息存放于 mysql.user 数据表中。

下面查看 MySQL 的所有用户。

```
mysql> use mysql;
Database changed
mysql> select user from user;          #列出所有用户
+----------------+
| user           |
+----------------+
| debian-sys-maint |
| mysql.infoschema |
| mysql.session  |
| mysql.sys      |
| root           |
| usera          |
+----------------+
```

2. 删除用户

删除用户的命令格式如下。

```
mysql> drop user [username]@[host];
#示例
mysql> drop user usera@localhost;
```

说明：删除用户时，主机名要与创建用户时使用的主机名称相同。

3. 用户授权

用户授权的命令格式如下。

```
mysql> grant [privileges] on [databasename].[tablename] to [username]@[host];
```

下面创建一个用户，为这个用户指定数据库权限。

```
mysql> create user 'newuser'@'localhost' identified by '123456';
mysql> grant all privileges on `class`.* to 'newuser'@'localhost';
mysql> flush privileges;                  #刷新权限
```

参数说明：

（1）privileges：是一个用逗号分隔的赋予 MySQL 用户的权限列表，如 select、insert、update 等。如果要授予所有的权限则使用 all。

（2）databasename 为数据库名，tablename 为表名，如果要授予该用户对所有数据库和表的相应操作权限，则可用 * 表示，如 *.* 。

（3）使用 grant 为用户授权时，如果指定的用户不存在，则会新建该用户并授权。设置允许用户远程访问 MySQL 服务器时，一般使用该命令，并指定密码，示例如下。

```
mysql> create user userb@"%" identified by 'userb';
                                        #创建可以从任意远程主机登录的用户
mysql> grant select on * . * to userb@"%";
```

4. 撤销用户权限

撤销用户权限的命令格式如下。

```
mysql> revoke [privileges] on [databasename].[tablename] from [username]@
[host];
#示例
mysql> revoke all on class.* from newuser@localhost;
```

5. 查看用户权限

方法一,可以从 mysql.user 表中查看所有用户的信息,包括用户的权限,命令格式如下。

```
mysql>select * from mysql.user where user='username' \G
#示例
mysql> select * from mysql.user where user='newuser' \G  #这里只列出一部分
*************************** 1. row ***************************
                    Host: localhost
                    User: newuser
              Select_priv: Y
              Insert_priv: N
              Update_priv: N
...
Password_require_current: NULL
         User_attributes: NULL
1 row in set (0.04 sec)
```

方法二,查看给用户的授权信息,命令格式如下。

```
mysql> show grants for [username]@[host];
#示例
mysql> show grants for userb@"%";
+-----------------------------------+
| Grants for userb@%                |
+-----------------------------------+
| GRANT SELECT ON * .* TO `userb`@`%`  |
+-----------------------------------+
```

13.2.2 数据库操作命令

常用的数据库命令如下。

1. 创建数据库

创建数据库的命令格式如下。

```
mysql>create database [databasename];
#示例
mysql> create database Class;              #创建数据库 Class
```

2. 删除数据库

删除数据库的命令格式如下。

```
mysql> drop database [databasename];
#示例
mysql> drop database Class;               #删除数据库 Class
```

3. 查看数据库

查看所有数据库的命令格式如下。

```
mysql> show databases;
+--------------------+
| Database           |
+--------------------+
| hive               |
| information_schema |
| mysql              |
| performance_schema |
| sys                |
| test               |
+--------------------+
```

查看当前数据库的命令格式如下。

```
mysql> select database();
+------------+
| database() |
+------------+
| mysql      |
+------------+
```

也可以使用下面这种方式更详细地查看。

```
mysql> status;
--------------
mysql  Ver 8.0.30-0ubuntu0.20.04.2 for Linux on x86_64 ((Ubuntu))

Connection id:          17
Current database:       mysql
Current user:           root@localhost
SSL:                    Not in use
Current pager:          stdout
Using outfile:          ''
Using delimiter:        ;
```

```
Server version:                8.0.30-0ubuntu0.20.04.2 (Ubuntu)
Protocol version:              10
Connection:                    Localhost via UNIX socket
Server characterset:           utf8mb4
Db      characterset:          utf8mb4
Client characterset:           utf8mb4
Conn.   characterset:          utf8mb4
UNIX socket:                   /var/run/mysqld/mysqld.sock
Binary data as:                Hexadecimal
Uptime:                        44 min 18 sec
```

4. 连接数据库

连接(进入、切换)数据库的命令格式如下。

```
mysql> use [databasename];
#示例
mysql> create database Class;        #创建数据库 Class
mysql> use Class;                    #连接数据库 Class
Database changed
```

13.2.3 数据表操作命令

数据库是一些数据表的集合,数据表是由表名、表中的字段和表的记录三个部分组成的,看起来像一个简单的电子表格。在建表之前都必须先设计它的结构,表结构描述了一个表的框架,设计表结构实际上就是定义组成一个表的字段个数,每个字段的名称、数据类型和长度等信息。

1. 创建数据表

创建数据表的命令格式如下。

```
mysql> create table [表名] ( [字段名 1] [类型 1] [is null] [key] [default value]
[extra] [comment],…)[engine] [charset];
```

参数说明如下。

建表命令中,除了表名、字段名和字段类型,其他都是可选参数,可有可无,根据实际情况来定。

is null:表示该字段是否允许为空,不指明,默认允许为空。

key:表示该字段是否是主键、外键、唯一键还是索引。

default value:表示该字段在未显式赋值时的默认值。

extra:表示该字段的一些修饰,如自增 auto_increment。

comment:对该字段的说明注释。

engine:表示数据库存储引擎,MySQL 支持的常用引擎有 ISAM、MyISAM、Memory、InnoDB 和 BDB(BerkeleyDB),不显式指明默认使用 MyISAM。

charset:表示数据表数据存储编码格式。

```
#建表语句
mysql> create table if not exists student(
sno int unsigned not null comment '学号' auto_increment,
    name varchar(12) not null comment '姓名',
    school varchar(12) not null comment '学校',
    grade varchar(12) not null comment '年级',
    major varchar(12) not null comment '专业',
    gender enum('男','女','保密') default '保密' comment '性别',
    hobby varchar(128) null comment '爱好',
    primary key(sno)
)engine=MyISAM default charset=utf8 auto_increment=20220001;
```

在上面的建表语句中,注意以下几点。

(1) 可以使用 if not exists 来判断数据表是否存在,不存在则创建,存在则不创建,这样可以避免因重复创建表导致失败。

(2) 设置主键时可以将 primary key 放在字段的后面来修饰,也可以另起一行单独来指定主键。

(3) 设置自增时,可以指定自增的起始值,MySQL 默认是从 1 开始自增。

```
#往表中插入两条记录
mysql> insert into student values (20220001, 'Wang', '101 大学', '大一', '计算机',
'男','踢足球' );
mysql> insert into student values (20220002, 'Yang', '101 大学', '大一', '软件', '
女',null );
mysql> select * from student;   #查看表中的内容
+--------+------+-------+-------+---------+--------+---------+
| sno    | name | school| grade | major   | gender | hobby   |
+--------+------+-------+-------+---------+--------+---------+
| 20220001 | Wang | 101 大学 | 大一   | 计算机    | 男     | 踢足球   |
| 20220002 | Yang | 101 大学 | 大一   | 软件      | 女     | NULL    |
+--------+------+-------+-------+---------+--------+---------+
2 rows in set (0.01 sec)
```

2. 查看当前数据库有哪些数据表

查看当前数据库有哪些数据表,具体有以下几种方式。

```
mysql> show tables;
+-----------------+
| Tables_in_Class |
+-----------------+
| student         |
+-----------------+
#模糊查找
mysql> show tables like "%tu%";
+------------------------+
| Tables_in_Class (%tu%) |
+------------------------+
| student                |
+------------------------+
```

```
#指定数据库查看数据表
mysql> show tables from Class;         #指定数据库 Class
+-----------------+
| Tables_in_Class  |
+-----------------+
| student         |
+-----------------+
```

3. 查看数据表结构

查看数据表结构的命令格式如下。

```
mysql> describe student;              #查看 student 表的表结构,describe 可简写为 desc
+--------+------------------+------+-----+-------+----------------+
| Field  | Type             | Null | Key | Default | Extra        |
+--------+------------------+------+-----+-------+----------------+
| sno    | int unsigned     | NO   | PRI | NULL  | auto_increment |
| name   | varchar(12)      | NO   |     | NULL  |                |
| school | varchar(12)      | NO   |     | NULL  |                |
| grade  | varchar(12)      | NO   |     | NULL  |                |
| major  | varchar(12)      | NO   |     | NULL  |                |
| gender | enum('男','女','保密') | YES |     | 保密   |                |
| hobby  | varchar(128)     | YES  |     | NULL  |                |
+--------+------------------+------+-----+-------+----------------+
7 rows in set (0.02 sec)
mysql>show columnsfrom student;        #查看 student 表的表结构
```

4. 查看建表语句

查看建表语句的命令格式如下。

```
show create table student;             #查看 student 表的建表语句
```

5. 重命名数据表

重命名数据表的命令格式如下。

```
mysql> rename table [tablename] to [newtablename];
```

6. 增加、删除和修改数据表的列

(1) 增加列。

增加列的命令格式如下。

```
mysql>alter table [tablename] add column [columnname] [columndefinition] [after
columnname];
#示例 1,为数据表 student 增加家乡 hometown 列,默认为最后一列
mysql>alter table student add column hometown varchar(32) comment '家乡';
#示例 2,在指定列后新增列,而非默认最后一列
mysql>alter table student add column hometown varchar(32) comment '家乡' after
name;
```

```
#示例 3,同时增加多个列
mysql>alter table student add hometown varchar(32) comment '家乡' after major,
add birthdate after hometown;
```

（2）删除列。

删除列的命令格式如下。

```
mysql>alter table [tablename] drop column [columnname];
#示例
mysql> alter table student drop column birth;
```

（3）重命名列。

重命名列的命令格式如下。

```
mysql>alter table [tablename] change [columnname] [newcolumnname] [type];
#示例
mysql> alter table studentchange hometownhome varchar(32);
```

（4）修改列属性。

修改列属性的命令格式如下。

```
mysql> alter table [tablename] modify [columnname] [newdefinition];
#示例,修改 hobby 类型为 varchar(256)
mysql> alter table student modify hobby varchar(256);
```

（5）更新列的值。

更新列的值的命令格式如下。

```
mysql> update tablenameset column1=value1, column2=value2, … , column=valuen
[where condition];
#示例
mysql> update student set school = '102 大学' where sno = 20220001;
```

7. 删除数据表

删除数据表有以下三种方式。

（1）drop 删除表。

drop 删除表全部数据和表结构,立刻释放磁盘空间,命令格式如下。

```
mysql> drop table [tablename];
```

（2）truncate 删除表。

truncate 是删除表数据,不删除表的结构,但不能与 where 一起使用,命令格式如下。

```
mysql> truncate table [tablename];
```

(3) delete 删除表。

delete 是删除表中的数据,不删除表结构,速度最慢,但可以与 where 连用删除指定的行。

```
#示例1,删除 student 表的所有数据
mysql> deletefromstudent;
#示例2,删除 student 表的指定行
mysql> deletefromstudentwhere sno=20220002;
```

◆ 13.3　C 语言操作 MySQL 数据库

要使用 C 语言编程访问 MySQL 数据库,需要另外安装一个开发包 libmysqlclient-dev,安装命令如下。

```
$ sudo apt-get install libmysqlclient-dev
```

安装结束后,在/usr/include/mysql 目录中看到 mysql.h,说明安装成功。

```
mysql> use Class;                    #连接 Class 数据库
mysql> show tables;                  #查看 Class 数据库有哪些数据表
+-----------------+
| Tables_in_Class |
+-----------------+
| student         |
+-----------------+
1 row in set (0.00 sec)
```

【例 13-1】　C 语言编程连接 Class 数据库并输出该数据库的表。

创建 cmysql.c 文件,文件中的代码如下。

```
#include <mysql.h>
#include <stdio.h>

int main() {
    MYSQL * conn;
    MYSQL_RES * res;
    MYSQL_ROW row;

    char * server = "localhost";
    char * database = "Class";        //指定登录的数据库名字
    char * user = "root";             //指定登录数据库的用户
    char * password = "123456";       //登录用户的登录密码

    conn = mysql_init(NULL);
    //连接数据库
    if (!mysql_real_connect(conn, server,user, password, database, 0, NULL, 0)) {
        fprintf(stderr, "%s\n", mysql_error(conn));
```

```
        exit(1);
    }

    //连接成功,发送 SQL 查询
    if (mysql_query(conn, "show tables")) {
        fprintf(stderr, "%s\n", mysql_error(conn));
        exit(1);
    }

    res = mysql_store_result(conn);
    //输出连接的数据库中的表名
    printf("数据库 mysql 中表有:\n");
    while ((row = mysql_fetch_row(res)) != NULL)
        printf("%s \n", row[0]);

    //关闭连接
    mysql_free_result(res);                  //释放结果集
    mysql_close(conn);                       //断开与 MySQL 的连接

    return 0;
}
#编译 cmysql.c 生成可执行文件 cmysql.out
$ gcc cmysql.c -o cmysql.out -I /usr/include/mysql -L/usr/lib/mysql -lmysqlclient
$ ./cmysql.out                          #执行可执行文件
数据库 mysql 中表有:
student
```

程序中的主要函数的功能说明如下。

1. mysql_init()

函数的语法格式如下。

```
MYSQL * mysql_init(MYSQL * mysql)
```

函数功能：分配或初始化 MYSQL 对象,也称初始化一个句柄。

分配或初始化一个适用于 mysql_real_connect() 的 MYSQL 对象。如果向 mysql 传递的值是 NULL 指针,则该函数分配、初始化并返回一个新对象的地址,则在调用 mysql_close() 关闭连接时将其释放。否则,将初始化 MYSQL 对象,并返回对象的地址。

2. mysql_real_connect()

函数的语法格式如下。

```
MYSQL * mysql_real_connect(MYSQL * mysql, const char * host, const char * user,
const char * passwd, const char * db, unsigned int port, const char * unix_socket,
unsigned long client_flag)
```

函数功能：尝试与运行在主机上的 MySQL 数据库引擎建立连接。

参数说明如下。

mysql：mysql_init() 函数返回的初始化的句柄。

host：其值可以是主机名或 IP 地址。

user：登录数据库的用户名。

passwd：登录数据库的用户密码。

db：要访问的数据库。

port：MySQL 的 TCP/IP 端口，默认值为 0。

unix_socket：表示连接类型，默认是 NULL。

client_flag：默认值为 0。

3. mysql_query()

函数的语法格式如下。

```
int mysql_query(MYSQL * mysql,const char * query)
```

函数功能：根据 query 查询语句查询数据库。

参数说明如下。

mysql：mysql_init()函数返回的初始化的句柄。

query：查询数据库的语句字符串

函数返回值：成功返回 0，失败返回非 0。

4. mysql_store_result()

函数的语法格式如下。

```
MYSQL_RES * mysql_store_result(MYSQL * mysql)
```

函数功能：用来获得上一个语句 mysql_query()产生的结果集，返回指向带有结果的 MYSQL_RES 结构的指针；但如果 mysql_query()没有产生结果集或发生错误，那么函数返回 NULL。要确定发生了什么错误，需查看 mysql_error()的返回值。

参数说明如下。

mysql：mysql_init()函数返回的初始化的句柄。

5. mysql_fetch_row()

函数的语法格式如下。

```
MYSQL_ROW mysql_fetch_row(MYSQL_RES * res)
```

函数功能：从 mysql_store_result()得到的结果中提取一行，并把它放到一个 MYSQL_ROW 类型的行结构中。

返回值：下一行的一个 MYSQL_ROW 结构，当数据用完或发生错误时返回 NULL。

◇ 13.4 Python 语言操作 MySQL 数据库

用 Python 操作 MySQL 数据库之前，需要先安装 pymysql 库。打开一个终端，执行如下命令安装 pymysql 库。

```
$ pip install pymysql
```

13.4.1　连接 MySQL 数据库

启动一个终端,执行如下命令进入 Python 交互式编程模式。

```
$ python
Python 3.8.10 (default, Jun 22 2022, 20:18:18)
[GCC 9.4.0] on linux
Type "help", "copyright", "credits" or "license" for more information.
>>>
```

下面为数据库创建连接对象。

```
>>> import MySQLdb
Traceback (most recent call last):
  File "<stdin>", line 1, in <module>
ModuleNotFoundError: No module named 'MySQLdb'
>>> import pymysql
#为数据库 Class 创建连接对象
>>> conn = pymysql.connect(host='localhost', port=3306,user = "root",passwd
= "123456",db = "Class", charset="utf8")
>>> print (conn)
<pymysql.connections.Connection object at 0x7f3aff89abb0>
```

从输出结果可以看出,已成功创建连接 Class 数据库的连接对象。

```
pymysql.connect(host='localhost',port=3306,user = "root",passwd = "123456",
db = "Class",charset="utf8")
```

函数的功能:创建数据库的连接对象。

参数的含义如下。

host:指定 MySQL 数据库服务器的地址,若数据库安装在本地(本机)上,则使用 localhost 或者 127.0.0.1。若在其他服务器上,应填写该服务器的 IP 地址。

port:服务的端口号,默认为 3306,不写则为默认值。

user:指定登录数据库的用户名。

passwd:user 账户登录 MySQL 的密码。

db:MySQL 数据库系统里存在的具体数据库。

charset:设置为 utf8 编码,解决存汉字乱码问题。

13.4.2　创建游标对象

要想操作数据库,只连接数据库是不够的,必须建立操作数据库的游标,才能进行后续的数据处理操作,游标的主要作用是用来接收数据库操作后的返回结果,如读取数据、添加数据。通过调用数据库连接对象 conn 的 cursor()方法来创建数据库的游标对象。

```
>>> cur=conn.cursor()                    #创建游标对象
>>> print(cur)
<pymysql.cursors.Cursor object at 0x7f3afd95c1c0>
```

从输出结果可以看出,已成功创建游标对象,游标对象具有很多操作数据库的方法。

13.4.3 执行 SQL 语句

游标对象的执行 SQL 语句的方法有两个,一个为 execute(query, args＝None),另一个为 executemany(query, args＝None)。

1. execute(sql, args＝None)

函数作用:执行单条的 SQL 语句,执行成功后返回受影响的行数。

参数说明如下。

sql:要执行的 SQL 语句,字符串类型。

args:可选的序列或映射,用于 sql 的参数值。如果 args 为序列,sql 中必须使用％s 占位符;如果 args 为映射,sql 中必须使用％(key)s 占位符。

2. executemany(sql, args＝None)

函数作用:批量执行 SQL 语句,如批量插入数据,执行成功后返回受影响的行数。

参数说明如下。

sql:要执行的 SQL 语句,字符串类型。

args:嵌套的序列或映射,用于 sql 的参数值。

```
#使用 execute()方法执行 SQL 查询,查询数据表 student
>>> cur.execute('select * from student')
2
#获取查询结果,使用 pprint 模块的 pprint()输出查询结果
>>> result = cur.fetchall()
>>> import pprint
>>> pprint.pprint(result)
((20220001, 'Wang', '102 大学', '大一', '计算机', '男', '踢足球', None),
 (20220002, 'Yang', '101 大学', '大一', '软件', '女', None, None))
```

13.4.4 创建数据库

用编写的程序文件 pCreateDB.py 创建数据库,文件中的代码如下。

```
import pymysql
#创建连接 MySQL 数据库的连接对象,但不连接到具体的数据库
conn = pymysql.connect(host='localhost', user = "root",passwd = "123456")
cursor=conn.cursor()                      #创建游标对象
#创建数据库 students
cursor.execute('create database if not exists students')
cursor.close()                            #关闭游标
conn.close()                              #关闭数据库连接
print('创建 students 数据库成功!')
```

```
$ python pCreateDB.py                    #运行程序文件
创建 students 数据库成功!
```

这样在数据库系统里就成功创建了 students 数据库。

13.4.5　创建数据表

用编写的程序文件 pCreateTable.py 在数据库 students 中创建数据表,文件中的代码如下。

```
import pymysql
#创建数据库连接对象
conn = pymysql.connect(host='localhost', user = "root", passwd = "123456", db
= "students")
cursor=conn.cursor()                     #创建游标对象
#创建 user 表,如果该表存在先将其删除
cursor.execute('drop table if exists user')
#创建表的 sql 语句
sql = """create table user (ID int(11),name varchar(255)) engine=MyISAM default
charset=utf8 auto_increment=0"""
cursor.execute(sql)                      #执行创建表的 sql 语句
cursor.close()                           #关闭游标
conn.close()                             #关闭数据库连接
print('创建 user 数据表成功!')
$ python pCreateTable.py                 #运行程序文件
创建 user 数据表成功!
```

这样就在 students 数据库里创建了 user 数据表,通过如下命令在 MySQL 的 Shell 界面查看在 students 数据库中是否存在 user 数据表。

```
mysql> use students;
mysql> show tables;
+--------------------+
| Tables_in_students |
+--------------------+
| user               |
+--------------------+
```

13.4.6　插入数据

用编写的程序文件 pInsertTable.py 在数据库 students 的 user 数据表中插入数据,文件中的代码如下。

```
import pymysql
conn = pymysql.connect(host='localhost',user = "root",passwd = "123456",db = "
students")
cursor=conn.cursor()
#插入一条 id=1、name='LiLi'的记录
```

```
insert=cursor.execute('''insert into user(id,name) values (1,'LiLi')''')
print('添加语句受影响的行数:', insert)
#另一种插入记录的方式
sql="insert into user values(%s,%s)"
cursor.execute(sql,('2','LiMing'))
#调用 executemany()方法把同一条 SQL 语句执行多次
cursor.executemany('insert into user values (%s,%s)', ((3, '张龙'), (4, '赵虎'),
(5, '王朝'), (6, '马汉')))
#通过 rowcount 获取被修改的记录条数
print('批量插入受影响的行数:', cursor.rowcount)
conn.commit()                              #提交事务
cursor.close()                            #关闭游标
conn.close()                              #关闭数据库连接
$ python pInsertTable.py                  #运行程序文件
添加语句受影响的行数: 1
批量插入受影响的行数: 4
```

运行程序文件 pInsertTable.py 向 user 表添加记录,在 MySQL 的 Shell 界面查看添加后的结果。

```
mysql> use students;
mysql> select * from user;                #查看表中的内容
+------+--------+
| ID   | name   |
+------+--------+
|    1 | LiLi   |
|    2 | LiMing |
|    3 | 张龙   |
|    4 | 赵虎   |
|    5 | 王朝   |
|    6 | 马汉   |
+------+--------+
6 rows in set (0.01 sec)
```

13.4.7 查询数据

cursor 对象还提供了三种从查询返回的结果数据集中提取查询记录(也称行)的方法 fetchone()、fetchmany()和 fetchall(),每个方法都会导致游标移动,所以必须注意游标的位置。

fetchone():获取结果数据集的下一行。

fetchmany(size):获取结果数据集的下几行。

fetchall():获取结果数据集中的所有行。

用编写的程序文件 pQueryTable.py 在数据库 students 的 user 数据表中查询,用 fetchone()方法从查询返回的结果数据集中获取查询记录,文件中的代码如下。

```
import pymysql
#创建连接 MySQL 数据库的连接对象,但不连接到具体的数据库
```

```
conn=pymysql.connect(host='localhost',user = "root",passwd = "123456")
conn.select_db('students')                #连接到具体的数据库
cursor=conn.cursor()                      #创建游标对象
cursor.execute("select * from user")
while 1:
    res=cursor.fetchone()
    if res is None:
        #表示已经取完数据集
        break
    print(res)
conn.commit()
cursor.close()
conn.close()
$ python pQueryTable.py                   #运行程序文件
(1, 'LiLi')
(2, 'LiMing')
(3, '张龙')
(4, '赵虎')
(5, '王朝')
(6, '马汉')
```

13.4.8　更新和删除数据

用编写的程序文件 pUpdateDeleteTable.py 在数据库 students 的 user 数据表中更新和删除数据，文件中的代码如下。

```
import pymysql
#创建数据库连接对象
conn = pymysql.connect(host='localhost',user = "root",passwd = "123456",db = "
students")
cursor=conn.cursor()                      #创建游标对象
#更新一条数据
update=cursor.execute("update user set name='LiXiaoLi' where ID=1")
print('更新一条数据受影响的行数:', update)
#查询一条数据
cursor.execute("select * from user where ID=1")
print(cursor.fetchone())
#更新两条数据
sql="update user set name=%s where ID=%s"
update=cursor.executemany(sql,[('ZhangLong',3),('ZhaoHu',4)])
#查询更新的两条数据
cursor.execute("select * from user where name in ('ZhangLong','ZhaoHu')")
print('两条更新的数据为:')
for res in cursor.fetchall():
    print (res)
#删除一条数据
cursor.execute("delete from user where id=1")
conn.commit()
cursor.close()
```

```
conn.close()
$ python pUpdateDeleteTable.py        #运行程序文件
更新一条数据受影响的行数：1
(1, 'LiXiaoLi')
两条更新的数据为：
(3, 'ZhangLong')
(4, 'ZhaoHu')
```

◇ 习　　题

1. 叙述使用 Python 操作 MySQL 数据库的步骤。

2. 创建学生表 Student(Sid,Sname,Sage,Ssex)，其中，Sid 为学生编号，Sname 为学生姓名，Sage 为出生年月，Ssex 为学生性别。

用 Python 编程实现以下问题。

(1) 编程插入以下记录。

```
('01', '李丽', '1990-01-01', '男');
('02', '钱丽', '1991-12-21', '男');
('03', '孙风', '1991-05-20', '男');
('04', '王云', '1990-08-06', '男');
('05', '周梅', '1991-12-01', '女');
('06', '吴兰', '1992-03-01', '女');
('07', '郑菲', '1989-07-01', '女');
('09', '张三', '2000-12-20', '女');
('10', '李强', '2002-12-25', '女');
('11', '李兵', '2003-12-30', '女');
```

(2) 查询"李"姓学生的数量。

(3) 查询男生、女生人数。

(4) 查询名字中含有"丽"字的学生信息。

(5) 查询 1990 年出生的学生名单。

Hadoop 大数据环境搭建

Hadoop 是一个开源软件框架,可安装在一个计算机集群中,使计算机可彼此通信并协同工作,以分布式的方式共同存储和处理大量数据。用户可以轻松地在 Hadoop 上开发和运行处理海量数据的应用程序。本章主要介绍 Hadoop 简介,Hadoop 优缺点,Hadoop 安装前的准备工作,Hadoop 的安装与配置和 HDFS 的 Shell 操作。

◆ 14.1 Hadoop 概述

14.1.1 Hadoop 简介

Hadoop 是基于 Java 语言开发的可扩展的分布式并行计算框架,Hadoop 上的应用程序除了用 Java 语言编写外,也可以使用其他语言编写,如 Python、C++等。HDFS(Hadoop Distributed File System,Hadoop 分布式文件系统)和 MapReduce(分布式并行计算编程模型)是 Hadoop 的两大核心,整个 Hadoop 系统主要是通过 HDFS 来实现对分布式存储的底层支持,并通过 MapReduce 来实现对分布式并行任务处理程序的支持。HDFS 能可靠地在集群中大量机器之间存储大量的文件,以块序列的形式存储文件,文件中除了最后一个块,其他块都有相同的大小。使用数据块存储数据文件的好处是:一个文件的大小可以大于网络中任意一个磁盘的容量,文件的所有块不需要存储在同一个磁盘上,可以利用集群上的任意一个磁盘进行存储;数据块更适合用于数据备份,进而提供数据容错能力和提高可用性。MapReduce 的主要思想是"Map(映射)"和"Reduce(归约)"。MapReduce 并行计算编程模型能自动完成计算任务的并行化处理,自动划分计算数据和计算任务,在集群结点上自动分配和执行任务以及收集计算结果。

14.1.2 Hadoop 优缺点

Hadoop 是一个能够让用户轻松架构和使用的分布式计算平台,用户可以轻松地在 Hadoop 上开发和运行处理海量数据的应用程序,它主要有以下几个优点。

1. 高可靠性

Hadoop 成立之初就是假设计算元素和存储会失败,能自动维护数据的多份副本,某个副本丢失可以自动恢复,并且在任务失败后能自动地重新部署计算任务。

2. 高扩展性

Hadoop 是在可用的计算机集群中的计算结点间分配数据并完成计算任务的，为集群添加新的计算结点并不复杂，所以集群可以很容易进行结点的扩展，扩大集群。

3. 高效性

Hadoop 能够在结点之间动态地移动数据，在数据所在的结点进行并行处理，并保证各个结点的动态负载平衡，使得数据处理速度非常快。

4. 高容错性

Hadoop 的分布式文件系统 HDFS 在存储文件时，会在多个结点上存储文件的副本，当读取该文件出错或者某一结点宕机了，系统会调用其他结点上的备份文件，保证程序顺利运行。如果启动的任务失败，Hadoop 会重新运行该任务或启用其他任务来完成这个任务没有完成的部分。

5. 成本低

Hadoop 是开源的，即不需要支付任何费用即可下载并安装使用，节省了软件购买的成本。

HDFS 的缺点：不适合大量小文件存储；不适合并发写入，不支持随机修改；不支持随机读等低延时的访问方式。

◆ 14.2 Hadoop 安装前的准备工作

Hadoop
安装前的
准备工作

本书使用在虚拟机下安装的 Ubuntu 20.04 64 位作为安装 Hadoop 的 Linux 系统环境，安装的 Hadoop 版本号是 Hadoop 2.7.7。在安装 Hadoop 之前需要做一些准备工作：创建 Hadoop 用户、更新 APT、安装 SSH 和安装 Java 环境等。

14.2.1 创建 Hadoop 用户

1. 创建 Hadoop 用户

如果安装 Ubuntu 的时候不是用的"hadoop"用户，那么需要增加一个名为 hadoop 的用户，这样做是为了方便后续软件的安装。

首先打开一个终端（可以使用快捷键 Ctrl+Alt+T），输入如下命令创建 hadoop 用户。

```
$ sudo useradd -m hadoop -s /bin/bash
```

这条命令创建了可以登录的 hadoop 用户，-m 表示自动创建用户的家目录，-s 指定 /bin/bash 作为用户登录后所使用的 Shell。

sudo 是 Linux 系统管理指令，是允许系统管理员让普通用户执行一些或者全部的 root 命令的一个工具，如 halt、reboot 等。这样不仅减少了 root 用户的登录和管理时间，同样也提高了安全性。当使用 sudo 命令时，就需要输入当前用户的密码。

接着使用如下命令为 hadoop 用户设置登录密码，可简单地将密码设置为 hadoop，以方便记忆，按提示输入两次密码：

```
$ sudo passwd hadoop
```

可为 Hadoop 用户增加管理员权限,方便部署,避免一些对新手来说比较棘手的权限问题,命令如下。

```
$ sudo adduser hadoop sudo
```

最后使用 su hadoop 切换到用户 hadoop,或者注销当前用户,选择 hadoop 登录。

注意:打开虚拟机后,通过简单的设置可实现在 Ubuntu 与 Windows 之间互相复制与粘贴,具体实现过程:设备→共享粘贴板→双向。

Ubuntu 系统装好之后,用户可以更改计算机的名称,只需要改 hostname 和 hosts 两个文件即可,具体过程如下。

```
$ sudo gedit /etc/hosts          #使用 gedit 编辑器修改 hosts 文件
```

将 hosts 文件里面的 bigdata-pc 改成 Master,然后保存并关闭文件。

```
$ sudo gedit /etc/hostname       #打开 hostname 文件
```

将 hostname 文件里面的 bigdata-pc 改成 Master,然后保存并关闭文件。

重启后就可以看到更改后的计算机名称。

一般的 Linux 系统基本上都会自带 gedit 文本编辑器,可以把它用来当成一个集成开发环境(IDE)来使用,它会根据不同的语言高亮显现关键字和标识符。

2. 更新 apt

切换到 hadoop 用户后,先更新 apt 软件,后续会使用 apt 安装软件,如果没更新可能有一些软件安装不了,执行如下命令。

```
$ sudo apt-get update
```

14.2.2　安装 SSH、配置 SSH 无密码登录

SSH 为 Secure Shell 的缩写,由 IETF 的网络小组(Network Working Group)所制定; SSH 为建立在应用层基础上的安全协议。SSH 是目前较可靠,专为远程登录会话和其他网络服务提供安全性的协议。利用 SSH 协议可以有效防止远程管理过程中的信息泄露问题。SSH 是由客户端和服务端组成,客户端包含 ssh 程序以及 scp(远程复制)、slogin(远程登录)、sftp(安全文件传输)等应用程序。SSH 的工作机制是本地的客户端发送一个连接请求到远程的服务端,服务端检查申请的包和 IP 地址再发送密钥给 SSH 的客户端,本地再将密钥发回给服务端,自此连接建立。

Hadoop 的名称结点(NameNode)需要通过 SSH 来启动 Slave 列表中各台主机的守护进程。由于 SSH 需要用户密码登录,但 Hadoop 并没有提供 SSH 输入密码登录的形式,因此,为了能够在系统运行中完成结点的免密码登录和访问,需要将 Slave 列表中各台主机配置为名称结点免密码登录它们。配置 SSH 的主要工作是创建一个认证文件,使得用户以

public key 方式登录,而不用手工输入密码。Ubuntu 默认已安装了 SSH client,此外还需要安装 SSH server。

```
$ sudo apt-get install openssh-server
```

安装后,可以使用如下命令登录本机。

```
$ ssh localhost
```

此时会有登录提示,要求用户输入"yes"以便确认进行连接。输入"yes",然后按提示输入 hadoop 用户登录密码,这样就可以登录到本机。但这样登录是需要每次输入密码的,下面将其配置成 SSH 无密码登录,配置步骤如下。

1. 执行如下命令生成密钥对

```
cd ~/.ssh/                              #若没有该目录,需先执行一次 ssh localhost
ssh-keygen -t rsa                       #生成密钥对,会有提示,按 Enter 键即可
```

2. 加入授权

```
cat ./id_rsa.pub >> ./authorized_keys             #加入授权
```

此时,再执行 ssh localhost 命令,不用输入密码就可以直接登录了。

14.2.3　安装 Java 环境

(1) 下载 JDK 到"/home/hadoop/下载"目录下:

```
jdk-8u181-linux-x64.tar.gz
```

(2) 将 JDK 解压到/opt/jvm/文件夹中。
操作步骤:

```
$ sudo mkdir /opt/jvm                                        #创建目录
$ sudo tar -zxvf /home/hadoop/下载/jdk-8u181-linux-x64.tar.gz -C /opt/jvm
```

(3) 配置 JDK 的环境变量,打开/etc/profile 文件(sudo gedit /etc/profile),在文件末尾添加下语句。

```
export JAVA_HOME=/opt/jvm/jdk1.8.0_181
export JRE_HOME=${JAVA_HOME}/jre
export CLASSPATH=.:${JAVA_HOME}/lib:${JRE_HOME}/lib
export PATH=${JAVA_HOME}/bin:$PATH
```

保存后退出,执行如下命令使其立即生效。

```
$ source /etc/profile
```

查看是否安装成功：在终端执行 java -version，若出现如下 Java 版本信息则说明 JDK 安装成功。

```
$ java -version
java version "1.8.0_181"
Java(TM) SE Runtime Environment (build 1.8.0_181-b13)
Java HotSpot(TM) 64-Bit Server VM (build 25.181-b13, mixed mode)
```

14.2.4　Linux 系统下 Scala 版本的 Eclipse 的安装与配置

Eclipse 是一个开放源代码的，基于 Java 的可扩展开发平台。Eclipse 官方版是一个集成开发环境（IDE），可以通过安装不同的插件实现对其他计算机语言编辑开发，如 C++、Python、Scala 等。如果要使用 Eclipse 开发 Scala 程序，就需要为 Eclipse 安装 Scala 插件、Maven 插件，安装这些插件的过程十分烦琐。因此，为了后续学习 Scala 编程，本书安装 Scala 版本的 Eclipse，里面集成了 Eclipse、Scala 插件、Maven 插件。事实上，前面安装了 JDK，也可用其开发 Java 程序。

1. 下载 Eclipse

下载的 Scala 版本的 Eclipse 安装文件是 eclipse-SDK-4.7.0-linux.gtk.x86_64.tar.gz。
注：如果 Ubuntu 系统是 64 位的，需要下载 64 位。

2. 安装 Eclipse

将 eclipse-SDK-4.7.0-linux.gtk.x86_64.tar.gz 解压到/opt/jvm 文件夹中，命令如下。

```
$ sudo tar -zxvf ~/下载/eclipse-SDK-4.7.0-linux.gtk.x86_64.tar.gz -C /opt/jvm
```

3. 创建 Eclipse 桌面快捷方式图标

```
$ sudo gedit /usr/share/applications/eclipse.desktop          #创建并打开文件
```

在弹出的文本编辑器中输入以下内容。

```
[Desktop Entry]
Encoding=UTF-8
Name=Eclipse
Comment=Eclipse IDE
Exec=/opt/jvm/eclipse/eclipse
Icon=/opt/jvm/eclipse/icon.xpm
Terminal=false
StartupNotify=true
Type=Application
Categories=Application;Development;
```

之后，保存 eclipse.desktop 文件。

打开文件系统，在/usr/share/applications/目录下找到 eclipse.desktop 图标，右击，复制到桌面上，此时，eclipse.desktop 出现在桌面上，然后右击 eclipse.desktop 图标选择"允许启动"，至此，Eclipse 的快捷方式就创建完毕了。

14.2.5 Eclipse 环境下 Java 程序开发实例

1. 运行 Eclipse

双击桌面上的 Eclipse 图标打开软件如图 14-1 所示，首次启动 Eclipse 时会出现提示用户为 Eclipse 选择一个工作空间的界面。所谓工作空间，是 Eclipse 存放源代码的目录，本书采用默认值/home/hadoop/workspace，今后创建的 Java 源程序就存放在该目录，勾选 Use this as the default and do not ask again 复选框，则今后使用 Eclipse 时不会再弹出对话框。

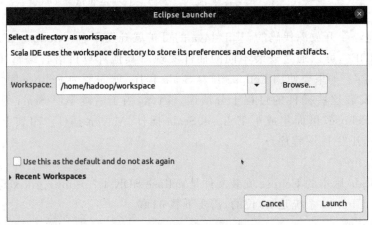

图 14-1　Eclipse 启动后的界面

2. 新建 Java 工程

若要在 Eclipse 中编写 Java 代码，必须首先新建一个 Java 工程（Java Project）。选择菜单项 File，然后依次选择 New→Other→Java→双击 Java Project 选项，就会弹出 Create a Java Project 对话框，如图 14-2 所示，然后输入工程名称，这里输入的工程名称为 MainClassStructureProject，单击 Finish 按钮，就会在左边的工作空间中新建一个名为 MainClassStructureProject 的 Java 工程。

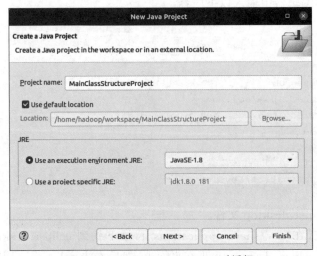

图 14-2　Create a Java Project 对话框

3. 新建 Java 类

然后找到 MainClassStructureProject 下的 src，右击 src 并在弹出的快捷菜单中选择 New→Other→双击 Class 选项，出现如图 14-3 所示的 New Java Class 对话框，在对话框中输入新建 Java 类的包名 myclass.struct、类名 MainClassStructure 等信息，选择下面的 public static void main(String[]args) 复选框，然后单击 Finish 按钮就可以完成 Java 类的新建。

图 14-3　New Java Class 对话框

4. 运行 Java 程序

在新建的 MainClassStructure 类中编辑如图 14-4 所示的代码。

```
package myclass.struct;                            //定义包
public class MainClassStructure {
    static String s1="让我看看";                    //定义类的成员变量
    public static void main(String[] args) {        //定义主方法
        String s2="主类的结构";                      //定义局部变量
        System.out.print(s1);                       //输出成员变量的值
        System.out.print(s2);                       //输出局部变量的值
    }

}
```

选中 MainClassStructure 类，右击依次选择 Run As→Java Application，即可运行 MainClassStructure 程序，在底部的 Console(控制台)窗格中会看到程序运行的结果如图 14-5 所示。

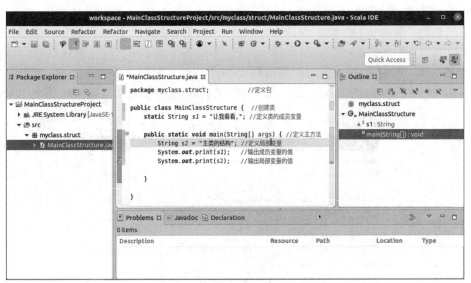

图 14-4 编辑 MainClassStructure

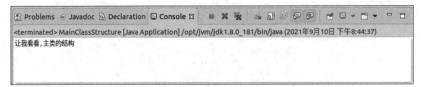

图 14-5 MainClassStructure 的运行结果

◇ 14.3 Hadoop 的安装与配置

14.3.1 下载 Hadoop 安装文件

Hadoop 2 可以通过 http://mirrors.cnnic.cn/apache/hadoop/common/下载，一般选择下载最新的稳定版本，即下载 stable 下的 hadoop-2.x.y.tar.gz 这个格式的文件，这是编译好的，另一个包含 src 的则是 Hadoop 源代码，需要进行编译才可使用。

若 Ubuntu 系统是使用虚拟机的方式安装，则使用虚拟机中的 Ubuntu 自带 Firefox 浏览器在网站中选择 hadoop-2.7.7.tar.gz 下载，就能把 Hadoop 文件下载到虚拟机 Ubuntu 中。Firefox 浏览器默认会把下载文件都保存到当前用户的下载目录，即会保存到"/home/当前登录用户名/下载/"目录下。

下载安装文件之后，需要对安装文件进行解压。按照 Linux 系统的默认使用规范，用户安装的软件一般都是存放在/usr/local 目录下。使用 hadoop 用户登录 Linux 系统，打开一个终端执行如下命令。

```
$ sudo tar -zxf ~/下载/hadoop-2.7.7.tar.gz -C /usr/local    #解压到/usr/local 目录中
$ cd /usr/local/
$ sudo mv ./hadoop-2.7.7 ./hadoop      #将文件夹名改为 hadoop
$ sudo chown -R hadoop ./hadoop       #修改文件权限
```

其中,"～/"表示的是"/home/ hadoop/"这个目录。

Hadoop 解压后即可使用。输入如下命令来检查 Hadoop 是否可用,成功则会显示
Hadoop 版本信息。

```
$ cd /usr/local/hadoop
$ ./bin/hadoop version                    #显示 Hadoop 版本信息
Hadoop 2.7.7
Subversion Unknown - r c1aad84bd27cd79c3d1a7dd58202a8c3ee1ed3ac
Compiled by stevel on 2018-07-18T22:47Z
Compiled with protoc 2.5.0
From source with checksum 792e15d20b12c74bd6f19a1fb886490
This command was run using /usr/local/hadoop/share/hadoop/common/hadoop-common
-2.7.7.jar
```

相对路径与绝对路径:本文后续出现的./bin/…、../etc/…等包含./的路径,均为相对路
径,以/usr/local/hadoop 为当前目录。例如,在/usr/local/hadoop 目录中执行./bin/hadoop
version 等同于执行/usr/local/hadoop/bin/hadoop version。

14.3.2　Hadoop 单机模式配置

Hadoop 默认的模式为非分布式模式(独立、本地),解压后无须进行其他配置就可运
行,非分布式即单 Java 进程。Hadoop 单机模式只在一台机器上运行,存储采用本地文件系
统,而不是分布式文件系统。无需任何守护进程(daemon),所有的程序都在单个 JVM 上执
行。在单机模式下调试 MapReduce 程序非常高效方便,这种模式适宜用在开发阶段调试。

在单机模式下,Hadoop 不会启动 NameNode、DataNode、JobTracker、TaskTracker 等
守护进程,Map()和 Reduce()任务作为同一个进程的不同部分来执行。

Hadoop 附带了丰富的例子,运行如下命令可以查看所有的例子。

```
$ cd /usr/local/hadoop
$ ./bin/hadoop jar ./share/hadoop/mapreduce/hadoop - mapreduce - examples - 2.7.
7.jar
An example program must be given as the first argument.
Valid program names are:
  aggregatewordcount: An Aggregate based map/reduce program that counts the
words in the input files.
  aggregatewordhist: An Aggregate based map/reduce program that computes the
histogram of the words in the input files.
  bbp: A map/reduce program that uses Bailey - Borwein - Plouffe to compute exact
digits of Pi.
  dbcount: An example job that count the pageview counts from a database.
  distbbp: A map/reduce program that uses a BBP - type formula to compute exact
bits of Pi.
  grep: A map/reduce program that counts the matches of a regex in the input.
  join: A job that effects a join over sorted, equally partitioned datasets
  multifilewc: A job that counts words from several files.
  pentomino: A map/reduce tile laying program to find solutions to pentomino
problems.
```

```
    pi: A map/reduce program that estimates Pi using a quasi-Monte Carlo method.
    randomtextwriter: A map/reduce program that writes 10GB of random textual data
per node.
    randomwriter: A map/reduce program that writes 10GB of random data per node.
    secondarysort: An example defining a secondary sort to the reduce.
    sort: A map/reduce program that sorts the data written by the random writer.
    sudoku: A sudoku solver.
    teragen: Generate data for the terasort
    terasort: Run the terasort
    teravalidate: Checking results of terasort
    wordcount: A map/reduce program that counts the words in the input files.
    wordmean: A map/reduce program that counts the average length of the words in
the input files.
    wordmedian: A map/reduce program that counts the median length of the words in
the input files.
    wordstandarddeviation: A map/reduce program that counts the standard deviation
of the length of the words in the input files.
```

上述命令执行后,显示了所有例子的简介信息,包括 wordcount、terasort、join、grep 等。这里选择运行单词计数 wordcount 例子,单词计数是最简单也是最能体现 MapReduce 思想的程序之一,可以称为 MapReduce 版"Hello World",单词计数主要完成功能是统计一系列文本文件中每个单词出现的次数。可以先在/usr/local/hadoop 目录下创建一个文件夹 input,创建或复制一些文件到该文件夹下,然后运行 wordcount 程序,将 input 文件夹中的所有文件作为 wordcount 的输入,最后,把统计结果输出到/usr/local/hadoop/output 文件夹中。完成上述操作的具体命令如下。

```
$ cd /usr/local/hadoop
$ mkdir input                          #创建文件夹
$ gedit ./input/YouHaveOnlyOneLife     #创建并打开 YouHaveOnlyOneLife 文件
```

在 YouHaveOnlyOneLife 文件里面输入下述内容,然后保存并关闭文件。

```
There are moments in life when you miss someone so much that you just want to pick
them from your dreams and hug them for real! Dream what you want to dream;go where
you want to go;be what you want to be,because you have only one life and one chance
to do all the things you want to do.
$ gedit ./input/happiness              #创建并打开 happiness 文件
```

在 happiness 文件里面输入下述内容,然后保存并关闭文件。

```
When the door of happiness closes, another opens, but often times we look so long
at the closed door that we don't see the one which has been opened for us. Don't go
for looks, they can deceive. Don't go for wealth, even that fades away. Go for
someone who makes you smile because it takes only a smile to make a dark day seem
bright. Find the one that makes your heart smiles.
$ ./bin/hadoop jar ./share/hadoop/mapreduce/hadoop-mapreduce-examples- * .jar
wordcount ./input ./output             #运行 wordcount 程序
$ cat ./output/ *                      #查看运行结果
```

```
Don't    2
Dream    1
Find     1
Go       1
There    1
When     1
...
where    1
which    1
who      1
you      8
your     2
```

为了节省篇幅,这里省略了中间部分结果。

注意,Hadoop 默认不会覆盖结果文件,因此,再次运行上面的实例会提示出错。如果要再次运行,需要先使用如下命令把 output 文件夹删除。

```
$ rm -r ./output
```

14.3.3　Hadoop 伪分布式模式配置

Hadoop 可以在单个结点(一台机器)上以伪分布式的方式运行,同一个结点既作为名称结点(NameNode),也作为数据结点(DataNode),读取的是分布式文件系统的文件。

1. 修改配置文件

需要配置相关文件,才能够让 Hadoop 以伪分布式模式运行。Hadoop 的配置文件位于/usr/local/hadoop/etc/hadoop/中,进行伪分布式模式配置时,需要修改两个配置文件,即 core-site.xml 和 hdfs-site.xml。

可以使用 gedit 编辑器打开 core-site.xml 文件。

```
$ sudo gedit /usr/local/hadoop/etc/hadoop/core-site.xml
```

core-site.xml 文件的初始内容如下。

```
<configuration>
</configuration>
```

修改以后,core-site.xml 文件的内容如下。

```
<configuration>
<property>
<name>hadoop.tmp.dir</name>
<value>file:/usr/local/hadoop/tmp</value>
<description>Abase for other temporary directories.</description>
</property>
<property>
<name>fs.defaultFS</name>
```

```
<value>hdfs://localhost:9000</value>
</property>
</configuration>
```

在上面的配置文件中,hadoop.tmp.dir 用于保存临时文件。fs.defaultFS 这个参数,用于指定 HDFS 的访问地址,其中,9000 是端口号。

同样,需要修改配置文件 hdfs-site.xml,下面使用 gedit 编辑器打开 hdfs-site.xml 文件。

```
$ sudo gedit /usr/local/hadoop/etc/hadoop/hdfs-site.xml
```

hdfs-site.xml 文件的初始内容如下。

```
<configuration>
</configuration>
```

修改以后,hdfs-site.xml 文件的内容如下。

```
<configuration>
<property>
<name>dfs.replication</name>
<value>1</value>
</property>
<property>
<name>dfs.namenode.name.dir</name>
<value>file:/usr/local/hadoop/tmp/dfs/name</value>
</property>
<property>
<name>dfs.datanode.data.dir</name>
<value>file:/usr/local/hadoop/tmp/dfs/data</value>
</property>
</configuration>
```

在 hdfs-site.xml 文件中,dfs.replication 这个参数用于指定副本的数量,HDFS 出于可靠性和可用性的考虑,对一份数据通常冗余存储多份,以便其中一份数据发生故障时其他数据仍然可用。但由于这里采用伪分布式模式,总共只有一个结点,所以,只可能有一个副本,因此设置 dfs.replication 的值为 1。dfs.namenode.name.dir 用于设定名称结点的元数据的保存目录,dfs.datanode.data.dir 用于设定数据结点的数据的保存目录。

注意,Hadoop 的运行方式(如运行在单机模式下还是运行在伪分布式模式下)是由配置文件决定的,启动 Hadoop 时会读取配置文件,然后根据配置文件来决定运行在什么模式下。因此,如果需要从伪分布式模式切换回单机模式,只需要删除 core-site.xml 中的配置项即可。

2. 执行名称结点格式化

修改配置文件以后,要执行名称结点的格式化,命令如下。

```
$ cd /usr/local/hadoop
$ ./bin/hdfs namenode -format
```

3. 启动 Hadoop

执行下面的命令启动 Hadoop。

```
$ cd /usr/local/hadoop
$ ./sbin/start-dfs.sh
```

注意：启动 Hadoop 时，如果出现"localhost：Error：JAVA_HOME is not set and could not be found."这样的错误，则需要修改 hadoop-env.sh 文件，将其中的 JAVA_HOME 替换为绝对路径，具体实现过程如下。

```
$ sudo gedit /usr/local/hadoop/etc/hadoop/hadoop-env.sh        #打开文件
```

将"export JAVA_HOME＝＄{JAVA_HOME}"修改为下面所示的内容。

```
export JAVA_HOME=/opt/jvm/jdk1.8.0_181
```

4. 使用 Web 界面查看 HDFS 信息

Hadoop 成功启动后，可以在 Linux 系统中打开一个浏览器，在地址栏中输入 http：//localhost：50070 就可以查看名称结点信息，如图 14-6 所示；数据结点信息，如图 14-7 所示；还可以在线查看 HDFS 中的文件。

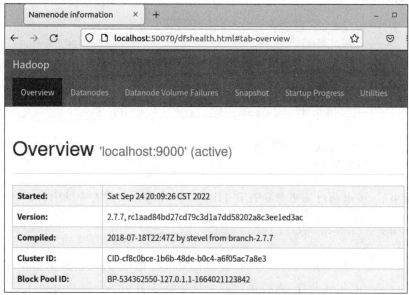

图 14-6　名称结点信息

5. 运行 Hadoop 伪分布式实例

要使用 HDFS，首先需要在 HDFS 中创建用户目录，命令如下。

```
$ cd /usr/local/hadoop
$ ./bin/hdfs dfs -mkdir -p /user/hadoop
```

接着把本地文件系统的/usr/local/hadoop/etc/hadoop 目录中的所有 XML 文件作为

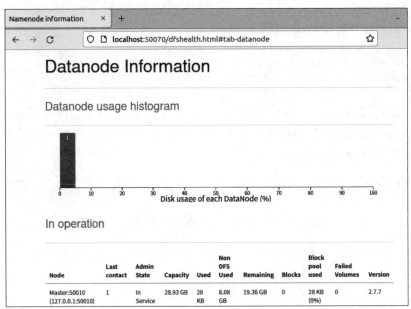

图 14-7　数据结点信息

后面运行 Hadoop 中自带的 WordCount 程序的输入文件,复制到分布式文件系统中的 /user/hadoop/input 目录中,命令如下。

```
$ cd /usr/local/hadoop
$ ./bin/hdfs dfs -mkdir input          #在 HDFS 的 hadoop 用户目录下创建 input 目录
$ ./bin/hdfs dfs -put ./etc/hadoop/*.xml input
                                       #把本地文件复制到 input 目录中
```

现在可以运行 Hadoop 中自带的 WordCount 程序,命令如下。

```
$ ./bin/hadoop jar ./share/hadoop/mapreduce/hadoop-mapreduce-examples-*.jar
wordcount input output
```

运行结束后,可以通过如下命令查看 HDFS 中 output 文件夹中的内容。

```
$ ./bin/hdfs dfs -cat output/*
```

需要强调的是,Hadoop 运行程序时,输出目录不能存在,否则会提示错误信息。因此, 若要再次执行 wordcount 程序,需要执行如下命令删除 HDFS 中的 output 文件夹。

```
$ ./bin/hdfs dfs -rm -r output          #删除 output 文件夹
```

6. 关闭 Hadoop

如果要关闭 Hadoop,可以执行如下命令。

```
$ cd /usr/local/hadoop
$ ./sbin/stop-dfs.sh
```

7. 配置 PATH 变量

前面在启动 Hadoop 时,都是先进入/usr/local/hadoop 目录中,再执行./sbin/start-dfs. sh,实际上等同于运行/usr/local/hadoop/sbin/start-dfs.sh。实际上,通过设置 PATH 变量,可以在执行命令时,不用带上命令本身所在的路径。例如,打开一个 Linux 终端,在任何一个目录下执行 ls 命令时,都没有带上 ls 命令的路径,实际上,执行 ls 命令时,是执行/bin/ls 这个程序,之所以不需要带上路径,是因为 Linux 系统已经把 ls 命令的路径加入 PATH 变量中,当执行 ls 命令时,系统是根据 PATH 这个环节变量中包含的目录位置,逐一进行查找,直至在这些目录位置下找到匹配的 ls 程序(若没有匹配的程序,则系统会提示该命令不存在)。

同样可以把 start-dfs.sh、stop-dfs.sh 等命令所在的目录/usr/local/hadoop/sbin 加入环节变量 PATH 中,这样,以后在任何目录下都可以直接使用命令 start-dfs.sh 启动 Hadoop,不用带上命令路径。具体操作方法是,首先使用 gedit 编辑器打开～/.bashrc 这个文件,然后在这个文件的最前面位置加入如下单独一行。

```
export PATH=$PATH:/usr/local/hadoop/sbin
```

如果要继续把其他命令的路径也加入到 PATH 变量中,也需要修改～/.bashrc 这个文件,在上述路径的后面用英文冒号":"隔开,把新的路径加到后面即可。

添加后,执行命令 source ～/.bashrc 使设置生效。然后在任何目录下只要直接输入 start-dfs.sh 就可启动 Hadoop。停止 Hadoop 只要输入 stop-dfs.sh 命令即可。

14.3.4　Hadoop 分布式模式配置

考虑机器的性能,本书简单使用两个虚拟机来搭建分布式集群环境:一个虚拟机作为 Master 结点,另一个虚拟机作为 Slave1 结点。由三个及以上结点构建分布式集群,也可以采用类似的方法完成安装部署。

Hadoop 集群的安装配置大致包括以下步骤。

(1) 在 Master 结点上创建 hadoop 用户,安装 SSH 服务端,安装 Java 环境。

(2) 在 Master 结点上安装 Hadoop,并完成配置。

(3) 在 Slave1 结点上创建 hadoop 用户,安装 SSH 服务端,安装 Java 环境。

(4) 将 Master 结点上的/usr/local/hadoop 目录复制到 Slave1 结点上。

(5) 在 Master 结点上开启 Hadoop。

根据前面讲述的内容完成步骤(1)～(3),然后继续下面的操作。

1. 网络配置

由于本分布式集群搭建是在两个虚拟机上进行,需要将两个虚拟机的网络连接方式都改为"桥接网卡"模式,如图 14-8 所示,以实现两个结点的互连。一定要确保各个结点的 MAC 地址不能相同,否则会出现 IP 地址冲突。

网络配置完成以后,通过 ifconfig 命令查看两个虚拟机的 IP 地址,本书所用的 Master 结点的 IP 地址为 192.168.1.13,所用的 Slave1 结点的 IP 地址为 192.168.1.14。

在 Master 结点上执行如下命令修改 Master 结点中的/etc/hosts 文件。

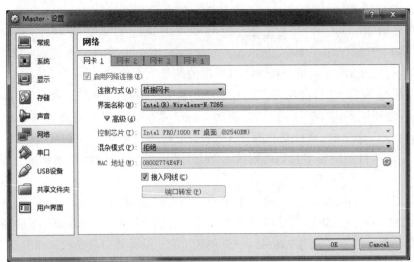

图 14-8 网络连接方式设置

```
# sudo gedit /etc/hosts
```

在 hosts 文件中增加如下两条 IP 地址和主机名映射关系,即集群中两个结点与 IP 地址的映射关系。

```
192.168.1.13    Master
192.168.1.14    Slave1
```

需要注意的是,hosts 文件中只能有一个 127.0.0.1,其对应的主机名为 localhost,如果有多余 127.0.0.1 映射,应删除。修改后需要重启 Linux 系统。

参照 Master 结点的配置方法,修改 Slave1 结点中的/etc/hosts 文件,在 hosts 文件中增加如下两条 IP 地址和主机名映射关系。

```
192.168.1.13    Master
192.168.1.14    Slave1
```

修改完成以后,重启 Slave1 的 Linux 系统。

这样就完成了 Master 结点和 Slave1 结点的配置,然后需要在两个结点上测试是否相互 ping 得通,如果 ping 不通,后面就无法顺利配置成功。

```
$ ping Slave1 -c 3    #在 Master 上 ping 三次 Slave1,否则要按 Ctrl+C 组合键中断 ping 命令
$ ping Master -c 3    #在 Slave1 上 ping 三次 Master
```

如在 Master 结点上 ping 三次 Slave1,如果 ping 通的话,会显示下述信息。

```
PING Slave1 (192.168.1.14) 56(84) bytes of data.
64 比特,来自 Slave1 (192.168.1.14): icmp_seq=1 ttl=64 时间=2.34 毫秒
64 比特,来自 Slave1 (192.168.1.14): icmp_seq=2 ttl=64 时间=1.25 毫秒
64 比特,来自 Slave1 (192.168.1.14): icmp_seq=3 ttl=64 时间=0.777 毫秒
```

```
--- Slave1 ping 统计 ---
已发送 3 个包,已接收 3 个包, 0% 包丢失, 耗时 2188 毫秒
rtt min/avg/max/mdev = 0.777/1.454/2.338/0.653 ms
```

2. SSH 无密码登录 Slave1 结点

必须要让 Master 结点可以 SSH 无密码登录 Slave1 结点。首先,生成 Master 结点的公钥,具体命令如下。

```
$ cd ~/.ssh
$ rm ./id_rsa *              #删除之前生成的公钥(如果已经存在)
$ ssh-keygen -t rsa          #Master 生成公钥,执行后,遇到提示信息,一直回车就可以
```

Master 结点生成公钥的界面如图 14-9 所示。

```
hadoop@Master:~/.ssh$ ssh-keygen -t rsa
Generating public/private rsa key pair.
Enter file in which to save the key (/home/hadoop/.ssh/id_rsa):
Enter passphrase (empty for no passphrase):
Enter same passphrase again:
Your identification has been saved in /home/hadoop/.ssh/id_rsa
Your public key has been saved in /home/hadoop/.ssh/id_rsa.pub
The key fingerprint is:
SHA256:rKcsynCQ7648zsNvn0QLlzpEld++O68uWS9XbQDD31E hadoop@Master
The key's randomart image is:
+---[RSA 3072]----+
|       ..   .   E|
|       ..    +  .|
|     . . .   + . |
|  ..    .o.  .o. |
| o o + S     o   |
|  o. = .. o   . o|
| o oo o. + o .   |
| oO .+..= + o    |
| o*Xo.+o o+B.    |
+----[SHA256]-----+
```

图 14-9　Master 结点生成公钥的界面

为了让 Master 结点能够无密码 SSH 登录本机,需要在 Master 结点上执行如下命令。

```
$ cat ./id_rsa.pub >> ./authorized_keys
```

执行上述命令后,可以执行命令 ssh Master 来验证一下,遇到提示信息,输入"yes"即可,测试成功的界面如图 14-10 所示,执行 exit 命令返回原来的终端。

```
hadoop@Master:~/.ssh$ ssh Master
The authenticity of host 'master (192.168.1.13)' can't be established.
ECDSA key fingerprint is SHA256:Ulo9oElpz9QqjZhaL0sYbvky/av2fqSIoSRzx8FV+QA.
Are you sure you want to continue connecting (yes/no/[fingerprint])? yes
Warning: Permanently added 'master,192.168.1.13' (ECDSA) to the list of known host
s.
Welcome to Ubuntu 20.04.3 LTS (GNU/Linux 5.15.0-46-generic x86_64)

 * Documentation:  https://help.ubuntu.com
 * Management:     https://landscape.canonical.com
 * Support:        https://ubuntu.com/advantage

149 updates can be applied immediately.
5 of these updates are standard security updates.
To see these additional updates run: apt list --upgradable

Your Hardware Enablement Stack (HWE) is supported until April 2025.
Last login: Mon Sep  5 17:07:20 2022 from 127.0.0.1
```

图 14-10　ssh Master 测试成功的界面

接下来在 Master 结点将上述生成的公钥传输到 Slave1 结点。

```
$ scp ~/.ssh/id_rsa.pub hadoop@Slave1:/home/hadoop/
```

上面的命令中,scp 是 secure copy 的简写,用于在 Linux 上进行远程复制文件。执行 scp 时会要求输入 Slave1 上 hadoop 用户的密码,输入完成后会提示传输完毕,执行过程如下。

```
hadoop@Master:~/.ssh$ scp ~/.ssh/id_rsa.pub hadoop@Slave1:/home/hadoop/
The authenticity of host 'slave1 (192.168.1.14)' can't be established.
ECDSA key fingerprint is SHA256:uRhbJZHOmxyUeKjohHnpBP1yyXcMiW9JKoUCsyLyS+M.
Are you sure you want to continue connecting (yes/no/[fingerprint])? yes
Warning: Permanently added 'slave1,192.168.1.14' (ECDSA) to the list of known
hosts.
hadoop@slave1's password:
id_rsa.pub                          100%  567   129.7KB/s   00:00
```

接着在 Slave1 结点上将 SSH 公钥加入授权。

```
hadoop@Slave1:~$ mkdir ~/.ssh              #若~/.ssh 不存在,可通过该命令进行创建
hadoop@Slave1:~$ cat ~/id_rsa.pub >> ~/.ssh/authorized_keys
```

执行上述命令后,在 Master 结点上就可以无密码 SSH 登录到 Slave1 结点了,可在 Master 结点上执行如下命令进行检验。

```
$ ssh Slave1
```

执行 ssh Slave1 命令的效果如图 14-11 所示。

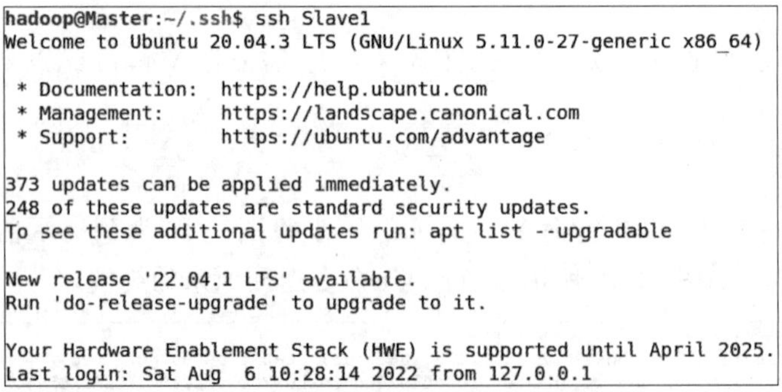

```
hadoop@Master:~/.ssh$ ssh Slave1
Welcome to Ubuntu 20.04.3 LTS (GNU/Linux 5.11.0-27-generic x86_64)

 * Documentation:  https://help.ubuntu.com
 * Management:     https://landscape.canonical.com
 * Support:        https://ubuntu.com/advantage

373 updates can be applied immediately.
248 of these updates are standard security updates.
To see these additional updates run: apt list --upgradable

New release '22.04.1 LTS' available.
Run 'do-release-upgrade' to upgrade to it.

Your Hardware Enablement Stack (HWE) is supported until April 2025.
Last login: Sat Aug  6 10:28:14 2022 from 127.0.0.1
```

图 14-11   执行 ssh Slave1 命令的效果

3. 配置 PATH 变量

在 Master 结点上配置 PATH 变量,以便在任意目录中可直接使用 hadoop、hdfs 等命令。执行 gedit ~/.bashrc 命令,打开~/.bashrc 文件,在"export PATH= $ PATH:/usr/local/hadoop/sbin:"后面添加 hadoop、hdfs 等命令所在的"/usr/local/hadoop/bin"路径,添加后变为下面的内容。

```
export PATH=$PATH:/usr/local/hadoop/sbin:/usr/local/hadoop/bin
```

保存后执行命令 source ～/.bashrc 使配置生效。

4. 配置分布式环境

配置分布式环境时,需要修改/usr/local/hadoop/etc/hadoop 目录下 7 个配置文件,具体包括 slaves、core-site.xml、hdfs-site.xml、mapred-site.xml、yarn-site.xml、yarn-env.sh、mapred-env.sh。

1) 修改 slaves 文件

需要把所有数据结点的主机名写入该文件,每行一个,默认为 localhost(即把本机作为数据结点),所以,在伪分布式配置时,就采用了这种默认的配置,使得结点既作为名称结点又作为数据结点。在进行分布式配置时,可以保留 localhost,让 Master 结点既充当名称结点又充当数据结点,或者删除 localhost 这一行,让 Master 结点仅作为名称结点使用。执行 gedit/usr/local/hadoop/etc/hadoop/slaves 命令,打开/usr/local/hadoop/etc/hadoop/slaves 文件,由于只有一个 Slave 结点 Slave1,本书让 Master 结点既充当名称结点又充当数据结点,因此,在文件中添加如下两行内容。

```
localhost
Slave1
```

2) 修改 core-site.xml 文件

core-site.xml 文件用来配置 Hadoop 集群的通用属性,包括指定 namenode 的地址、指定使用 Hadoop 临时文件的存放路径等。把 core-site.xml 文件修改为如下内容。

```
<configuration>
<property>
<name>hadoop.tmp.dir</name>
<value>file:/usr/local/hadoop/tmp</value>
<description>Abase for other temporary directories.</description>
</property>
<property>
<name>fs.defaultFS</name>
<value>hdfs://Master:9000</value>
</property>
</configuration>
```

3) 修改 hdfs-site.xml 文件

hdfs-site.xml 文件用来配置分布式文件系统的属性,包括指定 HDFS 保存数据的副本数量,指定 HDFS 中 NameNode 的存储位置,指定 HDFS 中 DataNode 的存储位置等。本书让 Master 结点既充当名称结点又充当数据结点,此外还有一个 Slave 结点 Slave1,即集群中有两个数据结点,所以 dfs.replication 的值设置为 2。hdfs-site.xml 的具体内容如下。

```
<configuration>
<property>
<name>dfs.namenode.secondary.http-address</name>
<value>Master:50090</value>
</property>
<property>
```

```
<name>dfs.replication</name>
<value>2</value>
</property>
<property>
<name>dfs.namenode.name.dir</name>
<value>file:/usr/local/hadoop/tmp/dfs/name</value>
</property>
<property>
<name>dfs.datanode.data.dir</name>
<value>file:/usr/local/hadoop/tmp/dfs/data</value>
</property>
</configuration>
```

接下来配置 YARN。

4) 修改 mapred-site.xml 文件

/usr/local/hadoop/etc/hadoop 目录下有一个 mapred-site.xml.template 文件,需要修改文件名称,把它重命名为 mapred-site.xml。

```
$ cd /usr/local/hadoop/etc/hadoop
$ mv mapred-site.xml.template mapred-site.xml
$ gedit mapred-site.xml              #打开 mapred-site.xml 文件
```

然后把 mapred-site.xml 文件配置成如下内容。

```
<configuration>
<!-- 指定 MapReduce 运行在 YARN 上 -->
<property>
<name>mapreduce.framework.name</name>
<value>yarn</value>
</property>
<property>
<name>mapreduce.jobhistory.address</name>
<value>Master:10020</value>
</property>
<property>
<name>mapreduce.jobhistory.webapp.address</name>
<value>Master:19888</value>
</property>
</configuration>
```

5) 修改 yarn-site.xml 文件

YARN 是 MapReduce 的调度框架。yarn-site.xml 文件用于配置 YARN 的属性,包括指定 namenodeManager 获取数据的方式,指定 resourceManager 的地址。把 yarn-site.xml 文件配置成如下内容。

```
<configuration>
<!-- 指定 YARN 的 ResourceManager 的地址 -->
```

```
<property>
<name>yarn.resourcemanager.hostname</name>
<value>Master</value>
</property>
<!-- 指定 Reduce 获取数据的方式-->
<property>
<name>yarn.nodemanager.aux-services</name>
<value>mapreduce_shuffle</value>
</property>
</configuration>
```

6）配置 yarn-env.sh 文件

```
export JAVA_HOME=/opt/jvm/jdk1.8.0_181
```

7）配置 mapred-env.sh 文件

```
export JAVA_HOME=/opt/jvm/jdk1.8.0_181
```

上述 7 个文件配置完成后,需要把 Master 结点上的/usr/local/hadoop 文件夹复制到各个结点上。如果之前运行过伪分布式模式,建议在切换到集群模式之前先删除在伪分布模式下生成的临时文件。具体来说,在 Master 结点上实现上述要求的执行命令如下。

```
$ cd /usr/local
$ sudo rm -r ./hadoop/tmp                    #删除 Hadoop 临时文件
$ sudo rm -r ./hadoop/logs/*                 #删除日志文件
$ tar -zcf ~/hadoop.master.tar.gz ./hadoop   #先压缩再复制
$ cd ~
$ scp ./hadoop.master.tar.gz Slave1:/home/hadoop
```

然后在 Slave1 结点上执行如下命令。

```
$ sudo rm -r /usr/local/hadoop                        #删掉旧的(如果存在)
$ sudo tar -zxf ~/hadoop.master.tar.gz -C /usr/local
$ sudo chown -R hadoop /usr/local/hadoop
```

Hadoop 集群包含两个基本模块:分布式文件系统 HDFS 和分布式计算框架 MapReduce。首次启动 Hadoop 集群时,需要先在 Master 结点上格式化分布式文件系统 HDFS,命令如下。

```
$ hdfs namenode -format
```

HDFS 分布式文件系统格式化成功后,就可以输入启动命令来启动 Hadoop 集群了。Hadoop 是主从架构,启动时由主结点带动从结点,所以启动集群的操作需要在主结点 Master 结点上完成。在 Master 结点上启动 Hadoop 集群的命令如下。

```
$ start-dfs.sh
```

```
Starting namenodes on [Master]
Master: starting namenode, logging to /usr/local/hadoop/logs/hadoop-hadoop-
namenode-Master.out
localhost: starting datanode, logging to /usr/local/hadoop/logs/hadoop-hadoop
-datanode-Master.out
Slave1: starting datanode, logging to /usr/local/hadoop/logs/hadoop-hadoop-
datanode-Slave1.out
Starting secondary namenodes [Master]
Master: starting secondarynamenode, logging to /usr/local/hadoop/logs/hadoop-
hadoop-secondarynamenode-Master.out
$ start-yarn.sh                                    #启动 YARN
starting yarn daemons
starting resourcemanager, logging to /usr/local/hadoop/logs/yarn-hadoop-
resourcemanager-Master.out
localhost: starting nodemanager, logging to /usr/local/hadoop/logs/yarn-hadoop
-nodemanager-Master.out
Slave1: starting nodemanager, logging to /usr/local/hadoop/logs/yarn-hadoop-
nodemanager-Slave1.out
$ mr-jobhistory-daemon.sh start historyserver      #启动 Hadoop 历史服务器
starting historyserver, logging to /usr/local/hadoop/logs/mapred-hadoop-
historyserver-Master.out
```

Hadoop 自带了一个历史服务器,可以通过历史服务器查看已经运行完的 MapReduce 作业记录,如用了多少个 Map、用了多少个 Reduce、作业提交时间、作业启动时间、作业完成时间等信息。默认情况下,Hadoop 历史服务器是没有启动的。

通过命令 jps 可以查看各个结点所启动的进程。如果已经正确启动,则在 Master 结点上可以看到 DataNode、NameNode、ResourceManager、SecondaryNameNode、JobHistoryServer 和 NodeManage 进程,就表示主结点进程启动成功,如下。

```
$ jps
3843 NodeManager
3589 SecondaryNameNode
3717 ResourceManager
4216 Jps
4152 JobHistoryServer
3244 NameNode
3373 DataNode
```

在 Slave1 结点的终端执行 jps 命令,在打印结果中可以看到 DataNode 和 NodeManager 进程,就表示从结点进程启动成功,如下。

```
$ jps
2674 NodeManager
2772 Jps
2539 DataNode
```

在 Master 上启动 Firefox 浏览器,在浏览器中输入"http://master:50070",检查

NameNode 和 DataNode 是否正常。UI 页面如图 14-12 所示。通过 HDFS NameNode 的 Web 界面,用户可以查看 HDFS 中各个结点的分布信息,浏览 NameNode 上的存储、登录等日志。此外,还可以查看整个集群的磁盘总容量,HDFS 已经使用的存储空间量,非 HDFS 已经使用的存储空间量,HDFS 剩余的存储空间量等信息,以及查看集群中的活动结点数和宕机结点数。

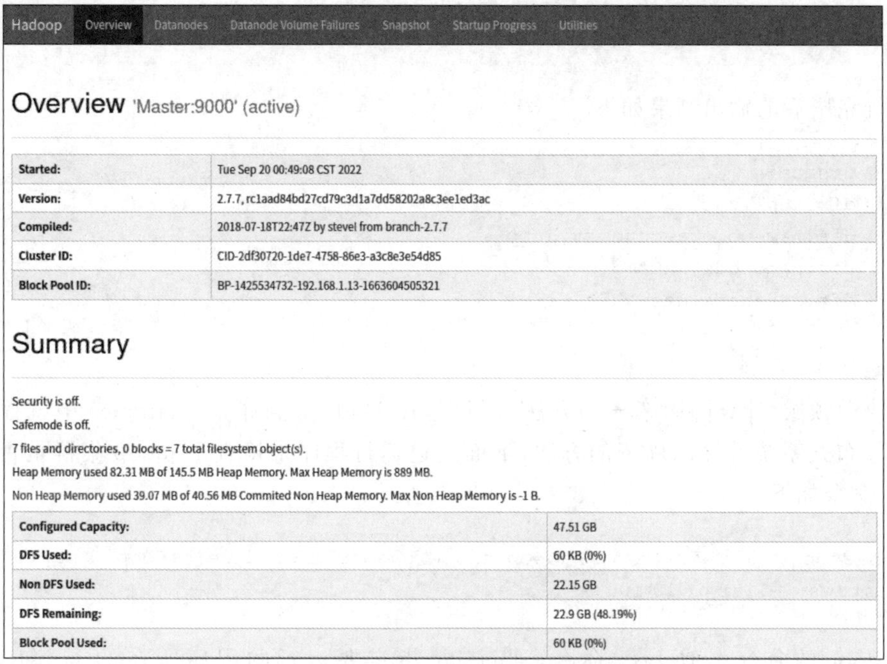

| Hadoop | Overview | Datanodes | Datanode Volume Failures | Snapshot | Startup Progress | Utilities |

Overview 'Master:9000' (active)

Started:	Tue Sep 20 00:49:08 CST 2022
Version:	2.7.7, rc1aad84bd27cd79c3d1a7dd58202a8c3ee1ed3ac
Compiled:	2018-07-18T22:47Z by stevel from branch-2.7.7
Cluster ID:	CID-2df30720-1de7-4758-86e3-a3c8e3e54d85
Block Pool ID:	BP-1425534732-192.168.1.13-1663604505321

Summary

Security is off.

Safemode is off.

7 files and directories, 0 blocks = 7 total filesystem object(s).

Heap Memory used 82.31 MB of 145.5 MB Heap Memory. Max Heap Memory is 889 MB.

Non Heap Memory used 39.07 MB of 40.56 MB Commited Non Heap Memory. Max Non Heap Memory is -1 B.

Configured Capacity:	47.51 GB
DFS Used:	60 KB (0%)
Non DFS Used:	22.15 GB
DFS Remaining:	22.9 GB (48.19%)
Block Pool Used:	60 KB (0%)

图 14-12　Web UI 集群信息图

关闭 Hadoop 集群,需要在 Master 结点执行如下命令。

```
$ stop-yarn.sh
$ stop-dfs.sh
$ mr-jobhistory-daemon.sh stop historyserver
```

此外,还可以全部启动或者全部停止 Hadoop 集群。

```
启动命令:start-all.sh
停止命令:stop-all.sh
```

5. 执行分布式实例

执行分布式实例过程与执行伪分布式实例过程一样,首先创建 hadoop 用户在 HDFS 上的用户主目录,命令如下。

```
hadoop@Master:~$ hdfs dfs -mkdir -p /user/hadoop
```

然后在 HDFS 中创建一个 input 目录,并把/usr/local/hadoop/etc/hadoop 目录中的配置文件作为输入文件复制到 input 目录中,命令如下。

```
hadoop@Master:~$ hdfs dfs -mkdir input
hadoop@Master:~$ hdfs dfs -put /usr/local/hadoop/etc/hadoop/*.xml input
```

接下来，就可以运行 MapReduce 作业了，命令如下。

```
$ hadoop jar /usr/local/hadoop/share/hadoop/mapreduce/hadoop - mapreduce -
examples-*.jar grep input output 'dfs[a-z.]+'
$ hdfs dfs -cat output/*                      #查看 HDFS 中 output 文件夹中的内容
```

执行完毕后的输出结果如下。

```
1    dfsadmin
1    dfs.replication
1    dfs.namenode.secondary.http
1    dfs.namenode.name.dir
1    dfs.datanode.data.dir
```

6. 运行 PI 实例

在数学领域，计算圆周率 π 的方法有很多，在 Hadoop 自带的 examples 中就存在着一种利用分布式系统计算圆周率的方法，下面通过运行程序来检查 Hadoop 集群是否安装配置成功，命令如下。

```
$ hadoop jar /usr/local/hadoop/share/hadoop/mapreduce/hadoop - mapreduce -
examples-*.jar pi 10 100
```

Hadoop 的命令类似 Java 命令，通过 jar 指定要运行的程序所在的 jar 包 hadoop-mapreduce-examples-*.jar。参数 pi 表示需要计算的圆周率 π。再看后面的两个参数，第一个 10 指的是要运行 10 次 map 任务，第二个参数指的是每个 map 的任务次数，执行结果如下。

```
$ hadoop jar /usr/local/hadoop/share/hadoop/mapreduce/hadoop - mapreduce -
examples-*.jar pi 10 100
Job Finished in 85.12 seconds
Estimated value of Pi is 3.14800000000000000000
```

如果以上的验证都没有问题，说明 Hadoop 集群配置成功。

◆ 14.4 HDFS 的 Shell 操作

HDFS 提供了多种数据操作方式，其中，命令行的形式是最简单的，也是许多开发者最容易掌握的方式。Shell 是指一种应用程序，这个应用程序提供了一个界面，通过接收用户输入的 Shell 命令执行相应的操作，访问 HDFS 提供的服务。

HDFS 支持多种 Shell 命令，例如 hadoop fs、hadoop dfs 和 hdfs dfs，分别用来查看 HDFS 文件系统的目录结构、上传和下载数据、创建文件等。

（1）hadoop fs：适用于任何不同的文件系统，例如，本地文件系统和 HDFS 文件系统。

（2）hadoop dfs：只能适用于 HDFS 文件系统。

（3）hdfs dfs：与 hadoop dfs 命令的作用一样，也只能适用于 HDFS 文件系统。

14.4.1　查看命令使用方法

登录 Linux 系统，打开一个终端，首先启动 Hadoop，命令如下。

```
$ cd /usr/local/hadoop
$ ./sbin/start-dfs.sh
```

关闭 Hadoop，命令如下。

```
$ ./sbin/stop-dfs.sh
```

可以在终端输入如下命令，查看 hdfs dfs 总共支持哪些操作。

```
$ cd /usr/local/hadoop
$ ./bin/hdfs dfs
```

上述命令执行后，会显示类似如下的结果（这里只列出部分命令）。

```
[-appendToFile <localsrc>... <dst>]
[-cat [-ignoreCrc] <src>...]
[-checksum <src>...]
[-chgrp [-R] GROUP PATH...]
[-chmod [-R] <MODE[,MODE]... | OCTALMODE> PATH...]
[-chown [-R] [OWNER][:[GROUP]] PATH...]
[-copyFromLocal [-f] [-p] [-l] <localsrc>... <dst>]
[-copyToLocal [-p] [-ignoreCrc] [-crc] <src>... <localdst>]
[-count [-q] [-h] <path>...]
[-cp [-f] [-p | -p[topax]] <src>... <dst>]
[-createSnapshot <snapshotDir> [<snapshotName>]]
[-deleteSnapshot <snapshotDir><snapshotName>]
[-df [-h] [<path>...]]
[-du [-s] [-h] <path>...]
[-expunge]
[-find <path>... <expression>...]
[-get [-p] [-ignoreCrc] [-crc] <src>... <localdst>]
[-getfacl [-R] <path>]
[-getfattr [-R] {-n name | -d} [-e en] <path>]
[-getmerge [-nl] <src><localdst>]
[-help [cmd ...]]
[-ls [-d] [-h] [-R] [<path>...]]
[-mkdir [-p] <path>...]
[-moveFromLocal <localsrc>... <dst>]
[-moveToLocal <src><localdst>]
[-mv <src>... <dst>]
[-put [-f] [-p] [-l] <localsrc>... <dst>]
```

可以看出,hdfs dfs 命令的统一格式是类似 hdfs dfs -ls 这种形式,即在"-"后面跟上具体的操作。

可以查看某个命令的用法,例如,当需要查询 cp 命令的具体用法时,可以用如下命令。

```
$ ./bin/hdfs dfs -help cp
```

输出的结果如下。

```
-cp [-f] [-p | -p[topax]] <src>... <dst> :
  Copy files that match the file pattern <src> to a destination.  When copying
  multiple files, the destination must be a directory. Passing -p preserves status
  [topax] (timestamps, ownership, permission, ACLs, XAttr). If -p is specified
  with no <arg>, then preserves timestamps, ownership, permission. If -pa is
  specified, then preserves permission also because ACL is a super-set of
  permission. Passing -f overwrites the destination if it already exists. raw
  namespace extended attributes are preserved if (1) they are supported (HDFS
  only) and, (2) all of the source and target pathnames are in the /.reserved/raw
  hierarchy. raw namespace xattr preservation is determined solely by the presence
  (or absence) of the /.reserved/raw prefix and not by the -p option.
```

14.4.2　HDFS 常用的 Shell 操作

HDFS 支持的操作命令很多,下面给出常用的一部分。

1. 创建目录命令 mkdir

mkdir 命令用于在指定路径下创建子目录(文件夹),其语法格式如下。

```
hdfs dfs -mkdir [-p] <paths>
```

其中,-p 参数表示创建子目录时先检查路径是否存在,如果不存在,则创建相应的各级目录。

需要注意的是,Hadoop 系统安装好以后,第一次使用 HDFS 时,需要首先在 HDFS 中创建用户目录。本书全部采用 hadoop 用户登录 Linux 系统,因此,需要在 HDFS 中为 hadoop 用户创建一个用户目录,命令如下。

```
$ cd /usr/local/hadoop
$ ./bin/hdfs dfs -mkdir -p /user/hadoop
```

该命令表示在 HDFS 中创建一个/user/hadoop 目录,/user/hadoop 目录就成为 hadoop 用户对应的用户目录。

下面可以使用如下命令创建一个 input 目录。

```
$ ./bin/hdfs dfs -mkdir input
```

在创建 input 目录时,采用了相对路径形式,实际上,这个 input 目录在 HDFS 中的完整路径是/user/hadoop/input。如果要在 HDFS 的根目录下创建一个名称为 input 的目录,则需要使用如下命令。

```
$ ./bin/hdfs dfs -mkdir /input
```

2. 列出指定目录下的内容命令 ls

ls 命令用于列出指定目录下的内容，其语法格式如下。

```
hdfs dfs -ls[-d] [-h] [-R] <paths>
```

各项参数说明如下。

-d：将目录显示为普通文件。

-h：使用便于操作人员读取的单位信息格式，优化文件大小显示。

-R：递归显示所有子目录的信息。

示例代码如下。

```
$./bin/hdfs dfs -ls /user/hadoop    #显示 HDFS 中 /user/hadoop 目录下的内容
```

上述示例代码执行完成后会展示 HDFS 中 /user/hadoop 目录下的所有文件及文件夹，如图 14-13 所示。

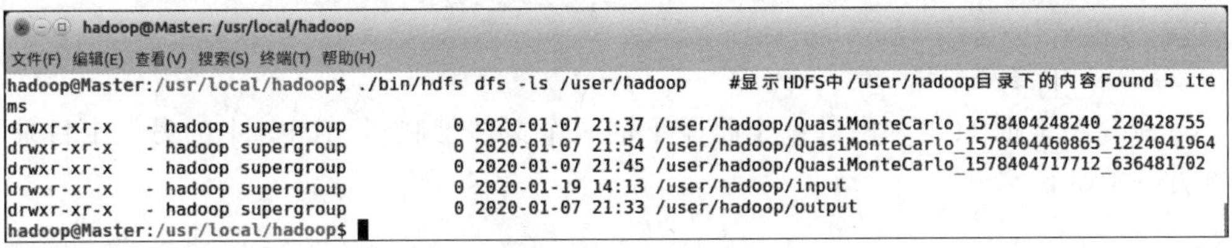

图 14-13　ls 命令的效果

3. 上传文件命令 put

put 命令用于从本地文件系统向 HDFS 中上传文件，其语法格式如下。

```
$ ./bin/hdfs dfs -put [-f] [-p]  <localsrc1>... <dst>
```

功能：将单个 localsrc 或多个 localsrc 从本地文件系统上传到 HDFS 中。

各项参数说明如下。

-p：保留访问和修改时间、所有权和权限。

-f：覆盖目标文件（如果已经存在）。

首先使用 vim 编辑器，在本地 Linux 文件系统的 /home/hadoop/ 目录下创建一个文件 myLocalFile.txt。

```
$ vim /home/hadoop/myLocalFile.txt
```

里面可以随便输入一些字符，例如，输入如下三行。

```
Hadoop
Spark
```

```
Hive
```

可以使用如下命令把本地文件系统中的文件/home/hadoop/myLocalFile.txt 上传到
HDFS 的/user/hadoop/input 目录下。

```
$./bin/hdfs dfs -put /home/hadoop/myLocalFile.txt input
```

可以使用 ls 命令查看一下文件是否成功上传到 HDFS 中，具体如下。

```
$./bin/hdfs dfs -ls input
```

该命令执行后，如果显示类似如下的信息则表明成功上传。

```
-rw-r--r--   2 hadoop supergroup    19 2020-01-19 14:13 input/myLocalFile.txt
```

4. 从 HDFS 中下载文件到本地文件系统命令 get

下面把 HDFS 中的 myLocalFile.txt 文件下载到本地文件系统中"/home/hadoop/下
载"这个目录下，命令如下。

```
$ ./bin/hdfs dfs -get input/myLocalFile.txt /home/hadoop/下载
```

5. HDFS 中复制命令 cp

cp 命令用于把 HDFS 中的一个目录下的一个文件复制到 HDFS 中的另一个目录下，
其语法格式如下。

```
hdfs dfs -cp URI[URI…] <dest>
```

把 HDFS 的/user/hadoop/input/ myLocalFile.txt 文件复制到 HDFS 的另外一个目
录/input 中（注意，这个 input 目录位于 HDFS 根目录下）的命令如下。

```
$./bin/hdfs dfs -cp input/myLocalFile.txt /input
```

下面使用如下命令查看 HDFS 中/input 目录下的内容。

```
$ ./bin/hdfs dfs -ls /input
```

该命令执行后，如显示类似如下的信息表明复制成功。

```
Found 1 items
-rw-r--r--   2 hadoop supergroup    19 2020-01-19 14:23 /input/myLocalFile.txt
```

将文件从源路径复制到目标路径，这个命令允许有多个源路径，此时目标路径必须是一
个目录。

6. 查看文件内容命令 cat

cat 命令用于查看文件内容，其语法格式如下。

```
hdfs dfs -cat URI[URI…]
```

下面使用 cat 命令查看 HDFS 中的 myLocalFile.txt 文件的内容。

```
$ hdfs dfs -cat input/myLocalFile.txt
Hadoop
Spark
Hive
```

7. HDFS 目录中移动文件命令 mv

mv 命令用于将文件从源路径移动到目标路径,这个命令允许有多个源路径,此时目标路径必须是一个目录,其语法格式如下。

```
hdfs dfs -mv URI[URI…] <dest>
```

下面使用 mv 命令将 HDFS 中 input 目录下的 myLocalFile.txt 文件移动到 HDFS 中 output 下。

```
$ hdfs dfs -mv input/myLocalFile.txt output
```

8. 显示文件大小命令 du

du 命令用来显示目录中所有文件大小,当只指定一个文件时,显示此文件的大小,示例如下。

```
$ hdfs dfs -du  /user/hadoop/input
4436  /user/hadoop/input/capacity-scheduler.xml
1129  /user/hadoop/input/core-site.xml
1175  /user/hadoop/input/mapred-site.xml
19    /user/hadoop/input/myLocalFile.txt
918   /user/hadoop/input/yarn-site.xml
```

9. 追加文件内容命令 appendToFile

appendToFile 命令用于追加一个文件到已经存在的文件末尾,其语法格式如下。

```
hdfs dfs -appendToFile  <localsrc>… <dst>
```

在/home/hadoop 目录下的 word.txt 文件的内容是“hello hadoop”,下面的命令将该内容追加到 HDFS 中的 myLocalFile.txt 文件的末尾。

```
$ hdfs dfs -appendToFile /home/hadoop/word.txt input/myLocalFile.txt
$ hdfs dfs -cat input/myLocalFile.txt
Hadoop
Spark
Hive

hello hadoop
```

注意：HDFS 不能进行修改,但可以进行追加。

10. 从本地文件系统中复制文件到 HDFS 中命令 copyFromLocal

copyFromLocal 命令用于从本地文件系统中复制文件到 HDFS 目录中,其语法格式如下。

```
hdfs dfs -copyFromLocal  <localsrc> URI
```

下面的命令将本地文件/home/hadoop/word.txt 复制到 HDFS 中的 input 目录下。

```
$ hdfs dfs -copyFromLocal  /home/hadoop/word.txt input
$ hdfs dfs -ls input                    #执行 ls 命令可看到 word.txt 文件已经存在
-rw-r--r--   2 hadoop supergroup    13 2020-01-20 10:00 input/word.txt
```

11. 从 HDFS 中复制文件到本地命令 copyToLocal

copyToLocal 命令用于将 HDFS 中的文件复制到本地,下面的命令将 HDFS 中的文件 myLocalFile.txt 复制到本地/home/hadoop 目录下,并重命名为 LocalFile100.txt。

```
$ hdfs dfs -copyToLocal input/myLocalFile.txt /home/hadoop/LocalFile100.txt
```

12. 从 HDFS 删除文件命令 rm

rm 命令用于删除 HDFS 中的文件和目录。

使用 rm 命令删除文件的示例如下。

```
$ hdfs dfs -rm input/myFile.txt
```

使用 rm 命令删除一个目录的示例如下。

```
$ ./bin/hdfs dfs -rm -r /input
```

上面命令中,r 参数表示删除 input 目录及其子目录下的所有内容。

 习　题

1. 概述 Hadoop 优缺点。

2. 概述 HDFS 常用的 Shell 操作。

3. 把文件从 HDFS 中当前用户的 input 目录复制到 HDFS 根目录。

◆ 参 考 文 献

［1］ 理查德·布卢姆，克里斯蒂娜·布雷斯纳汉. Linux 命令行与 Shell 脚本编程大全［M］. 门佳，译. 4 版. 北京：人民邮电出版社，2022.

［2］ 陶松，刘雍，韩海玲，等. Ubuntu Linux 从入门到精通［M］. 北京：人民邮电出版社，2014.

［3］ 凌菁，毕国锋. Linux 操作系统实用教程［M］. 北京：电子工业出版社，2020.

［4］ 曹洁，孙玉胜. 大数据技术［M］. 北京：清华大学出版社，2020.

［5］ 曾国苏，曹洁. Hadoop＋Spark 大数据技术［M］. 北京：人民邮电出版社，2022.

图 书 资 源 支 持

感谢您一直以来对清华版图书的支持和爱护。为了配合本书的使用,本书提供配套的资源,有需求的读者请扫描下方的"书圈"微信公众号二维码,在图书专区下载,也可以拨打电话或发送电子邮件咨询。

如果您在使用本书的过程中遇到了什么问题,或者有相关图书出版计划,也请您发邮件告诉我们,以便我们更好地为您服务。

我们的联系方式:

清华大学出版社计算机与信息分社网站: https://www.shuimushuhui.com/

地　　址:北京市海淀区双清路学研大厦 A 座 714

邮　　编:100084

电　　话:010-83470236　　010-83470237

客服邮箱:2301891038@qq.com

QQ:2301891038(请写明您的单位和姓名)

资源下载: 关注公众号"书圈"下载配套资源。

资源下载、样书申请

书 圈

图书案例

清华计算机学堂

观看课程直播